高等职业教育土木建筑类专业教材

工程招投标与合同管理

主　编　黄昌见

副主编　高　凤　苏　江　万和香

主　审　刘　粲

北京理工大学出版社

BEIJING INSTITUTE OF TECHNOLOGY PRESS

内 容 提 要

本书根据现行《中华人民共和国招标投标法》《中华人民共和国合同法》等相关法律、法规、规范及示范文本，并结合工程实践编写而成。全书共分为8个项目，主要内容包括建设工程市场认知与管理，工程项目招标，工程项目投标，项目开标、评标、中标与签订合同，合同法认知与管理，建设工程施工合同管理，建设工程监理合同管理，建设工程施工索赔等。

本书可作为高职高专院校建筑工程技术、工程造价等相关专业的教材，也可作为相关专业师生及在岗工程造价人员的学习参考资料。

图书在版编目（CIP）数据

工程招投标与合同管理 / 黄昌见主编.—北京：北京理工大学出版社, 2017.6（2020.8重印）

ISBN 978-7-5682-4054-3

Ⅰ.①工…　Ⅱ.①黄…　Ⅲ.①建筑工程－招标 ②建筑工程－投标 ③建筑工程－经济合同－管理　Ⅳ.①TU723

中国版本图书馆CIP数据核字(2017)第099375号

出版发行 / 北京理工大学出版社有限责任公司
社　　址 / 北京市海淀区中关村南大街5号
邮　　编 / 100081
电　　话 / (010)68914775(总编室)
　　　　　 (010)82562903(教材售后服务热线)
　　　　　 (010)68948351(其他图书服务热线)
网　　址 / http://www.bitpress.com.cn
经　　销 / 全国各地新华书店
印　　刷 / 天津久佳雅创印刷有限公司
开　　本 / 787毫米×1092毫米　1/16
印　　张 / 17
字　　数 / 413千字
版　　次 / 2017年6月第1版　2020年8月第4次印刷
定　　价 / 48.00元

责任编辑 / 李玉昌
文案编辑 / 瞿义勇
责任校对 / 周瑞红
责任印制 / 边心超

前言

本书根据高职高专院校人才培养目标和工学结合人才培养模式以及专业教学改革的要求，以工作过程系统化课程建设理念，以专业岗位技能为主线，将建设工程招投标工作与合同管理实施过程贯穿到课程中，采用“边学边做、工学结合”的教学模式，实现所学即所用。

由于高职高专院校专业设置和课程内容的取舍要充分考虑企业和毕业生就业岗位的需求，建筑工程技术专业的毕业生主要从事施工员、安全员、质量员、监理员、造价员、资料员等岗位和岗位群的工作，所以本书主要包括建设工程市场认知与管理，工程项目招标，工程项目投标，项目开标、评标、中标与签订合同，合同法认知与管理，建设工程施工合同管理，建设工程监理合同管理，建设工程施工索赔等内容，并具有以下特点：

（1）课程内容新颖实用。本书编写以最新颁布的法律法规、规范、标准及示范文本为依据，体现我国当前工程招投标及合同管理体制改革的最新精神，反映了国内外的最新动态。

（2）可操作性强，注重学生应用技能的培养。本书列举了许多典型的建设工程招投标与合同管理实用的案例，使学生置身于真实工作环境中，以实例进行教学和模拟训练，迅速提高学生实践动手的能力。

（3）课程知识结构合理。在知识结构上，本书以招投标和合同管理工作过程为主线设置8个项目，把相关知识点融入项目各个环节中去，以项目进展引导能力拓展，做到知识内容全面、主线明确、层次分明、重点突出、结构合理。

（4）框架设计力求创新。在体系方面，每个项目前设置了“知识目标”“能力目标”，为学生学习和教师教学作出引导，并在项目中穿插了“知识拓展”“课堂活动”“小贴士”“研讨与练习”及“知识链接”，把以学生为主体，不断提高教学质量的改革模式作为编书的出发点。每个项目后安排“学生实训园”“练习与思考”，从更深层次使学生思考，并提高其职业操作技能。

本书是集体智慧的结晶，由企业专家和同行专业人士共同制定编写大纲，共同参与编写过程的研讨工作。本书由广州城建职业学院黄昌见担任主编，广州城建技工学校高凤、广东白云学院苏江、广州白云工商技师学院万和香担任副主编，全书由广州广大工程项目管理有限公司刘粲主审。具体编写分工为：项目一由高凤编写，项目二～项目六由黄昌见编写，项目七由万和香编写，项目八任务一由刘粲编写，项目八任务二由苏江编写。

为了帮助任课教师更好地备课，按照教学计划顺利完成教学任务，我们将对选用本书的授课教师提供包括课程标准、单元设计、教学PPT课件等在内的完整教学资料一套（联系方式：电子邮箱597658178@qq.com、微信13416475647）。

本书在编写过程中参考了大量文献资料，同行也提出了很多宝贵意见，在此向相关人员一并表示衷心的感谢！

由于编者水平所限，书中如有不足之处敬请使用本书的师生与读者批评指正，以便修订时改进。如读者在使用本书的过程中有其他意见或建议，恳请向编者踊跃提出宝贵意见。

编　者

目录

项目一　建设工程市场认知与管理……1

任务一　认知建设工程市场……1

一、建设工程市场的概念及主要特点……1

二、建设工程市场主体和客体……2

任务二　学习建设工程市场管理……4

一、建设工程市场管理的范围……4

二、建设工程交易中心……9

三、工程招标代理机构及市场监管……15

练习与思考……20

项目二　工程项目招标……21

任务一　认知项目招标基本知识……21

一、项目招标概述……21

二、项目招标的范围……25

三、项目招标的方式……27

四、项目招标的方法……28

五、项目招标组织的形式……29

六、项目招标的基本工作程序……30

任务二　做好招标前的准备工作……31

一、招标人资格能力判定……32

二、制订招标工作计划……32

三、编制招标方案……33

任务三　发布招标公告或发送投标邀请书……34

一、发布招标公告（或资格预审公告）……34

二、公开招标项目招标公告的发布……37

三、投标邀请书发送……38

任务四　项目施工资格审查……40

一、资格审查的方法……40

二、资格预审的程序……41

任务五　编制施工招标文件……54

一、招标文件的基本内容……55

二、招标文件的编制工作……55

三、招标文件的审核或备案……56

四、招标文件的澄清与修改……57

五、招标文件的编制范例……57

任务六　编制项目招标控制价……67

一、招标控制价的编制依据……67

二、招标控制价的公布……67

三、招标控制价的组成……68

四、招标控制价的优点 …… 68
五、招标控制价的编制一般格式 …… 68
任务七　现场踏勘与投标预备会 …… 76
一、现场踏勘 …… 76
二、投标预备会 …… 77
练习与思考 …… 78

项目三　工程项目投标 …… 80
任务一　认知项目投标准备 …… 80
一、项目施工投标概述 …… 80
二、项目投标的基本工作程序 …… 83
三、项目投标各阶段的工作要点 …… 83
四、项目投标报价的常用技巧 …… 88
任务二　编制资格预审申请文件 …… 94
一、资格预审申请文件的组成 …… 94
二、资格预审申请文件的编制范例 …… 95
任务三　编制施工投标文件 …… 102
一、投标文件的组成 …… 102
二、投标文件的编制范例 …… 102
任务四　分析项目投标决策与策略 …… 114
一、投标决策的含义 …… 114
二、影响投标决策的因素 …… 114
三、投标决策的内容 …… 115
四、工程投标策略 …… 119
练习与思考 …… 121

项目四　项目开标、评标、中标与签订合同 …… 123
任务一　项目施工开标 …… 123
一、开标概述 …… 123
二、开标准备工作 …… 124
三、开标程序 …… 124
四、开标的注意事项 …… 126
任务二　项目施工评标 …… 126
一、项目评标概述 …… 126
二、项目施工评标办法实战 …… 135
任务三　项目施工中标与签订合同 …… 142
一、确定中标人的原则、步骤 …… 142
二、中标通知书 …… 142
三、签订合同 …… 145
练习与思考 …… 146

项目五　合同法认知与管理 …… 148
任务一　认知合同订立与效力 …… 148
一、《合同法》内容简介 …… 148
二、《合同法》基本原则 …… 148
三、合同订立与效力 …… 149
任务二　学习合同的履行、变更、转让和终止 …… 158
一、合同履行 …… 158
二、合同的变更和转让 …… 162
三、合同权利义务终止 …… 164
任务三　认知违约责任与争议解决 …… 165
一、违约责任的概念及构成要件 …… 165
二、违约责任的承担方式 …… 166
三、合同争议的解决 …… 166
练习与思考 …… 168

项目六　建设工程施工合同管理…… 171

任务一　认知施工合同的类型与谈判 … 171

一、施工合同的类型 …………………… 171

二、施工合同类型的选择 ……………… 174

三、施工合同的谈判 …………………… 175

任务二　认知建设工程施工合同的订立 …………………………………175

一、施工合同示范文本的组成 ………… 175

二、施工合同文件的组成及优先解释顺序 …………………………………… 179

三、施工合同管理涉及的有关各方 …… 180

四、订立合同时需要明确的内容 ……… 180

任务三　学习施工准备阶段合同管理 … 184

一、施工准备阶段发包人的工作 ……… 184

二、施工准备阶段承包人的工作 ……… 185

任务四　学习施工阶段合同管理 ……186

一、施工质量管理 ……………………… 186

二、工程款支付管理 …………………… 188

三、施工进度管理 ……………………… 192

四、施工安全管理与环境保护 ………… 194

五、工程变更管理 ……………………… 195

六、不可抗力 …………………………… 197

七、违约责任 …………………………… 198

八、工程分包管理 ……………………… 200

任务五　学习竣工和缺陷责任期阶段合同管理 ……………………………200

一、工程试车 …………………………… 200

二、竣工验收管理 ……………………… 201

三、竣工结算 …………………………… 203

四、竣工退场 …………………………… 204

五、保修 ………………………………… 204

六、质量保证金 ………………………… 205

七、缺陷责任期管理 …………………… 206

八、争议解决 …………………………… 207

练习与思考 ……………………………210

项目七　建设工程监理合同管理…… 213

任务一　认知建设工程监理合同 ……213

一、建设工程监理合同的概念 ………… 213

二、监理合同的特征 …………………… 213

三、建设工程监理合同的示范文本 …… 214

四、监理合同的订立 …………………… 214

任务二　学习建设工程监理合同管理 … 217

一、监理人应完成的监理工作 ………… 217

二、合同有效期 ………………………… 217

三、双方的义务 ………………………… 217

四、违约责任 …………………………… 220

五、支付 ………………………………… 221

六、合同生效、变更、暂停与解除、终止 ………………………………… 221

七、争议解决 …………………………… 222

八、其他 ………………………………… 222

练习与思考 ……………………………225

项目八　建设工程施工索赔………… 228

任务一　认知施工索赔基础知识 ……228

一、施工索赔的概念与产生原因 ……… 228
二、施工索赔的分类 ……………………… 229
三、施工索赔文件的组成 ………………… 230
四、施工索赔的证据 ……………………… 232
任务二　分析施工索赔策略与技巧 …233
一、施工索赔的程序 ……………………… 233
二、施工索赔的策略 ……………………… 235
三、施工索赔的计算 ……………………… 236
四、施工索赔的技巧 ……………………… 241
练习与思考 ……………………………244

附录 A　中华人民共和国招标投标法… 246
附录 B　中华人民共和国招标投标法实施条例…………………………… 253

参考文献……………………………… 264

项目一 建设工程市场认知与管理

知识目标

1. 了解建设工程市场的概念、特点及建设工程市场的主体和客体。

2. 熟悉建设工程市场管理范围、建设工程交易中心的基本功能和运作流程、工程招标代理机构的性质、资格条件与职责及招投标的行政监督管理。

能力目标

1. 能运用建设工程市场准入制度判断市场运行状况。

2. 能运用相关文件知识点计算招标代理服务费。

任务一 认知建设工程市场

一、建设工程市场的概念及主要特点

(一)建设工程市场的概念

建设工程市场是指以建设工程承发包交易活动为主要内容的市场，是建筑产品交换关系的总和，也可称为建筑市场或建设市场。

建设工程市场可以从狭义和广义两个方面来理解。狭义的建设工程市场是指以建筑产品为交换内容的市场，即建筑产品需求者与生产者之间进行订货交易的市场，一般是指有形的建设工程市场，即建设工程交易中心；广义的建设工程市场除有形的建设工程市场外，还包括与建筑产品的生产和交换密切相关的无形建筑市场，如建筑勘察设计市场、建筑生产资料市场、建筑劳动力市场、建筑技术与信息市场、资金市场和工程监理市场等。简而言之，狭义的建设工程市场是广义的建设工程市场的主体和核心，而广义的建设工程市场是围绕建筑产品市场而展开的。

知识拓展

建筑产品是指建设工程的勘察、设计成果和施工、竣工验收的建筑物、构筑物及构配件和其他设施。

(1)在我国，建筑产品可分为以下几项：

1)房屋建筑。房屋建筑包括厂房、仓库、住宅、办公楼、医院、学校、商业用房等。

2)构筑物。构筑物包括烟囱、窑炉、铁路、公路、桥梁、涵洞等。

3)机械设备和管道的安装工程(不包括机械设备本身的价值)。

(2)建筑产品按其完成程度，又可分为以下几项：

1)已完工程。已完工程即竣工的房屋建筑和构筑物。

2)已完施工。已完施工即已完成的分部分项工程，被看作"假定产品"。

3)未完施工。未完施工即已投入人工、材料，但尚未完成的分部分项工程。

(二)我国建设工程市场的主要特点

(1)建筑产品供求双方直接订货交易。在建设工程市场上，并不以具有实物形态的建筑产品作为交易对象，而是通过招投标首先确定交易关系，然后按业主要求进行施工生产的过程。

(2)建筑产品交易量的不稳定性和易于出现买方市场。当国民经济发展速度较快时，建筑产品交易量就不断增大。当国民经济发展处于调整和停滞时期，建筑产品交易量就不断缩小。目前，我国建筑行业从业人员数量偏大，"僧多粥少"的局面依然存在，这就决定目前我国建设工程市场在某种程度是买方市场。

(3)以招投标为主的不完全竞争市场。由于建筑产品的地域性、特殊性对施工资质的要求，决定了业主在发包时必然对承包方的投标行为设立了很多限制性约束条件，从而使建设工程市场成为一个不完全竞争的市场。

(4)独特的定价方式。目前，我国建设工程市场上的建筑产品定价方式主要有定额计价和清单计价两种模式。

(5)严格的市场准入制度。为保证建设工程市场有序进行，建设行政主管部门和行业协会制定了相应的市场准入制度和生产经营规则，以规范业主、承包商及中介服务组织生产经营行为。例如，规定业主必须具备法人资格，业主自行招标必须具备一定条件；施工方必须具备相应资质条件，并在资质允许范围内承揽工程；主要技术人员与岗位人员应有执业资格证书等。

二、建设工程市场主体和客体

(一)建设工程市场主体

建设工程市场主体是指参与建设工程市场交易活动的各方，即建设单位、施工单位、工程咨询服务机构、设备材料供应机构、金融机构和市场组织管理者等。

下面仅对涉及建设合同的建设单位、施工单位和工程咨询服务机构作简短说明。

1. 建设单位(即发包人或业主)

建设单位是指既有某项工程的建设需求，又具有该项工程的建设资金和准建手续，在建设工程市场中发包工程项目建设任务，并最终得到建筑产品达到其投资目的的政府部门、

企事业单位和自然人。其可以是学校、医院、工厂、房地产开发公司，或者是政府及政府委托的资产管理部门，也可以是个人。我国工程建设合同常将建设单位称为甲方。

知识拓展

目前，国内工程项目的建设单位可归纳为以下几种类型：

(1)建设单位即原企业或单位。如企业或机关、事业单位投资的新建、改建、扩建工程，则该企业或单位即为项目业主。

(2)建设单位是联合投资董事会。由不同投资方参股或共同投资的项目，则建设单位是共同投资方组成的董事会或管理委员会。

(3)建设单位是各类开发公司。开发公司自行融资或由投资方协商组建或委托开发的工程公司。

(4)除上述建设单位外的其他建设单位。

2. 施工单位(即承包商)

施工单位是指拥有一定数量的建筑设备、流动资金、工程技术经济管理人员等生产能力，并取得了相应的建设资质证书和营业执照的，能够按照业主的要求提供不同形态的建筑产品，并最终得到相应工程价款的施工企业。我国工程建设合同中常将施工单位称为乙方。

施工单位按其所从事的专业不同可分为土建、水电、道路、铁路、冶金、市政工程等专业公司；按其承包方式不同可分为施工总承包企业、专业承包企业、劳务分包企业。在我国，施工单位通过政府的指令或投标获得承包合同。

3. 工程咨询服务机构

工程咨询服务机构是指具有一定注册资金和工程技术、经济管理人员等相应的专业服务能力，取得建设咨询资质证书和营业执照，能对工程建设提供估算测量、管理咨询、建设监理等智力型服务并获取相应费用的企业。

在国际上，工程咨询服务机构一般称为咨询公司。在我国，工程咨询服务机构包括勘察设计、工程造价、工程管理、招标代理、工程监理等多种业务的服务企业。这类服务企业主要是向建设单位提供工程咨询和管理服务，受建设单位委托或聘用，与建设单位签订协议或合同，以弥补建设单位对工程建设过程不熟悉的缺陷。

(二)建设工程市场客体

建设工程市场客体是指建设工程市场买卖双方交易的对象，即有形建筑产品(如建筑物、构筑物等)和无形建筑产品(如咨询、监理等智力型服务)。客体凝聚着承包商的劳动，建设单位以投入资金的方式取得它的使用价值。在不同的生产交易阶段，建设产品表现为不同的形态，它可以是中介机构提供的咨询报告、咨询意见或其他服务；可以是勘察设计单位提供的勘察报告、设计方案、设计图纸；也可以是生产厂家提供的混凝土构件、非标准预制件等产品；还可以是施工单位提供各种各样的最终产品(建筑物和构筑物)等。

综上所述，建设工程市场主体和建设工程市场客体两者构成了完整的建设工程市场体系(图 1-1)。

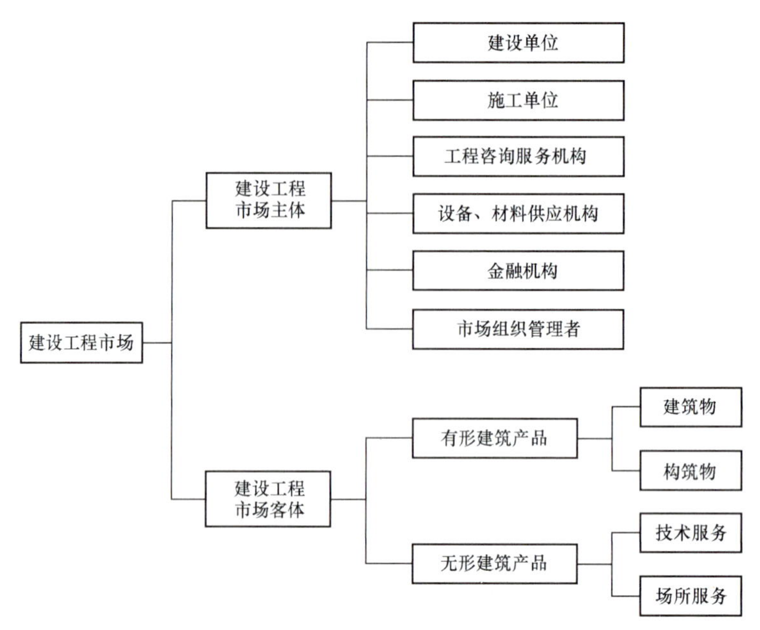

图 1-1　建设工程市场体系

任务二　学习建设工程市场管理

一、建设工程市场管理的范围

建设工程市场管理是指各级人民政府建设行政主管部门、工商行政管理机关等有关部门，按照各自的职权，对从事各种房屋建筑、土木工程、设备安装、管线敷设等勘察设计、施工(含装饰装修)、建设监理，以及建筑构配件、非标准设备加工、生产等发包和承包活动的监督、管理。

建设工程市场管理包括两类：一类是对参与者的管理；另一类是对专业技术人员的资格管理。本节主要介绍从业企业资质和专业技术人员资质的管理。

(一)从业企业资质管理

1. 勘察设计承包企业的资质管理

勘察承包企业的资质管理、工程设计承包企业资质等级标准分别见表 1-1 和表 1-2。

表 1-1　勘察承包企业资质等级标准

企业类别	资质等级	承担工程范围
综合类工程勘察单位	甲级	承担各类建设工程项目的岩土工程、水文地质勘察、工程测量业务(海洋工程勘察除外)，其规模不受限制(岩土工程勘察丙级项目除外)
专业类工程勘察单位(岩土工程勘察、水文地质勘察、工程测量专业)	甲级	承担本专业资质范围内各类建设工程项目的工程勘察业务，其规模不受限制
	乙级	承担本专业资质范围内各类建设工程项目乙级及以下规模的工程勘察业务
	丙级	承担本专业资质范围内各类建设工程项目丙级规模的工程勘察业务

续表

企业类别	资质等级	承担工程范围
劳务类工程勘察单位	不分级别	承担相应的工程钻探、凿井等工程勘察劳务业务

小贴士

(1)工程勘察综合资质是指包括全部工程勘察专业资质的工程勘察资质。

(2)工程勘察专业资质包括岩土工程专业资质、水文地质勘察专业资质和工程测量专业资质；其中，岩土工程专业资质包括岩土工程勘察、岩土工程设计、岩土工程物探测试检测监测等岩土工程(分项)专业资质。

(3)工程勘察劳务资质包括工程钻探和凿井。

(4)岩土工程、岩土工程设计、岩土工程物探测试检测监测专业资质设甲、乙两个级别；岩土工程勘察、水文地质勘察、工程测量专业资质设甲、乙、丙三个级别。

表 1-2　工程设计承包企业资质等级标准

企业类别	资质等级	承担工程范围
综合资质工程设计单位	甲级	(1)承担各行业建设工程项目的设计业务，其规模不受限制；但在承接工程项目设计时，其必须满足本标准中与该工程项目对应的设计类型对人员配置的要求。 (2)承担其取得的施工总承包(施工专业承包)一级资质证书许可范围内的工程施工总承包(施工专业承包)业务
行业资质工程设计单位	甲级	本行业建设工程项目主体工程及其配套工程的设计业务，其规模不受限制
	乙级	本行业中、小型建设工程项目的主体工程及其配套工程的设计业务
	丙级[目前只有建筑、市政公用、水利、电力(限送变电)、农林和公路行业设置]	本行业小型建设项目的工程设计业务
专业资质工程设计单位	甲级	本专业建设工程项目主体工程及其配套工程的设计业务，其规模不受限制
	乙级	本专业中、小型建设工程项目的主体工程及其配套工程的设计业务
	丙级	本专业小型建设项目的设计业务
	丁级(限建筑工程设计)	(1)一般公共建筑工程。 1)单体建筑面积 2 000 m^2 及以下。 2)建筑高度 12 m 及以下。 (2)一般住宅工程。 1)单体建筑面积 2 000 m^2 及以下。 2)建筑层数 4 层及以下的砖混结构

续表

企业类别	资质等级	承担工程范围
专业资质工程设计单位	丁级 （限建筑工程设计）	(3)厂房和仓库。 1)跨度不超过 12 m，单梁式吊车吨位不超过 5 t 的单层厂房和仓库。 2)跨度不超过 7.5 m，楼盖无动荷载的二层厂房和仓库。 (4)构筑物。 1)套用标准通用图高度不超过 20 m 的烟囱。 2)容量小于 50 m^3 的水塔。 3)容量小于 300 m^3 的水池。 4)直径小于 6 m 的料仓
专项资质工程设计单位	根据需要设置等级	承担规定的专项工程的设计业务，具体规定见有关专项设计资质标准

小贴士

(1)工程设计综合资质是指涵盖 21 个行业的设计资质。

(2)工程设计行业资质是指涵盖某个行业资质标准中的全部设计类型的设计资质。

(3)工程设计专业资质是指某个行业资质标准中的某一个专业的设计资质。

(4)工程设计专项资质是指为适应和满足行业发展的需求，对已形成产业的专项技术独立进行设计以及设计、施工一体化而设立的资质。

(5)建筑行业根据需要设立建筑工程设计事务所资质。

2. 建筑业企业资质管理

建筑业企业资质可分为施工总承包资质(12 个类别)、专业承包资质(36 个类别)、施工劳务资质三个序列。由于篇幅有限，因此，只列举部分建筑工程类别，见表 1-3。

表 1-3　建筑业企业资质标准

企业类别	资质等级	承担工程范围
施工总承包企业（建筑工程）	特级	各类建筑工程的施工
	一级	可承担单项合同额 3 000 万元以上的下列建筑工程的施工： (1)高度 200 m 以下的工业、民用建筑工程； (2)高度 240 m 以下的构筑物工程
	二级	可承担下列建筑工程的施工： (1)高度 100 m 以下的工业、民用建筑工程； (2)高度 120 m 以下的构筑物工程； (3)建筑面积 4 万平方米以下的单体工业、民用建筑工程； (4)单体跨度 39 m 以下的建筑工程
	三级	可承担下列建筑工程的施工： (1)高度 50 m 以下的工业、民用建筑工程； (2)高度 70 m 以下的构筑物工程； (3)建筑面积 1.2 万平方米以下的单体工业、民用建筑工程； (4)单体跨度 27 m 以下的建筑工程

续表

企业类别	资质等级	承担工程范围
专业承包企业（地基基础工程）	一级	可承担各类地基基础工程的施工
	二级	可承担下列工程的施工： (1)高度100 m以下工业、民用建筑工程和高度120 m以下构筑物的地基基础工程； (2)深度不超过24 m的刚性桩复合地基处理和深度不超过10 m的其他地基处理工程； (3)单桩承受设计荷载5 000 kN以下的桩基础工程； (4)开挖深度不超过15 m的基坑围护工程
	三级	可承担下列工程的施工： (1)高度50 m以下工业、民用建筑工程和高度70 m以下构筑物的地基基础工程； (2)深度不超过18 m的刚性桩复合地基处理和深度不超过8 m的其他地基处理工程； (3)单桩承受设计荷载3 000 kN以下的桩基础工程； (4)开挖深度不超过12 m的基坑围护工程
专业承包企业（建筑装修装饰工程）	一级	可承担各类建筑装修装饰工程，以及与装修工程直接配套的其他工程的施工
	二级	可承担单项合同额2 000万元以下的建筑装修装饰工程，以及与装修工程直接配套的其他工程的施工
施工劳务企业	不分等级	可承担各类施工劳务作业

小贴士

(1)建筑业企业是指从事土木工程、建筑工程、线路管道设备安装工程的新建、扩建、改建等施工活动的企业。

(2)建筑工程是指各种结构形式的民用建筑工程、工业建筑工程、构筑物工程以及相配套的道路、通信、管网管线等设施工程。其工程内容包括地基与基础、主体结构、建筑屋面、装饰装修、建筑幕墙、附建人防工程与给水排水及供暖、通风和空调、电气、消防、智能化、防雷等配套工程。

(3)与装修工程直接配套的其他工程是指在不改变主体结构的前提下的水、暖、电及非承重墙的改造。

3. 工程监理企业资质管理

工程监理企业资质管理，见表1-4。

表1-4　工程监理企业资质等级标准

企业类别	资质等级	承担工程范围
综合资质工程监理企业	甲级	可承担所有专业工程类别建设工程项目的工程监理业务，以及建设工程的项目管理、技术咨询等相关服务

企业类别	资质等级	承担工程范围
专业资质工程监理企业	甲级	可承担相应专业工程类别建设工程项目的工程监理业务，以及相应类别建设工程的项目管理、技术咨询等相关服务
	乙级	可承担相应专业工程类别二级(含二级)以下建设工程项目的工程监理业务，以及相应类别和级别建设工程的项目管理、技术咨询等相关服务
	丙级(目前只有房屋建筑、水利水电、公路和市政公用四个专业设置)	可承担相应专业工程类别三级建设工程项目的工程监理业务，以及相应类别和级别建设工程的项目管理、技术咨询等相关服务
事务所资质工程监理企业	不分等级	可承担三级建设工程项目的工程监理业务，以及相应类别和级别建设工程项目管理、技术咨询等相关服务。但是，国家规定必须实行强制监理的建设工程监理业务除外

4. 工程建设项目招标代理机构资质管理

工程建设项目招标代理机构资质管理，见表1-5。

表 1-5　工程建设项目招标代理机构资质等级标准

企业类别	资质等级	承担工程范围
招标代理机构	甲级	可承担各类工程的招标代理业务
	乙级	只能承担工程总投资1亿元人民币以下的工程招标代理业务
	暂定级	只能承担工程总投资6 000万元人民币以下的工程招标代理业务

(二)从业技术人员资质管理

《中华人民共和国建筑法》第14条规定，从事建筑活动的专业技术人员应当依法取得相应的执业资格证书，并在执业资格证书许可的范围内从事建筑活动。这一规定对专业技术人员在建筑市场管理中起着非常重要的作用。由于他们的工作水平对工程项目建设成败具有重要的影响，因此，对专业技术人员的资格条件要求很高。从某种意义上说，政府对建筑市场的管理，一方面要依靠国家的建筑法规；另一方面要依靠专业人员。

我国专业技术人员制度是近几年才从发达国家引入的。目前，已经确定的专业技术人员有建筑师、结构工程师、一级建造师、二级建造师、监理工程师、造价工程师、咨询工程师等。部分专业技术人员资格考试报考条件，见表1-6。

表 1-6　专业技术人员资格考试报考条件

资格证书名称	报考资格条件
造价工程师	(1)工程造价专业大专毕业后，从事工程造价业务工作满5年；工程或工程经济类大专毕业后，从事工程造价业务工作满6年； (2)工程造价专业本科毕业后，从事工程造价业务工作满4年；工程或工程经济类本科毕业后，从事工程造价业务工作满5年； (3)获上述专业第二学士学位或研究生毕业和获硕士学位后，从事工程造价业务工作满3年； (4)获上述专业博士学位后，从事工程造价业务工作满2年

续表

资格证书名称	报考资格条件
一级建造师	(1)取得工程类或工程经济类大学专科学历，工作满6年，其中从事建设工程项目施工管理工作满4年； (2)取得工程类或工程经济类大学本科学历，工作满4年，其中从事建设工程项目施工管理工作满3年； (3)取得工程类或工程经济类双学士学位或研究生毕业，工作满3年，其中从事建设工程项目施工管理工作满2年； (4)取得工程类或工程经济类硕士学位，工作满2年，其中从事建设工程项目施工管理工作满1年； (5)取得工程类或工程经济类博士学位，从事建设工程项目施工管理工作满1年
二级建造师	凡遵纪守法并具备工程类或工程经济类中等专科以上学历，并从事建设工程项目施工管理工作满2年的人员
监理工程师	(1)工程技术或工程经济专业大专(含大专)以上学历，按照国家有关规定，取得(担任)工程技术或工程经济专业中级职务，并任职满3年； (2)按照国家有关规定，取得(担任)工程技术或工程经济专业高级职务； (3)1970年(含1970年)以前工程技术或工程经济专业中专毕业学历，按照国家有关规定，取得(担任)工程技术或工程经济专业中级职务，并任职满3年
咨询工程师	(1)工程技术类或工程经济类专业大专毕业后，从事工程咨询相关业务满8年； (2)工程技术类或工程经济类专业本科毕业后，从事工程咨询相关业务满6年； (3)获工程技术类或工程经济类专业第二学士学位或研究生毕业后，从事工程咨询相关业务满4年； (4)获工程技术类或工程经济类专业硕士学位后，从事工程咨询相关业务满3年； (5)获工程技术类或工程经济类专业博士学位后，从事工程咨询相关业务满2年； (6)获非工程技术类或工程经济类专业上述学历或学位人员，其从事工程咨询相关业务年限相应增加2年

二、建设工程交易中心

为了进一步深化工程建设管理体制改革，探索适应社会主义市场经济体制的工程建设管理方式，中华人民共和国住房和城乡建设部在总结一些成功经验的基础上，要求有一定的建设规模，并具备相应条件的中心城市逐步建立建设工程交易中心，以强化对工程建设的集中统一管理，规范市场主体行为。建立公开、公平、公正的市场竞争环境，以促进工程建设水平的提高和建筑业的健康发展。

(一)建设工程交易中心的性质

交易中心是建设工程招标投标管理部门或政府建设行政主管部门授权的其他机构建立的，自收自支的非盈利性事业法人，其根据政府建设行政主管部门委托实施对市场主体的服务、监督和管理。

(二)建设工程交易中心的基本职能

建设工程交易中心的基本职能包括：工程建设信息的收集与发布；办理工程报建、承发包、工程合同及委托质量安全监督和建设监理等有关手续；提供政策法规及技术经济等咨询服务。

(三)建设工程交易中心的组成和管理范围

各地建设行政主管部门根据当地具体情况确定交易中心的组织形式、管理方式和工作范围。

(1)以建设工程发包与承包为主体，授权招标投标管理部门负责组织对建设工程报建、招标、投标、开标、评标、定标和工程承包合同签订等交易活动进行管理、监督和服务。

(2)以建设工程发包与承包交易活动为主要内容，授权招标投标管理部门牵头组成交易中心管理机构，负责办理工程报建、市场主体资格审查、招标投标管理、合同审查与管理、中介服务、质量安全监督和施工许可等手续。有关业务部门保留原有的隶属关系和管理职能，在交易中心集中办公，提供“一条龙”服务。

(3)以工程建设活动为中心，由政府授权建设行政主管部门牵头组成管理机构，负责办理工程建设实施过程中的各项手续。有关业务部门和管理机构保留原有的隶属关系和管理职能，在交易中心集中办公，为相关人员提供综合性、多功能、全方位的管理和服务。

根据当地实际情况，还可以采用能够有效地规范市场主体行为，按照有关规定，精干、高效地办理工程建设各项手续。

(四)建设工程交易中心的基本功能

交易中心作为有形建筑市场，应具备下述功能，具体见表 1-7。

1. 场所服务功能

场所服务功能是为建设工程交易活动提供固定的场所和设施，使建设市场成为有形市场。交易中心设有信息发布厅、开标室、洽谈室、会议室和其他有关设施，以满足业主、承包商、分包商、设备材料供应商等相互交易的需要。

2. 信息服务功能

信息服务功能包括收集、发布和存储工程信息、造价信息、建材价格、法律法规、承包商信息、咨询单位和专业人士信息等与建设工程交易和工程建设活动有关的各类信息。

3. 集中办公功能

建设工程交易中心可以为工程报建、招标登记、承包商资质审查、合同登记、质量报监、申领施工许可证等相关管理部门在此集中办公提供场所，有利于为建设行政主管部门提供更好的服务和更优地实施监督与管理。

4. 咨询服务功能

咨询服务功能是为建设工程承发包交易活动等提供各类技术、经济、法律等中介咨询服务。

5. 专家管理功能

专家管理功能是为建设工程评标提供可选择的专家库成员名册，配合有关行政主管部门对评标专家的评标活动进行记录和考核，接受委托定期对评标专家进行培训。

表 1-7　建设工程交易中心的功能

功能	场所或内容
场所服务	信息发布厅；开标室；洽谈室；封闭评标室； 资料室；中心办公室；计算机中心；其他

续表

功能	场所或内容
信息服务	工程招标；建材价格；工程造价； 承包商信息；咨询单位信息；专业人士信息；法律法规； 中标公示；违规曝光和处罚公告；其他
集中办公	工程报建；招标方式的确定；招标监督； 承包商资格审查；合同登记；安全报建； 颁发施工许可证；其他
咨询服务	技术、经济、法律等中介咨询服务
专家管理	提供专家库成员名册； 对评标专家的评标活动进行记录和考核； 对评标专家进行定期培训

（五）建设工程交易中心的工作原则

1. 信息公开原则

交易中心必须掌握工程发包、政策法规、招标投标单位资质、造价指数、招标规则、评标标准等各项信息，并保证市场各方主体均能及时获得所需要的信息资料。

2. 依法管理原则

交易中心应建立和完善建设单位投资风险责任和约束机制，尊重建设单位按经批准并事先宣布的标准、原则的方法，选择投标单位和选定中标单位的权利。尊重符合资质条件的建筑业企业提出的投标要求和接受邀请参加投标的权利。尊重招标范围之外的工程业主按规定选择承包单位的权利，严格按照法规和政策规定进行管理和监督。

3. 公平竞争原则

建立公平竞争的市场秩序是交易中心的一项重要原则。建设工程交易中心应严格监督招标投标单位的市场行为，反对垄断，反对不正当竞争。应严格审查标底，监控评标和定标过程，防止出现不合理的压价和垫资承包工程。应充分利用竞争机制、价格机制，保证竞争的公平和有序，保证经营业绩良好的承包商具有相对的竞争优势。

4. 闭合管理原则

建设单位在工程立项后，应按规定在交易中心办理工程报建和各项登记、审批手续，接受交易中心对其工程项目管理资格的审查。招标发包的工程应在交易中心发布工程信息。工程承包单位和监理、咨询等中介服务单位，均应按照中心的规定承接施工和监理、咨询业务。未按规定办理前一道审批、登记手续的，任何后续管理部门不得给予办理手续，以保证管理的程序化和制度化。

5. 办事公正原则

交易中心是政府建设行政主管部门授权的管理机构，也是服务性的事业单位。要转变职能和工作作风，建立约束和监督机制，就必须要公开办事规则和程序，提高工作质量和效率，努力为交易双方提供方便。

（六）建设工程交易中心的运作流程

按照相关规定，建设项目进入建设工程交易中心后，一般按图 1-2 所示流程运行。

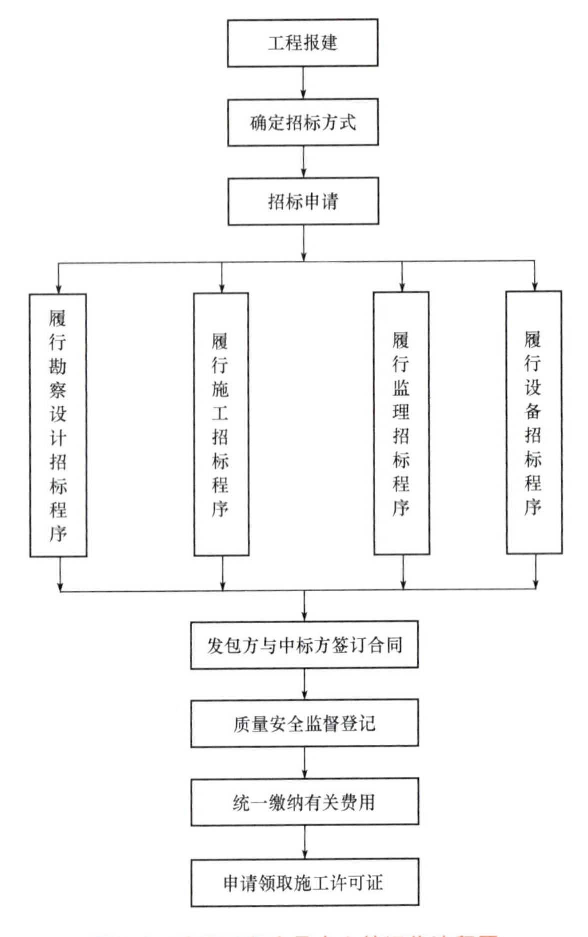

图 1-2　建设工程交易中心的运作流程图

知识链接

广州公共资源交易中心简介

广州公共资源交易中心(以下简称“中心”)由原建设工程交易、政府采购、信息工程招投标、土地和矿业权出让以及综合性产权交易 6 大公共资源交易平台整合而成，于 2013 年 7 月应运而生。该交易中心有着以下几个特色：

(1)中心有纵横区域、门类齐全的交易业务。交易中心业务涵盖了建设工程交易、政府采购、土地使用权和矿业权出让、政府特许经营权出让和综合性产权交易。其中，建设工程涵盖了中央、省、市、区、镇(街)、村共 6 级的房屋建筑、市政、园林绿化、交通、水利、电力、民航和铁路等工程项目，是全国进场交易业务领域最广的公共资源交易平台之一。

(2)中心有素质优良、业务娴熟的服务团队。中心内设 26 个部门，下属广州交易所集团有限公司，其中在距离市区较远的 6 区专门设立交易部。由 700 余名员工，其中 30%以上具有硕士以上学历和高级职称的专业技术人员为各方交易主体提供优质专业的场地、信息、咨询、见证和集中采购代理业务。

(3)中心有功能完善、分区合理的交易场地。6 万平方米的交易场地，根据功能要求划分为信息发布区、投标报名区、集中办事窗口区、开标区、评标区、业务洽谈区、廉洁教育基地以及广州产权交易所等功能区域，为各类业务交易提供良好的场地服务。隔夜评标基地的建成和使用，使中心的硬件服务水平再上新台阶。

(4)中心有学者云集，专业齐全的评标专家库。8 大门类、14 000 余名专家学者和全国学界翘楚组成的综合评标专家库，可为各类项目交易提供高质量的评审服务。

(5)中心有数量庞大、资料完全的各类企业库。两万多家企业，庞大的专业技术人员和业绩数据，为电子招投标、诚信体系建设和行业监管提供动态更新、翔实可靠的基础数据。

(6)中心有运行高效、数据安全的信息系统。“一平台、双网络和二十多个业务子系统”的信息化综合服务平台，云计算技术运用、多层次信息安全技术体系、为交易平台高效安全的信息化运作提供了可靠的保证。

(7)中心有专业性强、市场化程度高的综合性产权交易平台。由碳排放权、大宗商品、企业综合产权、涉诉资产、行政事业单位资产以及物流等专业产权交易平台组成的广州交易所集团有限公司已发展成为全国同行的知名品牌。

中心拥有一流的现代化办公设施(图 1-3)和设施完善的评标区(图 1-4)。中心机构设置及职责如下：

1)办公室。办公室负责组织协调行政和对外联络工作；负责会务、文秘、档案、保密、宣传、信访、维稳、安全保卫、固定资产(采购)管理等工作；负责人大代表建议和政协提案办理工作；承办党委日常事务。

2)业务受理部。业务受理部负责核验进场交易项目资料，受理交易申请；接收交易过程中有关文件资料；负责确认交易结果；负责交易业务统筹协调工作；负责交易各方主体进场人员的培训工作。

3)信息管理部。信息管理部负责建立、维护各类公共资源交易企业库、业绩库、从业人员库、供应商库、商品行情库；负责建立、维护公共资源交易主体信用档案及公共资源交易市场信用评价平台。

4)评标专家管理部。评标专家管理部负责建立和维护广州公共资源综合评标专家库；负责各类评标专家的培训、年审、使用及动态考核管理；协助相关行业部门专家库的管理和协调工作。

5)见证服务管理部。见证服务管理部负责制定公共资源交易见证流程和见证标准，对进场交易活动实施集中数字见证服务。

6)场地管理部。场地管理部负责场内交易场所的有关场地、设备的管理、服务、协调、维护工作；负责维护场内交易秩序及交易主体各方人员的行为规范。

7)系统运营部。系统运营部负责建立和维护数字交易平台和公共服务平台，管理和维护信息化业务管理系统，管理和维护数据库及网络。

8)工程项目交易部。工程项目交易部负责房屋建筑与市政基础设施工程、中央委托以及省管房屋建筑工程项目的服务、施工总承包、分包、设备、材料等类别的招标投标交易服务和信息咨询、查询工作。

9)专业项目交易部。专业项目交易部负责交通、水利、电力、民航、铁路、城际轨道、林业、园林绿化、石化、电信等建设工程项目的招标投标交易服务和信息咨询、查询工作。

触摸屏

对外服务窗口

办公区

大型电子显示屏

图 1-3　现代化的办公设施

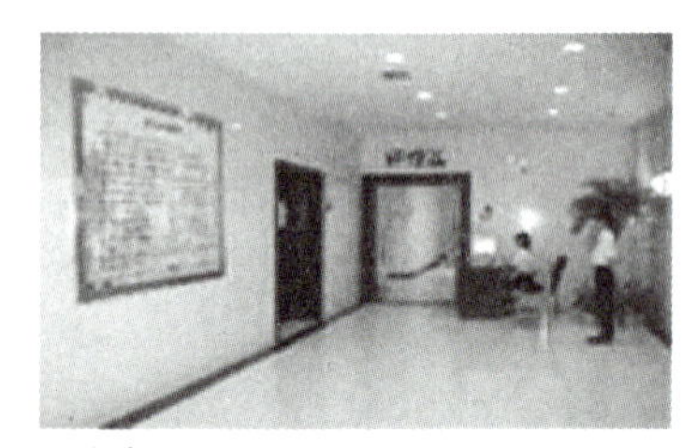
评标区

评标室

开标室

专家客房

专家餐厅

专家活动室

图 1-4　设施完善的评标区

10)小额项目交易部。小额项目交易部负责使用财政性资金、国有资金和农村集体资金的小额建设工程项目的交易服务和信息咨询、查询工作。

11)南沙交易部 、番禺交易部、花都交易部、黄埔交易部、增城交易部、从化交易部。

各自负责所在区的公共资源及非财政(国有)投资的工程项目交易服务和信息咨询、查询工作。

除了上述提到的部门外，中心还设有土地交易部、矿产交易部、政府采购招标部、政府采购交易部、政府采购审核部、协议采购部、计划财务部、组织人事部、纪检监察室、法律事务部。

三、工程招标代理机构及市场监管

(一)工程招标代理机构

1. 招标代理机构的性质

按照《中华人民共和国招标投标法》(以下简称《招标投标法》)第 13 条规定:“招标代理机构是指依法设立、从事招标代理业务并提供相关服务的社会中介组织。”

依法设立是指招标代理机构设立的目的和宗旨符合国家和社会公共利益的要求,其组织机构、设立方式、经营范围、经营方式符合法律的要求,依照法律规定的审核和登记程序办理有关成立手续。招标代理机构作为社会中介组织,其服务宗旨是为招标人提供代理服务,招标代理机构应当在招标人委托的范围内办理招标事宜。

作为社会中介组织,招标代理机构与行政机关和其他国家机关不得存在隶属关系或其他利益关系;否则,就会形成政企不分,并会对其他代理机构构成不公平待遇。

2. 招标代理机构资格条件

《招标投标法》第 13 条规定,招标代理机构应当具备下列资格条件:

(1)有从事招标代理业务的营业场所和相应资金。在招标过程中,招标人和投标人都要与招标代理机构频繁联系,招标代理机构拥有固定的营业场所,是与招标人和投标人进行联系的必要条件,也是自身开展代理业务的必需的物质基础。招标投标是一种经济活动,招标代理机构为开展业务的需要,还应具有一定资金支持。有关主管部门在认定招标代理机构资格时,均会要求其必须具备一定的注册资金,如工程建设项目招标代理机构资格对注册资本金的要求,甲级不少于 200 万元,乙级不少于 100 万元。

(2)有能够编制招标文件和组织评标的相应专业力量。体现招标代理机构编制招标文件和组织评标的相应专业力量主要有两个方面,一是人员,二是业绩。有关主管部门在认定招标代理资格时,均对其人员和业绩提出具体要求。如工程建设项目招标代理机构资格在人员和业绩方面有以下几点要求:

1)在人员方面的要求。工程建设项目甲级招标代理机构必须具有中级以上职称的工程招标代理机构专职人员不少于 20 人,其中具有工程建设类注册执业资格人员不少于 10 人(注册造价工程师不少于 5 人),从事工程招标代理业务 3 年以上的人员不少于 10 人。技术经济负责人为本机构专职人员,具有 10 年以上从事工程管理的经验,具有高级技术经济职称和工程建设类注册执业资格。

工程建设项目乙级招标代理机构必须具有中级以上职称的工程招标代理机构专职人员不少于 12 人,其中具有工程建设类注册执业资格人员不少于 6 人(注册造价工程师不少于 3 人),从事工程招标代理业务 3 年以上的人员不少于 6 人,技术经济负责人为本机构专职人员,具有 8 年以上从事工程管理的经历,具有高级技术经济职称和工程建设类注册执业资格。

2)在业绩方面的要求。工程建设项目招标代理机构近 3 年内累计工程招标代理中标达到一定金额(以中标通知书为依据),甲级在 16 亿元人民币以上,乙级在 8 亿元人民币以上。

(3)有符合法定条件、可以作为评标委员会成员人选的技术、经济等方面的专家库。

招标代理机构必须有自己的专家库,入选的专家必须符合《招标投标法》规定的条件。

知识拓展

(1)《招标投标法实施条例》第12条规定，招标代理机构应当拥有一定数量的具备编制招标文件、组织评标等相应能力的专业人员。

(2)《招标投标法实施条例》第13条规定，招标代理机构在其资格许可和招标人委托的范围内开展招标代理业务，任何单位和个人不得非法干涉。

招标代理机构代理招标业务，应当遵守招标投标法和本条例关于招标人的规定。招标代理机构不得在所代理的招标项目中投标或者代理投标，也不得为所代理的招标项目的投标人提供咨询。招标代理机构不得涂改、出租、出借、转让资格证书。

3. 招标代理机构承揽工程范围

从事工程招标代理业务的机构，应当依法取得国务院建设主管部门或者省、自治区、直辖市人民政府建设主管部门认定的工程招标代理机构资格，并在其资格许可的范围内从事相应的工程招标代理业务。

工程招标代理机构可以跨省、自治区、直辖市承担工程招标代理业务。任何单位和个人不得限制或者排斥工程招标代理机构依法开展工程招标代理业务。

4. 招标代理机构职责

招标代理机构职责是指招标代理机构在代理业务中的工作任务和所承担责任。**《招标投标法》第15条规定："招标代理机构应当在招标人委托的范围内办理招标事宜，并遵守本法关于招标人的规定。"**据此，《工程建设项目施工招标投标办法》进一步规定，招标代理机构可以在其资格等级范围内承担下列招标事宜：

(1)拟订招标方案。招标方案的内容一般包括建设项目的具体范围、拟招标的组织形式、拟采用的招标方式。上述问题确定后，还应包括制订招标项目的作业计划，包括招标流程、工作进度安排、项目特点分析和解决预案等。

招标实施前，招标代理机构凭借自身经验，根据项目的特点，有针对性地制订周密和切实可行的招标方案，提交给招标人，使招标人能事先了解整个招标过程情况，以便给予很好的配合，保证招标方案的顺利实施。招标方案对整个招标过程起着重要的指导作用。

(2)编制和出售资格预审文件、招标文件。招标代理机构最重要的职责之一就是编制招标文件。招标文件是招标过程中必须遵守的法律性文件，是投标人编制投标文件、招标代理机构接受投标、组织开标、评标委员会评标、招标人确定中标人和签订合同的依据。招标文件编制的优劣将直接影响到招标的质量和招标的成败，也是体现招标代理机构服务水平的重要标志。如果项目需要，招标代理机构还要编制资格预审文件。招标文件经招标人确认后，招标代理机构方可对外发售。招标文件发出后，招标代理机构还要负责有关澄清和修改等工作。

(3)审查投标人资格。招标代理机构负责组织资格审查委员会或评标委员会，根据资格预审文件或招标文件的规定，审查潜在投标人或投标人资格。审查投标人资格分为资格预审和资格后审两种方式。资格预审是在投标前对潜在投标人进行的资格审查。资格后审一般是在开标后对投标人进行的资格审查。

(4)编制标底。如果是工程建设项目，招标代理机构受招标人的委托，还应编制标底和

工程量清单。招标代理机构应按国家颁布的法规、项目所在地政府管理部门的相关规定，编制工程量清单和标底，并负有对标底文件保密的责任。

(5)组织投标人踏勘现场。根据招标项目需要和招标文件规定，招标代理机构可组织潜在投标人踏勘现场，收集投标人提出的问题，编制答疑会议纪要或补遗文件，发给所有招标文件的收受人。

(6)接受投标，组织开标、评标，协助招标人定标。招标代理机构应按招标文件的规定，接受投标，组织开标、评标等工作。根据评标委员会的评标报告，协助招标人确定中标人，并向中标人发出中标通知书，向未中标人发出招标结果通知书。

(7)草拟合同。招标代理机构可以根据招标人的委托，依据招标文件和中标人的投标文件拟订合同，组织或参与招标人和中标人进行合同谈判，签订合同。

(8)招标人委托的其他事项。根据实际工作需要，有些招标人委托招标代理机构负责合同的执行、贷款的支付、产品的验收等工作。一般情况下，招标人委托的招标代理机构承办所有事项，都应当在委托协议或委托合同中明确规定。

值得提醒的是，招标代理机构不得无权代理、越权代理，不得明知委托事项违法而进行代理。招标代理机构不得接受同一招标项目的投标代理和投标咨询业务。未经招标人同意，不得转让招标代理业务。

5. 招标代理机构服务收费

招标代理服务收费是指招标代理机构接受招标人委托，从事编制招标文件(包括编制资格预审文件和标底)、审查投标人资格，组织投标人踏勘现场并答疑，组织开标、评标、定标，以及提供招标前期咨询、协调合同的签订等业务所收取的费用。招标代理机构收取服务费用，应按照国家发展改革委《招标代理服务收费管理暂行办法》和《关于招标代理服务收费有关问题的通知》规定的具体收费方式和标准进行。

(1)收费方式。招标代理服务收费实行政府指导价，招标代理服务收费采用差额定率累进计费方式，上下浮动幅度不超过20%。具体收费额由招标代理机构和招标委托人在规定的收费标准和浮动幅度内协商确定。招标代理服务费用应由招标人支付，如招标人、招标代理机构与投标人另有约定的，遵从其约定。

(2)收费标准。招标代理服务收费标准计算方法和范例如下：

1)招标代理服务收费标准(表 1-8)。

表 1-8　招标代理服务收费标准

中标金额/万元	货物招标	服务招标	工程招标
100 以下	1.5%	1.5%	1.0%
100～500	1.1%	0.8%	0.7%
500～1 000	0.8%	0.45%	0.55%
1 000～5 000	0.5%	0.25%	0.35%
5 000～10 000	0.25%	0.1%	0.2%
10 000～100 000	0.05%	0.05%	0.05%
100 000 以上	0.01%	0.01%	0.01%

2)按表1-8费率计算的收费为招标代理服务全过程的收费基准价格，单独提供编制招标文件(有标底的且含标底)服务的，可按规定标准的30%计收。

3)招标代理服务收费按差额定率累进法计算。

【案例分析1-1】

[背景] 某工程招标代理业务中标金额为6 000万元。

[问题] 计算招标代理服务收费额。

【参考答案】

100×1.0%=1(万元)

(100～500)×0.7%=2.8(万元)

(500～1 000)×0.55%=2.75(万元)

(1 000～5 000)×0.35%=14(万元)

(5 000～6 000)×0.2%=2(万元)

合计收费=1+2.8+2.75+14+2=22.55(万元)

课堂活动

根据招标代理服务收费标准(表1-8)的规定，分组讨论并回答以下两个项目招标代理服务费(提示，工程类或设计类项目按最终中标金额计算招标代理服务费)。

(1)某工程施工项目按一个标段招标，标底为3 500万元人民币，中标金额为3 450万元人民币。

(2)某工程设计项目按一个标段招标，工程设计概算额为2 460万人民币，中标金额为2 400万元人民币。

(二)工程招标投标的行政监督管理

建设工程招标投标活动涉及各行各业和部门，如建筑、水电、铁路、石油及化工等。如果各部门、地区和行业彼此割据封锁，必然使建设工程市场混乱无序、无从管理。**《招标投标法》第7条规定，招标投标活动及其当事人应当接受依法实施的监督。**有关行政监督部门依法对招标投标活动实施监督，依法查处招标投标活动中的违法行为。为了维护建筑市场的统一性、竞争的有序性和开放性，国家明确指定一个统一归口管理的建设行政主管部门，即住房与城乡建设部，它是全国的最高招标投标管理机构。在其统一监管下，实施省、市、县三级建设行政主管部门对所辖行政区的建设工程招标投标实行分级管理。建设工程招标投标监督机构的主要职责，见表1-9。

表1-9 建设工程招标投标监督机构的主要职责

管理机构	主要职责
国务院有关工业交通等部门	(1)贯彻国家有关建设工程招标投标的法律、法规和方针政策； (2)指导和组织本部门直接投资和相关投资的重大工程招标工作，以及本部门直属企业的投标工作； (3)监督检查本部门有关单位从事的工程招标投标活动； (4)与项目所在的省、自治区和直辖市的建设行政主管部门洽商办理招标投标有关事宜

续表

管理机构	主要职责
住房和城乡建设部	(1)贯穿国家有关建设工程招标投标的法律、法规和方针政策，制定招标投标的规定和办法； (2)指导和检查各地区和各部门建设工程招标投标工作； (3)总结和交流各地区和各部门建设工程招标投标工作和服务的经验； (4)监督重大工程的招标投标工作，以维护国家的利益； (5)审批跨省、地区的招标投标代理机构
省、自治区和直辖市人民政府建设行政主管部门	(1)贯穿国家及相关部门的有关建设工程招标投标的法律、法规和方针政策，制定本行政区的招标投标管理办法，并负责建设工程招标投标工作； (2)监督检查有关建设工程招标投标活动，总结交流经验； (3)审批咨询、监理等单位代理建设工程招标投标工作的资格。 (4)调解工程招标投标工作中的纠纷； (5)否决违反招标投标规定的定标结果
省、自治区和直辖市下属各级招标投标办事机构	(1)审查招标单位的资质，招标申请书和招标文件； (2)审查标底； (3)监督开标、评标、议标和定标； (4)调解招标投标活动的纠纷； (5)处罚违反招标投标规定的行为，否决违反招标投标规定的定标结果； (6)监督承发包合同的订立和履行

学生实训园

实训项目：认识建设工程交易中心

一、实训目的

1. 了解当地建设工程市场的运行模式；
2. 熟悉建设工程交易中心的功能划分、机构设置；
3. 体验建设工程交易中心活动氛围。

二、材料准备

1. 采访本；
2. 录音笔；
3. 联系当地建设工程交易中心负责人；
4. 设计采访参观过程。

三、实训步骤

第一步：划分小组，每组5～6人；

第二步：分配走访任务；

第三步：进行走访建设工程交易中心；

第四步：资料整理；

第五步：完成走访报告。

四、实训成果要求

1. 每组要独立完成走访报告的编写；

2. 在教学规定的实训时间内完成走访报告的编写。

五、实训注意实训

1. 学生角色扮演真实；

2. 走访程序设计合理；

3. 充分发挥学生的积极性、主动性与创造性。

练习与思考

一、填空题

1. 建设工程市场的客体即建筑产品，包括__________和__________。

2. 建筑业企业资质分为__________、__________和__________。

3. 工程招标代理机构资质等级划分为__________、__________和__________。

4. 从事建筑活动的专业技术人员，应当依法取得相应的__________，并在__________许可的范围内从事建筑活动。

二、选择题

1. 关于建设工程交易中心的说法，下列不正确的选项是(　　)。

A. 建设工程交易中心是政府管理部门，具备监督管理职能

B. 工程交易行为不可以在建设工程交易中心场外发生

C. 建设工程交易中心是服务性机构，经批准可收取一定的服务费

D. 建设工程交易中心并非任何单位和个人可随意成立，不以营利为目的

2. 关于招标代理的说法，下列正确的选项是(　　)。

A. 招标代理机构与行政机关和其他国家机关可以存在隶属关系或其他利益关系

B. 工程招标代理机构不可以跨省、自治区、直辖市承担工程招标代理业务

C. 任何单位和个人可以限制或者排斥工程招标代理机构依法开展工程招标代理业务

D. 招标代理机构应当在招标人委托的范围内办理招标事宜，并遵守本法关于招标人的规定

3. 建设工程交易中心的基本功能有(　　)。

A. 信息服务　　B. 专家管理

C. 集中办公　　D. 场所服务

E. 咨询服务

三、简答题

1. 什么是建设工程市场？简要说明我国建设工程市场的主要特点。

2. 简述建设工程交易中心的一般运行流程。

3. 简述招标代理机构的职责。

项目二

工程项目招标

知识目标

1. 熟悉项目招标的内涵、招标范围、招标方式、招标方法、招标组织形式、招标的基本工作程序、招标前的准备工作、招标控制价组成格式、现场踏勘与投标预备会。

2. 掌握招标公告的编写要点、项目施工资格审查要点及其施工招标资格预审文件的编写要点。

3. 掌握招标文件的编写要点。

能力目标

1. 能运用相关的法律法规知识组织招标工作。

2. 能结合《房屋建筑和市政工程标准施工招标资格预审文件(2010 年版)》编写施工招标资格预审文件。

3. 能结合《房屋建筑和市政工程标准施工招标文件(2010 年版)》编写招标公告及其施工招标文件。

任务一　认知项目招标基本知识

一、项目招标概述

(一)工程招标的概念

工程招标是指招标人对工程建设、货物买卖、中介服务等交易业务，事先公布采购条件和要求，吸引愿意承接任务的众多投标人参加竞争，招标人按照规定的程序和办法择优选定中标人的活动。

知识链接

(1)工程是指各类房屋和土木工程的建造、设备安装、管线铺设、装饰装修等建设以及

附带的服务。

(2)货物是指各种各样的物品，包括原材料、产品、设备和固态、液态或气态物体和电力，以及货物供应的附带服务。

(3)服务是指除工程、货物外的任何采购对象，如勘察、设计、咨询、监理等。

(二)工程招标的目的

在工程建设中引进竞争机制，择优选定勘察、设计、设备安装、施工、装饰装修、材料设备供应、监理和工程总承包等单位，以保证缩短工期、提高工程质量和节约建设投资。

(三)工程招标的条件

《招标投标法》第9条规定："招标项目按照国家有关规定需要履行项目审批手续的，应当先履行审批手续，取得批准。招标人应当有进行招标项目的相应资金或者资金来源已经落实，并应当在招标文件中如实载明。"概括来说，即履行项目审批手续和落实资金来源是招标项目进行招标前必须具备的两项基本条件。

1. 履行项目审批手续

对招标项目需要履行审批的规定，包括两个方面：一方面，建设项目本身是否按现行项目审批管理制度办理了手续、取得了批准；另一方面，对依法必须招标项目是否按规定申报了招标事项的核准手续。

2. 资金或资金来源已经落实

招标人应当有进行招标项目的相应资金或者资金来源已经落实，并在招标文件中如实载明。其中资金来源已经落实，是指资金虽然没有到位，但其来源已经落实，如银行已经承诺贷款。在招标文件中如实载明，是为了投标人了解掌握这方面的真实情况，作为其是否参加投标的决策依据。

根据国家发展计划委员会等七部委联合颁布的《工程建设项目施工招标投标办法(2013年修订)》第8条规定，依法必须招标的工程建设项目，应当具备下列条件才能进行施工招标：

(1)**招标人已经依法成立。**

(2)**初步设计及概算应当履行审批手续的，已经批准。**

(3)**有相应资金或资金来源已经落实。**

(4)**有招标所需的设计图纸及技术资料。**

当然，根据各建设工程的招标内容不同，招标条件也有所不同。建设工程的勘察设计招标条件侧重于：设计任务书或可行性研究报告已获批准；具有可靠的设计基础资料等。建设工程监理招标条件侧重于：设计任务书或初步设计已获批准；工程建设的主要技术和工艺要求已确定。建设工程施工招标条件侧重于：建设项目已列入年度投资计划；建设资金已到位；施工前期工作基本完成；有持证设计单位设计的施工图纸和有关设计文件等。建设工程总承包招标的条件一般侧重于：计划文件或设计任务书已获批准；建设资金和地点已经落实。

(四)工程招标投标的原则

《招标投标法》第5条规定："招标投标活动应当遵循公开、公平、公正和诚实信用的原则。"

1. 公开原则

公开原则，即“信息透明”。故其要求招标投标活动必须具有高度的透明度。招标程序、投标人的资格条件、评标标准、评标方法、中标结果等信息都要公开，使每个投标人能够及时获得有关信息，从而平等地参与投标竞争，依法维护自身的合法权益。同时，将招标投标活动置于公开透明的环境中，也为当事人和社会各界的监督提供了重要条件。从这个意义上讲，公开是公平、公正的基础和前提。

2. 公平原则

公平原则，即“机会均等”。公平原则要求招标人一视同仁地给予所有投标人平等的机会，使他们享有同等的权利并履行相应的义务，不歧视或者排斥任何一个投标人。按照这个原则，招标人不得在招标文件中要求或者标明特定的生产供应者以及含有倾向或者潜在投标人的内容，不得以不合理的条件限制或者排斥潜在投标人，不得对潜在投标人实行歧视待遇。否则，将承担相应的法律责任。

3. 公正原则

公正原则，即“程序规范，标准统一”。公正原则要求所有招标投标活动必须按照规定的时间和程序进行，以尽可能保障招标投标各方的合法权益，做到程序公正。招标评标标准应当具有唯一性，对所有投标人实行同一标准，以确保标准公正。按照这个原则，招标投标法及其配套规定对招标、投标、开标、评标、中标、签订合同等都规定了具体程序和法定时限，明确了废标和否决投标的情形，评标委员会必须按照招标文件事先确定并公布的评标标准和方法进行评审、打分、推荐中标候选人，招标文件中没有规定的标准和方法不得作为评标和中标的依据。

4. 诚实信用原则

诚实信用原则，即“诚信原则”。诚实信用原则是民事活动的基本原则之一，这是市场经济中诚实信用的商业道德准则法制化的产物，是以善意真诚、守信不欺、公平合理为内容的强制性法律原则。招标投标活动本质上是市场主体的民事活动，必须遵循诚信原则，也就是要求招标投标当事人应当以善意的主观心理和诚实、守信的态度来行使权利、履行义务，不能故意隐瞒真相或者弄虚作假，不能言而无信甚至背信弃义。在追求自己利益的同时尽量不损害他人利益和社会利益，维持双方的利益平衡，以及自身利益与社会利益的平衡，遵循平等互利原则，从而保证交易安全，促使交易实现。

知识拓展

《招标投标法实施条例》第32条规定，招标人不得以不合理的条件限制、排斥潜在投标人或者投标人。招标人有下列行为之一的，属于以不合理条件限制、排斥潜在投标人或者投标人：

(1)就同一招标项目向潜在投标人或者投标人提供有差别的项目信息。

(2)设定的资格、技术、商务条件与招标项目的具体特点和实际需要不相适应，或者与合同履行无关。

(3)依法必须进行招标的项目以特定行政区域或者特定行业的业绩、奖项作为加分条件或者中标条件。

(4)对潜在投标人或者投标人采取不同的资格审查或者评标标准。
(5)限定或者指定特定的专利、商标、品牌、原产地或者供应商。
(6)依法必须进行招标的项目非法限定潜在投标人或者投标人的所有制形式或者组织形式。
(7)以其他不合理条件限制、排斥潜在投标人或者投标人。

(五)工程招标投标的类别

建设工程招标投标的类别可按照其性质不同分类，如图 2-1 所示。

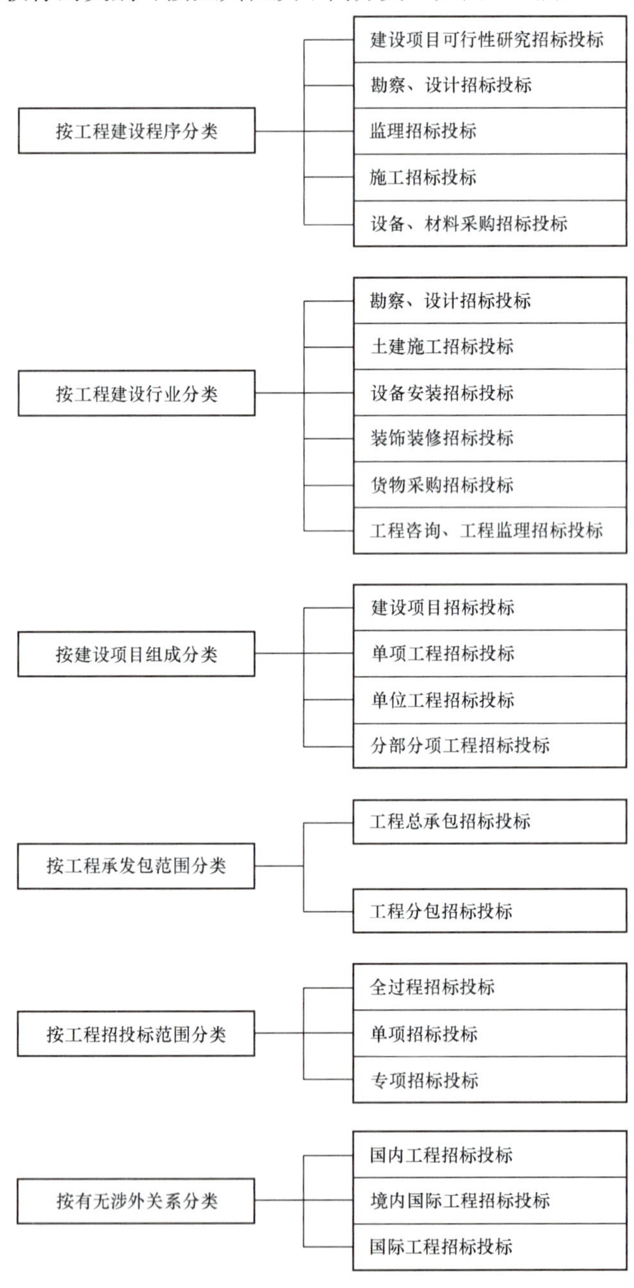

图 2-1　建设工程招标投标的类别

二、项目招标的范围

(一)必须招标项目的范围

《招标投标法》第3条规定，在中华人民共和国境内进行下列工程建设项目，包括项目的勘察、设计、施工、监理以及与工程建设有关的重要设备、材料等的采购，必须进行招标：

(1)大型基础设施、公用事业等关系社会公共利益、公众安全的项目。

(2)全部或者部分使用国有资金投资或者国家融资的项目。

(3)使用国际组织或者外国政府贷款、援助资金的项目。

依据《招标投标法》的规定，由原国家发展计划委员会发布的《工程建设项目招标范围和规模标准规定》，对必须进行招标的工程建设项目的具体范围和规模标准作了进一步细化的规定。

1. 关系社会公共利益、公众安全的基础设施项目的范围

(1)煤炭、石油、天然气、电力、新能源等能源项目。

(2)铁路、公路、管道、水运、航空以及其他交通运输业等交通运输项目。

(3)邮政、电信枢纽、通信、信息网络等邮电通讯项目。

(4)防洪、灌溉、排涝、引(供)水、滩涂治理、水土保持、水利枢纽等水利项目。

(5)道路、桥梁、地铁和轻轨交通、污水排放及处理、垃圾处理、地下管道、公共停车场等城市设施项目。

(6)生态环境保护项目。

(7)其他基础设施项目。

2. 关系社会公共利益、公众安全的公用事业项目的范围

(1)供水、供电、供气、供热等市政工程项目。

(2)科技、教育、文化等项目。

(3)体育、旅游等项目。

(4)卫生、社会福利等项目。

(5)商品住宅，包括经济适用住房。

(6)其他公用事业项目。

3. 使用国有资金投资项目的范围

(1)使用各级财政预算资金的项目。

(2)使用纳入财政管理的各种政府性专项建设基金的项目。

(3)使用国有企业事业单位自有资金，并且国有资产投资者实际拥有控制权的项目。

4. 国家融资项目的范围

(1)使用国家发行债券所筹资金的项目。

(2)使用国家对外借款或者担保所筹资金的项目。

(3)使用国家政策性贷款的项目。

(4)国家授权投资主体融资的项目。

(5)国家特许的融资项目。

5. 使用国际组织或者外国政府资金的项目的范围

(1)使用世界银行、亚洲开发银行等国际组织贷款资金的项目。

(2)使用外国政府及其机构贷款资金的项目。

(3)使用国际组织或者外国政府援助资金的项目。

以上规定范围内的各类工程建设项目，包括项目的勘察、设计、施工、监理以及与工程建设有关的重要设备、材料等的采购，达到下列标准之一的，必须进行招标：

(1)施工单项合同估算价在 200 万元人民币以上的。

(2)重要设备、材料等货物的采购，单项合同估算价在 100 万元人民币以上的。

(3)勘察、设计、监理等服务的采购，单项合同估算价在 50 万元人民币以上的。

(4)单项合同估算价低于第(1)、(2)、(3)条规定的标准，但项目总投资额在 3 000 万元人民币以上的。

省、自治区、直辖市人民政府根据实际情况，可以规定本地区必须进行招标的具体范围和规模标准，但不得缩小本规定中所确定的必须进行招标的范围。

国家发展计划委员会可以根据实际需要，会同国务院有关部门对本规定确定的必须进行招标的具体范围和规模标准进行部分调整。

【案例分析 2-1】

[背景] ××市机场是经批准建设的国家重点工程，工程总投资为 12 亿元人民币，建设工期为 36 个月。建设内容包括航站楼、栈桥、跑道、照明、电子信息、供油工程等。其中航站楼建筑面积为 64 000 m^2，其建筑安装工程合同估算额为 31 000 万元；飞行区指标为 4C，其中飞行区跑道、滑行道地基处理工程即"地基强夯工程"，合同估算价为 9 800 万元人民币；机场场道工程合同估算额为 4 200 万元人民币；机场空管工程合同估算额为 2 800 万元人民币。

项目审批单位对该机场建设中航站楼、跑道和机场空管等工程及设备安装工程进行了核准，核准的招标方式为公开招标。建设单位组织完成了工程现场地质勘察报告，其深度满足工程设计及施工需要，但航站楼部分内容需要进行施工深化设计。另外，项目建设期间预计物价会有较大幅度波动，须选择适当的合同形式降低风险。现对以上三个项目施工及设备采购进行招标。

[问题]

(1)航站楼电梯 8 部：载人电梯 6 部，合同估算额 480 万元人民币；货梯 2 部，合同估算额 80 万元人民币，是否均可以直接签订采购合同，为什么？

(2)建设单位与 B 基础公司有很好的合作，且 B 基础公司在地基处理方面实力很强、声誉良好。建设单位能否直接将地基强夯工程发包给 B 基础公司？

【参考答案】

(1)按照《工程建设项目招标范围和规模标准规定》中要求，项目的勘察、设计、施工、监理以及与工程建设有关的重要设备、材料等的采购，达到下列标准之一的，必须进行招标：

1)施工单项合同估算价在 200 万元人民币以上的。

2)重要设备、材料等货物的采购，单项合同估算价在 100 万元人民币以上的。

3)勘察、设计、监理等服务的采购，单项合同估算价在 50 万元人民币以上的。

4)单项合同估算价低于上述第 1)、2)、3)条规定的标准，但项目总投资额在 3 000 万元人民币以上的。

故此，6 部载人电梯合同估算额 480 万人民币符合第 2)条规定，2 部货梯合同估算额虽为 80 万元，但项目总投资 12 亿元，符合第 4)条。所以，不可以直接签订采购合同，而需要国内公开招标。

(2)建设单位不能直接将本项目地基强夯工程发包给 B 基础公司，因为从项目类别上，

该工程属于依法必须招标的项目，其中地基强夯工程单项合同估算价为 9 800 万元，按照《工程建设项目招标范围和规模标准规定》中的要求，施工单项合同估算价在 200 万元人民币以上的必须进行招标，故通过招标确定地基强夯工程承包人。

(二)可以不进行招标情况的规定

1. 可以不进行招标的建设项目

《招标投标法》第 66 条规定，涉及国家安全、国家秘密、抢险救灾或者属于利用扶贫资金实行以工代赈、需要使用农民工等特殊情况，不适宜进行招标的项目，按照国家有关规定可以不进行招标。

《招标投标法实施条例》第 9 条规定，除《招标投标法》第 66 条规定的可以不进行招标的特殊情况外，有下列情形之一的，可以不进行招标：

(1)需要采用不可替代的专利或者专有技术。

(2)采购人依法能够自行建设、生产或者提供。

(3)已通过招标方式选定的特许经营项目投资人依法能够自行建设、生产或者提供。

(4)需要向原中标人采购工程、货物或者服务，否则将影响施工或者功能配套要求。

(5)国家规定的其他特殊情形。

招标人为适用前款规定弄虚作假的，属于招标投标法第四条规定的规避招标。

2. 可以不进行招标的工程施工项目

《工程建设项目施工招标投标办法(2013 年修订)》(七部委〔2003〕第 30 号令)第 12 条规定，依法必须进行施工招标的工程建设项目有下列情形之一的，可以不进行施工招标：

(1)涉及国家安全、国家秘密、抢险救灾或者属于利用扶贫资金实行以工代赈需要使用农民工等特殊情况，不适宜进行招标；

(2)施工主要技术采用不可替代的专利或者专有技术；

(3)已通过招标方式选定的特许经营项目投资人依法能够自行建设；

(4)采购人依法能够自行建设；

(5)在建工程追加的附属小型工程或者主体加层工程，原中标人仍具备承包能力，并且其他人承担将影响施工或者功能配套要求；

(6)国家规定的其他情形。

三、项目招标的方式

按照《招标投标法》第 10 条规定，招标方式分为公开招标和邀请招标。

(一)公开招标

公开招标属于非限制性竞争招标，是招标人以招标公告的方式邀请不特定的符合资格条件的法人或者其他组织参加投标，按照法律程序和招标文件公开的评标方法、标准选择中标人的招标方式。依法必须招标项目采用公开招标应当按照《招标公告发布暂行办法》(国家发展计划委员会〔2000〕第 4 号令)及其他有关规定指定的媒体发布资格预审公告或招标公告。

(二)邀请招标

邀请招标属于有限竞争性招标，也称选择性招标。招标人向已经基本了解或通过征询意向的潜在投标人，经过资格审查后，以投标邀请书的方式直接邀请符合资格条件的特定

的法人或其他组织参加投标，按照法律程序和招标文件规定的评标方法、标准选择中标人的招标方式。邀请招标不必发布招标公告或招标资格预审文件，但应该组织必要的资格审查，且投标人不应少于 3 家。

1. 邀请招标的条件

《工程建设项目施工招标投标办法(2013 年修订)》(七部委〔2003〕30 号令)第 11 条对施工邀请招标作了如下规定，有下列情形之一的，招标人可申请邀请招标：

(1)项目技术复杂或有特殊要求，或者受自然地域环境限制，只有少量潜在投标人可供选择。

(2)涉及国家安全、国家秘密或者抢险救灾，适宜招标但不宜公开招标。

(3)采用公开招标方式的费用占项目合同金额的比例过大。

有前款第二项所列情形，属于本办法第十条规定的项目，由项目审批、核准部门在审批、核准项目时作出认定；其他项目由招标人申请有关行政监督部门作出认定。

2. 对邀请招标的审批规定

(1)重点建设项目。《招标投标法》第 11 条规定：“国务院发展计划部门确定的国家重点项目和省、自治区、直辖市人民政府确定的地方重点项目不适宜公开招标的，经国务院发展计划部门或者省、自治区、直辖市人民政府批准，可以进行邀请招标。”

(2)工程建设施工项目。《工程建设项目施工招标投标办法(2013 年修订)》第 11 条规定，全部使用国有资金投资或者国有资金投资占控股或者主导地位的并需要审批的工程建设项目的邀请招标，应当经项目审批部门批准，但项目审批部门只审批立项的，由有关行政监督部门审批。

(三)公开招标与邀请招标的区别

公开招标与邀请招标的区别见表 2-1。

表 2-1　公开招标与邀请招标的区别

序号	名称	公开招标	邀请招标
1	招标信息的发布方式	利用招标公告发布招标信息	向三家以上符合资格条件的投标人发出投标邀请书
2	公开程度	必须按规定程序和标准进行，透明度高	公开程度相对公开招标要低一点
3	对投标人的资格审查时间	资格预审	资格后审
4	适用范围	适用范围广	公开招标响应者少，达不到预期目的，可以采用邀请招标

四、项目招标的方法

(一)一次性招标

一次性招标是指建设工程建筑用地、设计图纸、工程概算、建设许可证等均已具备，整个工程只招一次标就能建立全部的承发包关系的方法。采用一次性招标的方法，整个招标工作一次性完成，便于管理，但招标前须做好各项准备工作，前期准备时间较长，特别

是大型工程，若采用一次性招标，投资见效期就要推延。

(二)多次性招标

多次性招标就是对建设项目实行分阶段招标，可按单项工程、单位工程分阶段招标，也可按分部工程招标，例如，按基础、主体、装修、室外工程等分别进行招标。多次性招标法适用于特大型建设项目。由于分段招标，设计图纸、工程概算等技术经济文件可以分批供应，因此能够争取时间提前开工，缩短建设周期，投资早、见效快。但多次性招标法常常边设计、边施工，容易造成施工脱节，引起矛盾。

(三)一次两段式招标

一次两段式招标就是指在设计图还未完成之前，先邀请数个投标单位进行意向性招标，按约定的评标方法，择优选择一个承包单位，待设计图纸完成以后再按图纸要求签订合同。一次两段式招标先由投标单位根据概念设计或性能规格编制技术建议书，招标投标双方进行技术和商务的澄清和调整，再对招标文件进行修订，最后由建设单位选定承包单位。

(四)两次报价招标

两次报价招标就是指建设单位在第一次公开招标后选择几个较满意的投标单位再进行第二次投标报价。此法适用于建设单位对建设项目不太熟悉的情况下，第一次属摸底性质，第二次为正式报价。

五、项目招标组织的形式

招标组织形式可分为委托招标和自行招标。依法必须招标的项目经批准后，招标人根据项目实际情况需要和自身条件，可以自主选择招标代理机构进行委托招标。如具备自行招标的能力，按规定向主管部门备案同意后，也可进行自行招标。

(一)委托招标

《招标投标法》第12条规定，招标人有权自行选择招标代理机构，委托其办理招标事宜。任何单位和个人不得以任何方式为招标人指定招标代理机构。第15条规定，招标代理机构应当在招标人委托的范围内办理招标事宜，并遵守本法关于招标人的规定。以上规定表明：

1. 有权自主选择

招标人有权自主选择招标代理机构，不受任何单位和个人的影响和干预。任何单位包括招标人的上级主管部门和个人都不得以任何方式，为招标人指定招标代理机构。

2. 授权委托代理

招标人和招标代理机构的关系是委托代理关系。招标代理机构应当与招标人签订书面委托合同，在委托范围内，以招标人的名义组织招标工作和完成招标任务。招标代理机构不得无权代理、越权代理，不得明知委托事项违法而进行代理。

知识拓展

《招标投标法实施条例》第13条对“招标代理权”有以下规定：

(1)招标代理机构在其资格许可和招标人委托的范围内开展招标代理业务，任何单位和

个人不得非法干涉。

(2)招标代理机构代理招标业务，应当遵守招标投标法和本条例关于招标人的规定。招标代理机构不得在所代理的招标项目中投标或者代理投标，也不得为所代理的招标项目的投标人提供咨询。

(3)招标代理机构不得涂改、出租、出借、转让资格证书。

(二)自行招标

自行招标是指招标人依靠自己的能力，依法自行办理和完成招标项目的招标任务。

1. 自行招标的能力

《招标投标法》第 12 条规定，招标人具有编制招标文件和组织评标能力，可以自行办理招标事宜。原国家发展计划委员会发布的《工程建设项目施工招标投标办法(2013 年修订)》第 4 条对招标人自行招标的能力作出了具体规定：

(1)具有项目法人资格(或者法人资格)。

(2)具有与招标项目规模和复杂程度相适应的工程技术、概预算、财务和工程管理等方面专业技术力量。

(3)有从事同类工程建设项目招标的经验。

(4)拥有 3 名以上取得招标职业资格的专职招标业务人员。

(5)熟悉和掌握招标投标法及有关法规规章。

2. 自行招标条件的核准与管理

《招标投标法》第 12 条规定，依法必须进行招标的项目，招标人自行办理招标事宜的，应当向有关行政监督部门备案。这是对招标人自行招标进行监督的规定，各有关部门制定的对自行招标监督管理的规定要求，主要采取的是事前监督和事后管理两种监管两种方式：

(1)事前监督。主要有两项规定：一是招标人应向项目主管部门上报具有自行招标条件的书面材料；二是由主管部门对自行招标书面材料进行核准。

(2)事后监督管理。主要体现在要求招标人提交招标投标情况的书面报告。按《工程建设项目施工招标投标办法(2013 年修订)》第 10 条规定，招标人自行招标的，应当自确定中标人之日起 15 日内，向国家发展改革委提交招标投标情况的书面报告。书面报告至少应包括下列内容：

1)招标方式和发布资格预审公告、招标公告的媒介。

2)招标文件中投标人须知、技术规格、评标标准和方法、合同主要条款等内容。

3)评标委员会的组成和评标报告。

4)中标结果。

六、项目招标的基本工作程序

《招标投标法》中规定的招标工作包括招标、投标、开标、评标和中标等步骤。建设工程招标是由一系列前后衔接、层次明确的工作步骤构成的，是对有关法律、法规所规定的招标程序的具体细化，其中公开招标是我国目前的建设工程承发包市场中的主要方式，其适用于较大型且工艺和结构复杂的建设项目。公开招标的主要工作程序，如图 2-2 所示。

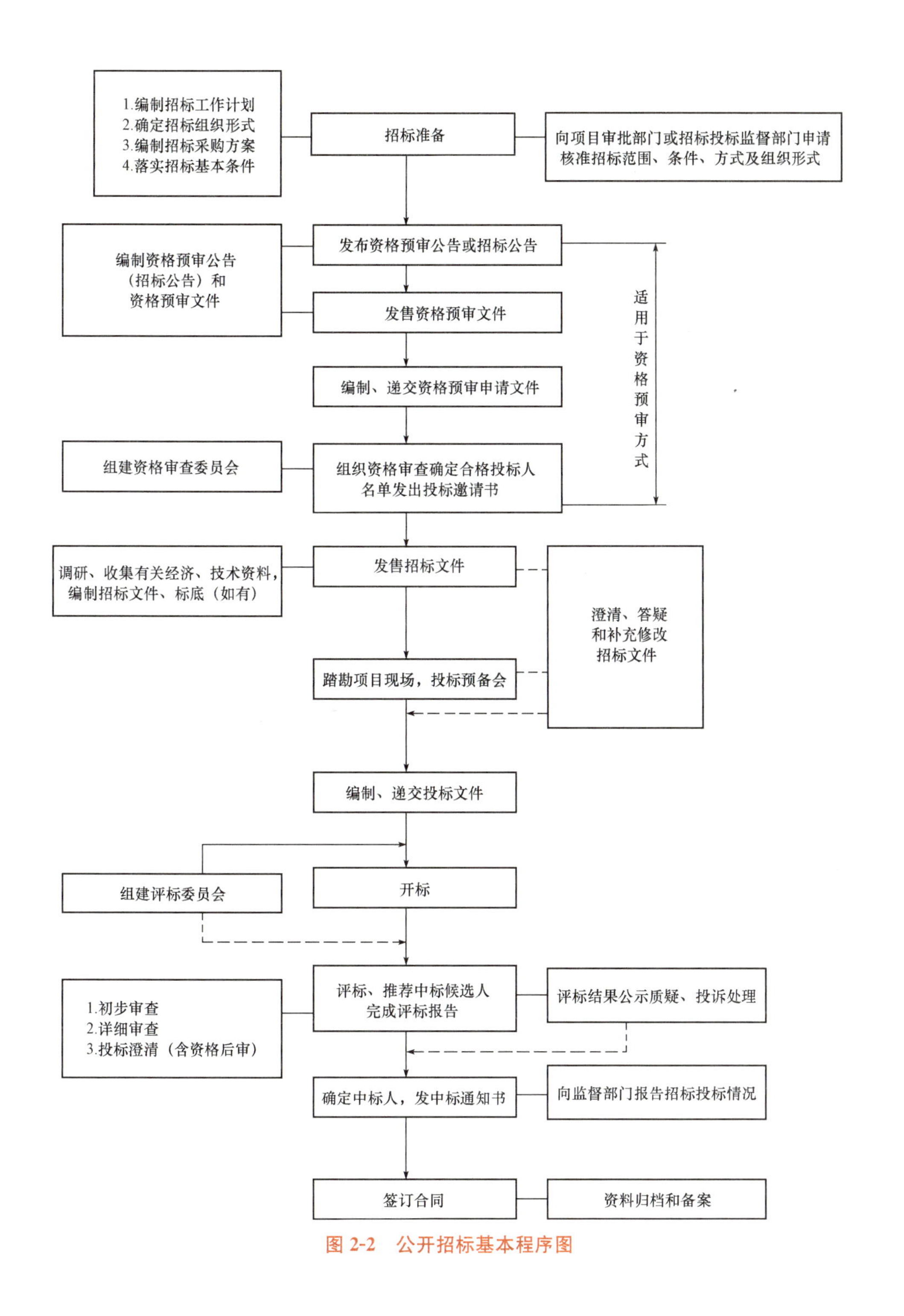

图 2-2　公开招标基本程序图

任务二　做好招标前的准备工作

招标前的准备工作包括招标人资格能力判定、制订招标计划、确定招标组织形式、编制招标采购方案和落实招标基本条件。这些准备工作应该相互协调，有序实施。

一、招标人资格能力判定

(1)招标人是依法成立，有必要的财产或者经费，有自己的名称、组织机构和场所，具有民事权利能力和民事行为能力，依法独立享有民事权利和承担民事义务的经济和社会组织。其包括企业、事业、政府机关和社会团体法人。招标人也可以是依法成立，但不具备法人资格，能以自己的名义参与民事活动的经济和社会组织，如个人独资企业、合伙企业等。

(2)招标人的民事权利能力范围受其组织性质、成立目的、任务和法律、法规的约束，由此构成了招标人享有民事权利的资格和承担民事义务的责任。

(3)招标人应满足《招标投标法》第 12 条规定，具有编制招标文件和组织评标能力，通过向有关行政监督部门备案，可以自行办理招标事宜，否则应当委托满足相应资格条件的招标代理机构组织招标。

二、制订招标工作计划

在建设工程项目上，一切建设活动要随计划走。只有这样，才可以确保完成工程建设任务。现以某工程为例介绍招标计划的编制(表 2-2)。其中，带★的项目为关键节点工作，必须确保按计划完成，才能确保总计划实现。

表 2-2　某建设项目装饰装修工程施工专业承包招标计划

序号	工作项目	要求最迟完成时间	相关部门配合工作
1	完成招标公告、资格预审文件编制	2009 年 12 月 11 日	
2	招标公告、资格预审文件审批	12 月 11 日～14 日	
3	整理及出具招标项目报建、备案资料	2009 年 12 月 11 日	
4	★发布招标公告	2009 年 12 月 14 日	★设计部门须在此前提供概算、施工图预算、加盖招标图纸专用章的施工图、技术文件(包括用户需求书、材料设备技术规格书等)，如需深化设计，则须提出深化设计技术要求及深化设计管理要求
5	投标报名	12 月 18 日～12 月 21 日	
6	★资格预审及择优	12 月 22 日～12 月 23 日	
7	资格预审及择优结果审批	12 月 23 日～12 月 24 日	
8	资格预审公示	12 月 25 日～12 月 30 日	
9	摇珠确定正式投标人(如果有)	2009 年 12 月 31 日	
10	向正式投标单位发投标邀请书	2009 年 12 月 31 日	
11	完成招标文件编制	12 月 18 日前	★1. 工程管理部门须在此日期前提供工程现场情况、现场临时设施布置要求、临时用水用电要求、投标人项目管理部的组织架构要求及人员基本要求(专业、数量及资历等方面)、工期要求及其他提出针对本招标项目的特别要求及建议。 2. 质安管理部门须在此日期前提供本项目的质量、职业安全及环境管理控制目标及控制要点

续表

序号	工作项目	要求最迟完成时间	相关部门配合工作
12	招标文件审批	12月18日～12月29日	
13	招标工程量清单编制	12月14日～12月24日	★技术管理部门须在此日期前提交经领导审批的乙供主要材料设备品牌(厂家)推荐一览表
14	招标工程量清单相关部门及单位领导会签审批定稿	12月24日～12月29日	
15	整理、印刷招标文件、资料	2009年12月30日	
16	★发售招标文件(含工程量清单、招标图纸等)	2009年12月31日	
17	踏勘现场	2009年12月31日	由工程管理部门及招标代理机构单位带领投标单位踏勘现场
18	投标答疑会	2010年1月5日	
19	编制投标答疑会会议纪要	2010年1月6日	
20	投标答疑会会议纪要审批	2010年1月7日～9日	★设计管理部门如需换图或补充图纸，最迟需在此日期前3天完成
21	投标答疑会会议纪要公布	2010年1月10日前	
22	编制招标控制价	2010年1月4日～9日	
23	招标控制价会签审批	2010年1月9日～12日	
24	★招标控制价备案、公布	2010年1月12日前	★审价部门需在此日前提供经审批的最高投标报价值建议
25	评标专家申请函报交易中心	2010年1月18日	
26	抽取评标专家	2010年1月19日	
27	★开、评标(1天)	2010年1月20日	
28	评标结果审批、上网	2010年1月21日～22日	
29	中标公示	2010年1月25日～27日	
30	缴纳交易中心场地使用费、交易费，发中标通知书	2010年1月28日	

三、编制招标方案

为了有序、有效地组织并实施招标采购工作，招标人应依据招标项目的特点和自身需求，依据有关规定编制招标方案，确定招标内容范围、招标组织形式、招标方式、标段划分、合同类型、投标人资格条件，安排招标工作目标、顺序和计划、分解招标工作任务、落实需要的资源、技术与管理条件。其中，依法必须招标的工程建设项目的招标范围、招标方式与招标组织形式应报项目审批部门核准或招标投标监督部门备案。

任务三　发布招标公告或发送投标邀请书

一、发布招标公告(或资格预审公告)

《招标投标法》第 16 条规定，招标人采用公开招标方式的，应当发布招标公告。依法必须进行招标的项目的招标公告，应当通过国家指定的报刊、信息网络或者其他媒介发布。

(一)招标公告载明的内容

(1)招标人名称、地址、联系人姓名、电话；委托代理机构进行招标的，还应注明该机构的名称和地址。

(2)工程情况简介，包括项目名称、建设规模、工程地点、结构类型、装修标准、质量要求、工期要求等。

(3)承包方式，材料、设备供应方式。

(4)对投标人资质的要求及应提供的有关文件。

(5)招标日程安排。

(6)招标文件的获取办法，包括发售招标文件的地点、文件的售价及开始和截止出售的时间。

(7)其他要说明的问题。

(二)招标公告与资格预审公告的区别

招标公告一般适用于采用资格后审方式的公开招标。资格预审公告一般适用于采用资格预审方式的公开招标。尽管资格预审方式既适用于公开招标项目，也适用于邀请招标项目，但邀请招标不一定要发布资格预审公告。

需要指出的是，公开招标的项目发布资格预审公告后，一般无须再发布招标公告，且招标文件只发售给通过资格预审的且确认参与投标的申请人。

(三)资格预审文件/招标文件获取的时间、方式、地点、价格

(1)时间。资格预审文件或者招标文件的发售期不得少于 5 日。

(2)方式、地点。一般要求持单位介绍信到指定地点购买；采用电子招标投标的，可以直接从网上下载，无须单位介绍信；为方便异地投标人参与投标，一般也可以通过邮购方式获取文件，此时招标人应在公告内明确告知在收到投标人介绍信和邮购款(含手续费)后的约定日期内寄送。

小贴士

(1)约定日期是指招标人寄送文件的日期，而不是寄达的日期，招标人不承担邮件延误或遗失的责任。

(2)通过信息网络或其他媒介发布的招标文件(资格预审文件)，与书面招标文件(或资格预审文件)具有同等法律效力，但出现不一致时以书面文件为准。

(3)资格预审文件/招标文件售价。招标人发售资格预审文件、招标文件收取的费用应

当限于补偿印刷、邮寄的成本支出，不得以营利为目的。

(4)图纸押金。为了保证投标人在未中标后及时退还图纸，必要时，招标人可要求投标人提交图纸押金，但在投标人退还图纸时应退还该押金，且不计利息。

(四)资格预审申请文件/投标文件提交的截止时间、地点

(1)截止时间。截止时间是依法必须进行招标的项目提交资格预审申请文件的时间，自资格预审文件停止发售之日起不得少于5日。依法必须招标项目的投标文件，其编制时间为自招标文件开始发出之日起至投标人提交投标文件截止之日止，最短不得少于20日。

(2)送达地点。送达地点要详细告知，可附地图。

(3)逾期送达处理。对于逾期送达的或者未送达指定地点的资格预审申请文件/投标文件，招标人不予受理。

知识拓展

(1)《招标投标法实施条例》第21条规定，招标人可以对已发出的资格预审文件或者招标文件进行必要的澄清或者修改。澄清或者修改的内容可能影响资格预审申请文件或者投标文件编制的，招标人应当在提交资格预审申请文件截止时间至少3日前，或者投标截止时间至少15日前，以书面形式通知所有获取资格预审文件或者招标文件的潜在投标人。不足3日或者15日的，招标人应当顺延提交资格预审申请文件或者投标文件的截止时间。

(2)《招标投标法实施条例》第22条规定，潜在投标人或者其他利害关系人对资格预审文件有异议的，应当在提交资格预审申请文件截止时间2日前提出。对招标文件有异议的，应当在投标截止时间10日前提出。招标人应当自收到异议之日起3日内作出答复。作出答复前，应当暂停招标投标活动。

(五)招标公告的一般格式

(1)《房屋建筑和市政工程标准施工招标文件(2010年版)》中规定招标公告的一般格式如下：

招标公告(未进行资格预审)

__________(项目名称)__________标段施工招标公告

1. 招标条件

本招标项目__________(项目名称)已由__________(项目审批、核准或备案机关名称)以__________(批文名称及编号)批准建设，招标人(项目业主)为__________，建设资金来自__________(资金来源)，项目出资比例为__________。项目已具备招标条件，现对该项目的施工进行公开招标。

2. 项目概况与招标范围

____

[说明本招标项目的建设地点、规模、合同估算价、计划工期、招标范围、标段划分(如

果有)等]。

3. 投标人资格要求

3.1　本次招标要求投标人须具备__________资质，__________(类似项目描述)业绩，并在人员、设备、资金等方面具有相应的施工能力，其中，投标人拟派项目经理须具备__________专业__________级注册建造师执业资格，具备有效的安全生产考核合格证书，且未担任其他在施建设工程项目的项目经理。

3.2　本次招标__________(接受或不接受)联合体投标。联合体投标的，应满足下列要求：__________。

3.3　各投标人均可就本招标项目上述标段中的__________(具体数量)个标段投标，但最多允许中标　(具体数量)个标段(适用于分标段的招标项目)。

4. 投标报名

凡有意参加投标者，请于____年____月____日至____年____月____日(法定公休日、法定节假日除外)，每日上午____时至____时，下午____时至____时(北京时间，下同)，在____________(有形建筑市场/交易中心名称及地址)报名。

5. 招标文件的获取

5.1　凡通过上述报名者，请于____年____月____日至____年____月____日(法定公休日、法定节假日除外)，每日上午____时至____时，下午____时至____时，在____________(详细地址)持单位介绍信购买招标文件。

5.2　招标文件每套售价________元，售后不退。图纸押金________元，在退还图纸时退还(不计利息)。

5.3　邮购招标文件的，需另加手续费(含邮费)________元。招标人在收到单位介绍信和邮购款(含手续费)后____日内寄送。

6. 投标文件的递交

6.1　投标文件递交的截止时间(投标截止时间，下同)为____年____月____日____时分，地点为____________(有形建筑市场交易中心名称及地址)。

6.2　逾期送达的或者未送达指定地点的投标文件，招标人不予受理。

7. 发布公告的媒介

本次招标公告同时在________(发布公告的媒介名称)上发布。

8. 联系方式

招 标 人：____________	招标代理机构：____________
地　　址：____________	地　　址：____________
邮　　编：____________	邮　　编：____________
联 系 人：____________	联 系 人：____________
电　　话：____________	电　　话：____________
传　　真：____________	传　　真：____________
电子邮件：____________	电子邮件：____________
网　　址：____________	网　　址：____________
开户银行：____________	开户银行：____________
账　　号：____________	账　　号：____________

____年____月____日

二、公开招标项目招标公告的发布

(一)经国务院授权由原国家计委指定招标公告的发布媒介

为了规范招标公告发布行为，保证潜在投标人平等、便捷、准确地获取招标信息，原国家发展计划委员会发布的自2000年7月1日起生效实施的《招标公告发布暂行办法》，对强制招标项目公告的发布作出了明确的规定。

1. 在指定的媒体上发布招标公告

《中国日报》《中国经济导报》《中国建设报》《中国采购与招标网》(http://www.china-bidding.com.cn)为指定依法必须招标项目的招标公告发布媒体。其中，依法必须招标的国际招标项目的招标公告应在《中国日报》发布。

2. 对招标公告发布的监督

原国家发展计划委员会根据国务院授权，按照相对集中、适度竞争、受众分布合理的原则，指定发布依法必须招标项目招标公告的报纸、信息网络等媒介(以下简称指定媒介)，并对招标公告发布活动进行监督。指定媒介的名单由原国家发展计划委员会另行公告。

3. 对招标人的要求

依法必须招标项目的招标公告必须在指定媒介发布。招标公告的发布应当充分公开，任何单位和个人不得非法限制招标公告的发布地点和发布范围。

招标人或其委托的招标代理机构发布招标公告，应当向指定媒介提供营业执照(或法人证书)、项目批准文件的复印件等证明文件。

招标人或其委托的招标代理机构在两个以上媒介发布的同一招标项目的招标公告的内容应当相同。

4. 对指定媒介的要求

招标人或其委托的招标代理机构应至少在一家指定的媒介发布招标公告。指定媒介发布依法必须招标项目的招标公告，不得收取费用，但发布国际招标公告的除外。

指定报纸在发布招标公告的同时，应将招标公告如实抄送指定网络。指定报纸和网络应当在收到招标公告文本之日起7日内发布招标公告。

指定媒介应与招标人或其委托的招标代理机构就招标公告的内容进行核实，经双方确认无误后在规定的时间内发布。指定媒介应当采取快捷的发行渠道，及时向订户或用户传递。

5. 对不符合要求的招标公告的处理

拟发布的招标公告文本有下列情形之一的，有关媒介可以要求招标人或其委托的招标代理机构及时予以改正、补充或调整：

(1)字迹潦草、模糊、无法辨认的。

(2)载明的事项不符合规定的。

(3)没有招标人或其委托的招标代理机构主要负责人签名并加盖公章的。

(4)在两家以上媒介发布的同一招标公告的内容不一致的。

指定媒介发布的招标公告的内容与招标人或其委托的招标代理机构提供的招标公告文本不一致，并造成不良影响的，应当及时纠正，重新发布。

（二）其他有关部门指定的招标公告发布媒介

住房和城乡建设部规定依法必须进行施工公开招标工程项目，除应当在国家或者地方指定的报刊、信息网络或者其他媒介上发布招标公告外，应同时在我国工程建设和建筑业信息网发布招标公告。

（三）地方政府指定的招标公告发布媒介

按照《招标公告发布暂行办法》第 20 条关于各地方人民政府依照审批权限审批的依法必须招标的民用建筑项目的招标公告，可在省、自治区、直辖市人民政府发展计划部门指定的媒介发布规定。各省级政府发展部门一般都指定招标公告的发布媒介。

三、投标邀请书发送

按照《招标投标法》第 17 条规定，招标人采用邀请招标方式的，应当向三个以上具备承担招标项目的能力、资信良好的特定的法人或者其他组织发出投标邀请书。投标邀请书的内容和招标公告的内容基本一致，只需增加要求潜在投标人"确认"是否收到了投标邀请书的内容。

《房屋建筑和市政工程标准施工招标文件（2010 年版）》中规定投标邀请书的一般格式有两种，具体如下：

第一种：适用于邀请招标的投标邀请书的一般格式。

投标邀请书（适用于邀请招标）

__________（项目名称）__________标段施工投标邀请书

________（被邀请单位名称）：

1. 招标条件

本招标项目__________（项目名称）已由__________（项目审批、核准或备案机关名称）以__________（批文名称及编号）批准建设，招标人（项目业主）为__________，建设资金来自__________（资金来源），出资比例为__________。项目已具备招标条件，现邀请你单位参加__________（项目名称）__________标段施工投标。

2. 项目概况与招标范围

____

[说明本招标项目的建设地点、规模、合同估算价、计划工期、招标范围、标段划分（如果有）等]。

3. 投标人资格要求

3.1　本次招标要求投标人具备__________资质，__________（类似项目描述）业绩，并在人员、设备、资金等方面具有相应的施工能力。

3.2　你单位__________（可以或不可以）组成联合体投标。联合体投标的，应满足下列要求：__________。

3.3　本次招标要求投标人拟派项目经理具备________专业________级注册建造师执业资格，具备有效的安全生产考核合格证书，且未担任其他在施建设工程项目的项目经理。

4. 招标文件的获取

4.1　请于____年____月____日至____年____月____日（法定公休日、法定节假日除

外)，每日上午____时至____时，下午____时至____时(北京时间，下同)，在________(详细地址)持本投标邀请书购买招标文件。

4.2　招标文件每套售价____元，售后不退。图纸押金____元，在退还图纸时退还(不计利息)。

4.3　邮购招标文件的，需另加手续费(含邮费)____元。招标人在收到邮购款(含手续费)后____日内寄送。

5. 投标文件的递交

5.1　投标文件递交的截止时间(投票截止时间，下同)为____年____月____日____时____分，地点为________(有形建筑市场/交易中心名称及地址)。

5.2　逾期送达的或者未送达指定地点的投标文件，招标人不予受理。

6. 确认

你单位收到本投标邀请书后，请于________(具体时间)前以传真或快递方式予以确认。

7. 联系方式

招标人：____________	招标代理机构：____________
地址：____________	地址：____________
邮编：____________	邮编：____________
联系人：____________	联系人：____________
电话：____________	电话：____________
传真：____________	传真：____________
电子邮件：____________	电子邮件：____________
网址：____________	网址：____________
开户银行：____________	开户银行：____________
账号：____________	账号：____________

____年____月____日

第二种：适用于代资格预审通过通知书的投标邀请书的一般格式。

投标邀请书(代资格预审通过通知书)

________(项目名称)________标段施工投标邀请书

________(被邀请单位名称)：

你单位已通过资格预审，现邀请你单位按招标文件规定的内容，参加________(项目名称)________标段施工投标。

请你单位于____年____月____日至____年____月____日(法定公休日、法定节假日除外)，每日上午____时至____时，下午____时至____时(北京时间，下同)，在________(详细地址)持本投标邀请书购买招标文件。

招标文件每套售价为____元，售后不退。图纸押金____元，在退还图纸时退还(不计利息)。邮购招标文件的，需另加手续费(含邮费)____元。招标人在收到邮购款(含手续费)后____日内寄送。

递交投标文件的截止时间(投标截止时间，下同)为____年____月____日____时____分，地点为________(有形建筑市场/交易中心名称及地址)。

逾期送达的或者未送达指定地点的投标文件，招标人不予受理。

你单位收到本投标邀请书后，请于________(具体时间)前以传真或快递方式予以确认。

招 标 人：____________	招标代理机构：____________
地 址：____________	地 址：____________
邮 编：____________	邮 编：____________
联 系 人：____________	联 系 人：____________
电 话：____________	电 话：____________
传 真：____________	传 真：____________
电子邮件：____________	电 子 邮 件：____________
网 址：____________	网 址：____________
开户银行：____________	开 户 银 行：____________
账 号：____________	账 号：____________

____年____月____日

任务四　项目施工资格审查

资格审查是指招标人对潜在投标人的经营范围、专业资质、财务状况、技术能力、管理能力、业绩、信誉等多方面评估审查，以判断其是否具有投标、订立和履行合同的资格及能力。

一、资格审查的方法

按照《工程建设项目施工招标投标办法》等有关规定，资格审查可分为资格预审和资格后审两种方法。

(一)资格预审

资格预审是指招标人通过发布招标资格预审公告，向不特定的潜在投标人发出投标邀请，并组织招标资格审查委员会按照招标资格预审公告和资格预审文件确定的资格预审条件、标准和方法，对投标申请人的经营资格、专业资质、财务状况、类似项目业绩、履约信誉、企业认证体系等条件进行评审，确定合格的潜在投标人。

(二)资格后审

资格后审是在开标后的初步评审阶段，评标委员会根据招标文件规定的投标资格条件对投标人资格进行评审，投标资格评审合格的投标文件进入详细评审。

按照《工程建设项目施工招标投标办法》第 18 条规定，采取资格后审的，招标人应当在招标文件中载明对投标人资格要求的条件、标准和方法。

评标委员会是按照招标文件规定的评审标准和方法进行评审的，在评标报告中包括了对投标人进行资格审查的内容。对资格后审不合格的投标人，评标委员会应当对其投标作废标处理，不再进行详细评审。

(三)资格预审与资格后审的区别

资格预审与资格后审的优缺点及适用范围，见表 2-3。

表 2-3　资格预审与资格后审的优缺点及适用范围

序号	项目名称	优缺点	适用范围
1	资格预审	优点：可以减少评标阶段的工作量、缩短评标时间、减少评审费用、避免不合格投标人浪费不必要的投标费用	比较适合于技术难度较大或投标文件编制费用较高，且潜在投标人数量较多的招标项目
		缺点：但因设置了资格预审环节，而延长了招标投标的过程，增加了招标投标双方资格预审的费用	
2	资格后审	优点：可以避免招标与投标双方资格预审的工作环节和费用，缩短招标投标过程，有利于增强投标的竞争性	比较适合于潜在投标人数量不多的招标项目
		缺点：在投标人过多时会增加社会成本和评标工作量	

二、资格预审的程序

资格预审程序主要有资格预审文件的编制与送审、发布资格预审公告、资格预审文件的出售、资格预审文件澄清与修改、资格预审申请文件的编制与递交、资格评审、资格预审结果通知与确认等阶段。

(一)资格预审文件的编制与送审

工程施工招标资格预审文件编制的基本内容和格式可参照《房屋建筑和市政工程标准施工招标资格预审文件(2010 年版)》，招标人应结合招标项目的技术管理特点和需求，按照以下基本内容编制招标资格预审文件。

(1)资格预审公告。包括招标条件、项目概况与招标范围、申请人资格要求、资格预审方法、申请报名、资格预审文件的获取、资格预审申请文件的递交、发布公告的媒介和联系方式。

(2)申请人须知。

(3)资格审查办法(合格制或者有限数量制)。

(4)资格预审申请文件格式。

(5)项目建设概况。

资格预审文件须报招标管理机构审查，审查同意后可刊登资格预审公告，按规定日期、时间发放资格预审文件。

(二)资格预审申请文件

资格预审申请文件应包括下列内容：

(1)资格预审申请函。

(2)法定代表人身份证明或其授权委托书。

(3)联合体协议书。

(4)申请人基本情况表。

(5)近年财务状况表。

(6)近年完成的类似项目情况表。

(7)正在施工的和新承接的项目情况表。

(8)近年发生的诉讼和仲裁情况。

(9)其他材料。

(三)资格评审

1. 组建资格审查委员会

招标人组建资格审查委员会负责投标资格审查。招标人代表应具有完成相应项目资格审查的业务素质和能力，人数不能超过资格审查委员会成员的1/3，有关技术、经济等方面的专家应当从事相关领域工作满8年并具有高级职称或者具有同等专业水平，不得少于成员总数的2/3。与投标资格申请人有利害关系的人不得进入相关项目的审查委员会，已经进入的应对其及时更换。

审查委员会设负责人的，审查委员会负责人由审查委员会成员推举产生或者由招标人确定。审查委员会负责人与审查委员会的其他成员拥有同等的表决权。审查委员会成员的名单在审查结果确定前应当保密。

2. 初步审查

初步审查标准如下：

(1)申请人名称是否与营业执照、资质证书、安全生产许可证一致。

(2)资格预审申请文件是否经法定代表人或其委托代理人签字或加盖单位印章。

(3)申请文件是否按照资格预审文件中规定的内容格式编写。

(4)联合体申请人是否提交联合体协议书，并明确联合体责任分工。

对上述因素按标准审查，只要有一项不合格，就不能通过初步审查。

3. 详细审查

详细审查是审查委员会对通过初步审查的申请人的资格预审申请文件进行审查。常见审查因素有营业执照的有效性；资质等级和生产许可；安全生产许可证和质量管理体系认证书；职业健康安全管理体系认证书；环境管理体系认证书；财务状况；类似项目业绩；信誉；项目经理和技术负责人的资格；联合体申请人等是否符合标准等。

4. 澄清

在审查过程中，审查委员会可以书面形式，要求申请人对所提交的资格预审申请文件中不明确的内容进行必要的澄清或说明。申请人的澄清或说明采用书面形式，并不得改变资格预审申请文件的实质性内容，申请人的澄清和说明内容属于资格预审申请文件的组成部分。招标人和审查委员会不接受申请人主动提出的澄清或说明。

5. 评审

(1)合格制。满足详细审查标准的申请人，则通过资格审查，获得购买招标文件及投标资格。

(2)有限数量制。通过详细审查的申请人不少于3个，且没有超过资格预审申请文件规定数量的，均通过资格预审，不再进行评分；通过详细审查的申请人数量超过资格预审申请文件规定数量的，审查委员会可以按综合评估法进行评审，并依据规定的评分标准进行评分，按得分由高到低的顺序进行排序，选择申请文件规定数量的申请人通过资格预审。

小贴士

(1)关于合格申请人数量选择问题。住房与城乡建设部在《关于加强房屋建筑和市政基础设施工程项目施工招标投标行政监督工作的若干意见》中规定，依法必须公开招标的工程项目的施工招标实行资格预审，并且采用经评审的最低投标价法评标的，招标人必须邀请所有合格申请人参加投标，不得对投标人的数量进行限制。

(2)依法必须公开招标的工程项目的施工招标实行资格预审，并且采用综合评估法评标的，当合格申请人数量过多时，一般采用随机抽签的方法，特殊情况也可以采用评分排名的方法选择规定数量的合格申请人参加投标。

6. 编制及提交资格审查报告

审查委员会按照上述规定的程序对资格预审申请文件完成审查后，确定通过资格预审的申请人名单，并向招标人提交书面资格审查报告。资格审查报告应当由全体审查委员会成员签字。资格审查报告应当包括以下内容：

(1)基本情况和数据表。

(2)审查委员会成员名单。

(3)不能通过资格预审的情况说明。

(4)审查标准、方法或者审查因素一览表。

(5)审查结果汇总表。

(6)通过资格预审的申请人名单。

(7)澄清、说明或补正事项纪要。

通过详细审查申请人的数量不足 3 个的，招标人可重新组织资格预审或不再组织资格预审而采用资格后审方式直接招标。

(四)资格预审结果通知与确认

招标人应当向资格预审合格的投标申请人发出资格预审合格通知书，在规定的时间内，以书面形式将资格预审结果通知申请人，告知获取招标文件的时间、地点和方法，并同时向资格预审不合格的投标申请人告知资格预审结果。

通过资格预审的申请人收到投标邀请书后，应在申请人须知前附表规定的时间内，以书面形式明确表示是否参加投标。在申请人须知前附表规定时间内未表示是否参加投标或明确表示不参加投标的，不得再参加投标。因此造成潜在投标人数量不足 3 个的，招标人重新组织资格预审或不再组织资格预审而直接招标。

(五)资格后审的程序

资格后审一般在评标过程中的初步评审阶段进行。采用资格后审的，是指开标后由评标委员会对投标人进行的资格审查，资格要求的审查内容、评审方法和标准与资格预审基本相同。评审工作由招标人依法组建的评审委员会负责。

(六)资格预审文件的编制范例

现以《房屋建筑和市政工程标准施工招标资格预审文件(2010 年版)》为例，学习资格预审文件的编制及注意事项，具体格式如下。

中华人民共和国
房屋建筑和市政工程
标准施工招标资格预审文件

（2010年版）

第一章　资格预审公告

________（项目名称）____标段施工招标

资格预审公告（代招标公告）

1. 招标条件

本招标项目________（项目名称）已由________（项目审批、核准或备案机关名称）以________（批文名称及编号）批准建设，项目业主为________，建设资金来自________（资金来源），项目出资比例为________，招标人为________，招标代理机构为________。项目已具备招标条件，现进行公开招标，特邀请有兴趣的潜在投标人（以下简称申请人）提出资格预审申请。

2. 项目概况与招标范围

____

[说明本次招标项目的建设地点、规模、计划工期、合同估算价、招标范围、标段划分（如果有）等]。

3. 申请人资格要求

3.1　本次资格预审要求申请人具备________资质，________（类似项目描述）业绩，并在人员、设备、资金等方面具备相应的施工能力，其中，申请人拟派项目经理须具备________专业________级注册建造师执业资格和有效的安全生产考核合格证书，且未担任其他在施建设工程项目的项目经理。

3.2　本次资格预审________（接受或不接受）联合体资格预审申请。联合体申请资格预审的，应满足下列要求：________。

3.3　各申请人可就本项目上述标段中的________（具体数量）个标段提出资格预审申请，但最多允许中标________（具体数量）个标段（适用于分标段的招标项目）。

4. 资格预审方法

本次资格预审采用________（合格制/有限数量制）。采用有限数量制的，当通过详细审查的申请人多于________家时，通过资格预审的申请人限定为________家。

5. 申请报名

凡有意申请资格预审者，请于____年____月____日至____年____月____日（法定公休日，法定节假日除外），每日上午____时至____时，下午____时至____时（北京时间，下同），在________（有形建筑市场/交易中心名称及地址）报名。

6. 资格预审文件的获取

6.1　凡通过上述报名者，请于____年____月____日至____年____月____日（法定公休日、法定节假日除外），每日上午____时至____时，下午____时至____时，在（详细地址）持单位介绍信购买资格预审文件。

6.2 资格预审文件每套售价____元，售后不退。

6.3 邮购资格预审文件的，需另加手续费(含邮费)____元。招标人在收到单位介绍信和邮购款(含手续费)后____日内寄送。

7. 资格预审申请文件的递交

7.1 递交资格预审申请文件截止时间(申请截止时间，下同)为____年____月____日____时____分，地点为________(有形建筑市场/交易中心名称及地址)。

7.2 逾期送达或者未送达指定地点的资格预审申请文件，招标人不予受理。

8. 发布公告的媒介

本次资格预审公告同时在________(发布公告的媒介名称)上发布。

9. 联系方式

招 标 人：____________	招标代理机构：____________
地　　址：____________	地　　址：____________
邮　　编：____________	邮　　编：____________
联 系 人：____________	联 系 人：____________
电　　话：____________	电　　话：____________
传　　真：____________	传　　真：____________
电子邮件：____________	电子邮件：____________
网　　址：____________	网　　址：____________
开户银行：____________	开户银行：____________
账　　号：____________	账　　号：____________

____年____月____日

第二章　申请人须知

申请人须知前附表

条款号	条款名称	编列内容
1.1.2	招标人	名　称： 地　址： 联系人： 电　话： 电子邮件：
1.1.3	招标代理机构	名　称： 地　址： 联系人： 电　话： 电子邮件：
1.1.4	项目名称	
1.1.5	建设地点	
1.2.1	资金来源	
1.2.2	出资比例	

续表

条款号	条款名称	编列内容
1.2.3	资金落实情况	
1.3.1	招标范围	
1.3.2	计划工期	计划工期：____日历天 计划开工日期：____年____月____日 计划竣工日期：____年____月____日
1.3.3	质量要求	质量标准：
1.4.1	申请人资质条件、能力和信誉	资质条件： 财务要求： 业绩要求：（与资格预审公告要求一致） 信誉要求： (1)诉讼及仲裁情况 (2)不良行为记录 (3)合同履约率
		项目经理资格：____专业____级(含以上级)注册建造师执业资格和有效的安全生产考核合格证书，且未担任其他在施建设工程项目的项目经理。 其他要求： (1)拟投入主要施工机械设备情况 (2)拟投入项目管理人员 (3)…
1.4.2	是否接受联合体资格预审申请	□不接受 □接受，应满足下列要求：
		其中：联合体资质按照联合体协议约定的分工认定，其他审查标准按联合体协议中约定的各成员分工所占合同工作量的比例，进行加权折算
2.2.1	申请人要求澄清 资格预审文件的截止时间	
2.2.2	招标人澄清 资格预审文件的截止时间	
2.2.3	申请人确认收到 资格预审文件澄清的时间	
2.3.1	招标人修改 资格预审文件的截止时间	
2.3.2	申请人确认收到 资格预审文件修改的时间	
3.1.1	申请人需补充的其他材料	(1)其他企业信誉情况表 (2)拟投入主要施工机械设备情况 (3)拟投入项目管理人员情况 …

续表

条款号	条款名称	编列内容
3.2.4	近年财务状况的年份要求	______年，指______年______月______日起至______年______月______日止
3.2.5	近年完成的类似项目的年份要求	______年，指______年______月______日起至______年______月______日止
3.2.7	近年发生的诉讼及仲裁情况的年份要求	______年，指______年______月______日起至______年______月______日止
3.3.1	签字和(或)盖章要求	
3.3.2	资格预审申请文件副本份数	______份
3.3.3	资格预审申请文件的装订要求	□不分册装订 □分册装订，共分____册，分别为： ______________________________ ______________________________ 每册采用____方式装订，装订应牢固、不易拆散和换页，不得采用活页装订
4.1.2	封套上写明	招标人的地址： 招标人全称： ________(项目名称)________标段施工招标资格预审申请文件在____年____月____日____时____分前不得开启
4.2.1	申请截止时间	____年____月____日____时____分
4.2.2	递交资格预审申请文件的地点	
4.2.3	是否退还资格预审申请文件	□否 □是，退还安排：
5.1.2	审查委员会人数	审查委员会构成：____人，其中招标人代表____人(限招标人在职人员，且应当具备评标专家的相应的或者类似的条件)，专家____人； 审查专家确定方式：____
5.2	资格审查方法	□合格制 □有限数量制
6.1	资格预审结果的通知时间	
6.3	资格预审结果的确认时间	
9	需要补充的其他内容	
9.1	词语定义	
9.1.1	类似项目	
	类似项目是指：	
9.1.2	不良行为记录	
	不良行为记录是指：	
…	…	
9.2	资格预审申请文件编制的补充要求	

续表

条款号	条款名称	编列内容
9.2.1	“其他企业信誉情况表”应说明企业不良行为记录、履约率等相关情况，并附相关证明材料，年份同第3.2.7项的年份要求	
9.2.2	“拟投入主要施工机械设备情况”应说明设备来源(包括租赁意向)、目前状况、停放地点等情况，并附相关证明材料	
9.2.3	“拟投入项目管理人员情况”应说明项目管理人员的学历、职称、注册执业资格、拟任岗位等基本情况，项目经理和主要项目管理人员应附简历，并附相关证明材料	
9.3	通过资格预审的申请人(适用于有限数量制)	
9.3.1	通过资格预审申请人分为“正选”和“候补”两类。资格审查委员会应当根据第三章“资格审查办法(有限数量制)”第3.4.2项的排序，对通过详细审查的情况人按得分由高到低顺序，将不超过第三章“资格审查办法(有限数量制)”第1条规定数量的申请人列为通过资格预审申请人(正选)，其余的申请人依次列为通过资格预审的申请人(候补)	
9.3.2	根据本章第6.1款的规定，招标人应当首先向通过资格预审申请人(正选)发出投标邀请书	
9.3.3	根据本章第6.3款、通过资格预审申请人项目经理不能到位或者利益冲突等原因导致潜在投标人数量少于第三章“资格审查办法(有限数量制)”第1条规定的数量的，招标人应当按照通过资格预审申请人(候补)的排名次序，由高到低依次递补	
9.4	监督	
	本项目资格预审活动及其相关当事人应当接受有管辖权的建设工程招标投标行政监督部门依法实施的监督	
9.5	解释权	
	本资格预审文件由招标人负责解释	
9.6	招标人补充的内容	
…	…	

1. 总则

1.1　项目概况

1.2　资金来源和落实情况

1.3　招标范围、计划工期和质量要求

1.4　申请人资格要求

1.4.1　申请人应具备承担本标段施工的资质条件、能力和信誉。

(1)资质条件：见申请人须知前附表；

(2)财务要求：见申请人须知前附表；

(3)业绩要求：见申请人须知前附表；

(4)信誉要求：见申请人须知前附表；

(5)项目经理资格：见申请人须知前附表；

(6)其他要求：见申请人须知前附表。

1.4.2　申请人须知前附表规定接受联合体申请资格预审的，联合体申请人除应符合本章第1.4.1项和申请人须知前附表的要求外，还应遵守以下规定：

(1)联合体各方必须按资格预审文件提供的格式签订联合体协议书，明确联合体牵头人

和各方的权利义务；

(2)由同一专业的单位组成的联合体，按照资质等级较低的单位确定资质等级；

(3)通过资格预审的联合体，其各方组成结构或职责，以及财务能力、信誉情况等资格条件不得改变；

(4)联合体各方不得再以自己名义单独或加入其他联合体在同一标段中参加资格预审。

1.4.3 申请人不得存在下列情形之一：

(1)为招标人不具有独立法人资格的附属机构(单位)；

(2)为本标段前期准备提供设计或咨询服务的，但设计施工总承包的除外；

(3)为本标段的监理人；

(4)为本标段的代建人；

(5)为本标段提供招标代理服务的；

(6)与本标段的监理人或代建人或招标代理机构同为一个法定代表人的；

(7)与本标段的监理人或代建人或招标代理机构相互控股或参股的；

(8)与本标段的监理人或代建人或招标代理机构相互任职或工作的；

(9)被责令停业的；

(10)被暂停或取消投标资格的；

(11)财产被接管或冻结的；

(12)在最近三年内有骗取中标或严重违约或重大工程质量问题的。

1.5 语言文字

除专用术语外，来往文件均使用中文。必要时，专用术语应附有中文注释。

1.6 费用承担

申请人准备和参加资格预审发生的费用自理。

2. 资格预审文件

2.1 资格预审文件的组成

2.1.1 本次资格预审文件包括资格预审公告、申请人须知、资格审查办法、资格预审申请文件格式、项目建设概况，以及根据本章第 2.2 款对资格预审文件的澄清和第 2.3 款对资格预审文件的修改。

2.1.2 当资格预审文件、资格预审文件的澄清或修改等在同一内容的表述上不一致时，以最后发出的书面文件为准。

2.2 资格预审文件的澄清

2.2.1 申请人应仔细阅读和检查资格预审文件的全部内容。如有疑问，应在申请人须知前附表规定的时间前以书面形式(包括信函、电报、传真等可以有形表现所载内容的形式，下同)，要求招标人对资格预审文件进行澄清。

2.2.2 招标人应在申请人须知前附表规定的时间前，以书面形式将澄清内容发给所有购买资格预审文件的申请人，但不指明澄清问题的来源。

2.2.3 申请人收到澄清后，应在申请人须知前附表规定的时间内以书面形式通知招标人，确认已收到该澄清。

2.3 资格预审文件的修改

2.3.1 在申请人须知前附表规定的时间前，招标人可以书面形式通知申请人修改资格预审文件。在申请人须知前附表规定的时间后修改资格预审文件的，招标人应相应顺延申请截止时间。

2.3.2　申请人收到修改的内容后，应在申请人须知前附表规定的时间内以书面形式通知招标人，确认已收到该修改。

3. 资格预审申请文件的编制

3.1　资格预审申请文件的组成

3.1.1　资格预审申请文件应包括下列内容：

(1)资格预审申请函；

(2)法定代表人身份证明或附有法定代表人身份证明的授权委托书；

(3)联合体协议书；

(4)申请人基本情况表；

(5)近年财务状况表；

(6)近年完成的类似项目情况表；

(7)正在施工和新承接的项目情况表；

(8)近年发生的诉讼及仲裁情况；

(9)其他材料：见申请人须知前附表。

3.1.2　申请人须知前附表规定不接受联合体资格预审申请的或申请人没有组成联合体的，资格预审申请文件不包括本章第 3.1.1(3)目所指的联合体协议书。

3.2　资格预审申请文件的编制要求

3.2.1　资格预审申请文件应按第四章“资格预审申请文件格式”进行编写，如有必要，可以增加附页，并作为资格预审申请文件的组成部分。申请人须知前附表规定接受联合体资格预审申请的，本章第 3.2.3 项至第 3.2.7 项规定的表格和资料应包括联合体各方相关情况。

3.2.2　法定代表人授权委托书必须由法定代表人签署。

3.2.3　“申请人基本情况表”应附申请人营业执照副本及其年检合格的证明材料、资质证书副本和安全生产许可证等材料的复印件。

3.2.4　“近年财务状况表”应附经会计师事务所或审计机构审计的财务会计报表，包括资产负债表、现金流量表、利润表和财务情况说明书的复印件，具体年份要求见申请人须知前附表。

3.2.5　“近年完成的类似项目情况表”应附中标通知书和(或)合同协议书、工程接收证书(工程竣工验收证书)的复印件，具体年份要求见申请人须知前附表。每张表格只填写一个项目，并标明序号。

3.2.6　“正在施工和新承接的项目情况表”应附中标通知书和(或)合同协议书复印件。每张表格只填写一个项目，并标明序号。

3.2.7　“近年发生的诉讼及仲裁情况”应说明相关情况，并附法院或仲裁机构作出的判决、裁决等有关法律文书复印件，具体年份要求见申请人须知前附表。

3.3　资格预审申请文件的装订、签字

3.3.1　申请人应按本章第 3.1 款和第 3.2 款的要求，编制完整的资格预审申请文件，用不褪色的材料书写或打印，并由申请人的法定代表人或其委托代理人签字或盖单位章。资格预审申请文件中的任何改动之处应加盖单位章或由申请人的法定代表人或其委托代理人签字确认。签字或盖章的具体要求见申请人须知前附表。

3.3.2 资格预审申请文件正本一份，副本份数见申请人须知前附表。正本和副本的封面上应清楚地标记“正本”或“副本”字样。当正本和副本不一致时，以正本为准。

3.3.3 资格预审申请文件正本与副本应分别装订成册，并编制目录，具体装订要求见申请人须知前附表。

4. 资格预审申请文件的递交

4.1 资格预审申请文件的密封和标识

4.1.1 资格预审申请文件的正本与副本应分开包装，加贴封条，并在封套的封口处加盖申请人单位章。

4.1.2 在资格预审申请文件的封套上应清楚地标记“正本”或“副本”字样，封套还应写明的其他内容见申请人须知前附表。

4.1.3 未按本章第4.1.1项或第4.1.2项要求密封和加写标记的资格预审申请文件，招标人不予受理。

4.2 资格预审申请文件的递交

4.2.1 申请截止时间：见申请人须知前附表。

4.2.2 申请人递交资格预审申请文件的地点：见申请人须知前附表。

4.2.3 除申请人须知前附表另有规定的外，申请人所递交的资格预审申请文件不予退还。

4.2.4 逾期送达或者未送达指定地点的资格预审申请文件，招标人不予受理。

5. 资格预审申请文件的审查

5.1 审查委员会

5.1.1 资格预审申请文件由招标人组建的审查委员会负责审查。审查委员会参照《中华人民共和国招标投标法》第三十七条规定组建。

5.1.2 审查委员会人数：见申请人须知前附表。

5.2 资格审查

审查委员会根据申请人须知前附表规定的方法和第三章“资格审查办法”中规定的审查标准，对所有已受理的资格预审申请文件进行审查。没有规定的方法和标准不得作为审查依据。

6. 通知和确认

6.1 通知

招标人在申请人须知前附表规定的时间内以书面形式将资格预审结果通知申请人，并向通过资格预审的申请人发出投标邀请书。

6.2 解释

应申请人书面要求，招标人应对资格预审结果作出解释，但不保证申请人对解释内容满意。

6.3 确认

通过资格预审的申请人收到投标邀请书后，应在申请人须知前附表规定的时间内以书面形式明确表示是否参加投标。在申请人须知前附表规定时间内未表示是否参加投标或明确表示不参加投标的，不得再参加投标。因此造成潜在投标人数量不足3个的，招标人重新组织资格预审或不再组织资格预审而直接招标。

7. 申请人的资格改变

通过资格预审的申请人组织机构、财务能力、信誉情况等资格条件发生变化，使其不再实质上满足第三章“资格审查办法”规定标准的，其投标不被接受。

8. 纪律与监督

8.1 严禁贿赂

严禁申请人向招标人、审查委员会成员和与审查活动有关的其他工作人员行贿。在资格预审期间，不得邀请招标人、审查委员会成员以及与审查活动有关的其他工作人员到申请人单位参观考察，或出席申请人主办、赞助的任何活动。

8.2 不得干扰资格审查工作

申请人不得以任何方式干扰、影响资格预审的审查工作，否则将导致其不能通过资格预审。

8.3 保密

招标人、审查委员会成员，以及与审查活动有关的其他工作人员应对资格预审申请文件的审查、比较进行保密，不得在资格预审结果公布前透露资格预审结果，不得向他人透露可能影响公平竞争的有关情况。

8.4 投诉

申请人和其他利害关系人认为本次资格预审活动违反法律、法规和规章规定的，有权向有关行政监督部门投诉。

9. 需要补充的其他内容

需要补充的其他内容：见申请人须知前附表。

第三章 资格审查办法(合格制)

资格审查办法前附表

条款号		审查因素	审查标准
2.1	初步审查标准	申请人名称	与营业执照、资质证书、安全生产许可证一致
		申请函签字盖章	有法定代表人或其委托代理人签字并加盖单位章
		申请文件格式	符合第四章“资格预审申请文件格式”的要求
		联合体申请人(如有)	提交联合体协议书，并明确联合体牵头人
		…	…
2.2	详细审查标准	营业执照	具备有效的营业执照 是否需要核验原件：□是□否
		安全生产许可证	具备有效的安全生产许可证 是否需要核验原件：□是□否
		资质等级	符合第二章“申请人须知”第1.4.1项规定 是否需要核验原件：□是□否
		财务状况	符合第二章“申请人须知”第1.4.1项规定 是否需要核验原件：□是□否
		类似项目业绩	符合第二章“申请人须知”第1.4.1项规定 是否需要核验原件：□是□否
		信誉	符合第二章“申请人须知”第1.4.1项规定 是否需要核验原件：□是□否

续表

条款号		审查因素			审查标准
2.2	详细审查标准	项目经理资格			符合第二章“申请人须知”第1.4.1项规定 是否需要核验原件：□是□否
		其他要求	(1)	拟投入主要施工机械设备	符合第二章“申请人须知”第1.4.1项规定
			(2)	拟设入项目管理人员	
			…	…	
		联合体申请人(如有)			符合第二章“申请人须知”第1.4.2项规定
		…			…
3.1.2		核验原件的具体要求			
条款号					编列内容
3		审查程序			详见本章附件A：资格审查详细程序

资格审查办法(合格制)正文部分(略)

附件A：资格审查详细程序(略)

第三章　资格审查办法(有限数量制)

资格审查办法前附表

条款号		条款名称	编列内容
1		通过资格预审的人数	当通过详细审查的申请人多于____家时，通过资格预审的申请人限定为____家
2		审查因素	审查标准
2.1	初步审查标准	申请人名称	与营业执照、资质证书、安全生产许可证一致
		申请函签字盖章	有法定代表人或其委托代理人签字并加盖单章
		申请文件格式	符合第四章“资格预审申请文件格式”的要求
		联合体申请人(如有)	提交联合体协议书，并明确联合体牵头人
		…	…
2.2	详细审查标准	营业执照	具备有效的营业执照 是否需要核验原件：□是□否
		安全生产许可证	具备有效的安全生产许可证 是否需要核验原件：□是□否
		资质等级	符合第二章“申请人须知”第1.4.1项规定 是否需要核验原件：□是□否
		财务状况	符合第二章“申请人须知”第1.4.1项规定 是否需要核验原件：□是□否
		类似项目业绩	符合第二章“申请人须知”第1.4.1项规定 是否需要核验原件：□是□否

续表

<table>
<tr><th colspan="2">条款号</th><th colspan="3">条款名称</th><th>编列内容</th></tr>
<tr><td rowspan="7">2.2</td><td rowspan="7">详细审查标准</td><td colspan="3">信誉</td><td>符合第二章“申请人须知”第1.4.1项规定
是否需要核验原件：□是□否</td></tr>
<tr><td colspan="3">项目经理资格</td><td>符合第二章“申请人须知”第1.4.1项规定
是否需要核验原件：□是□否</td></tr>
<tr><td rowspan="3">其他要求</td><td>(1)</td><td>拟投入主要施工机械设备</td><td rowspan="3">符合第二章“申请人须知”第1.4.1项规定</td></tr>
<tr><td>(2)</td><td>拟设入项目管理人员</td></tr>
<tr><td></td><td>…</td></tr>
<tr><td colspan="3">联合体申请人(如有)</td><td>符合第二章“申请人须知”第1.4.2项规定</td></tr>
<tr><td colspan="3">…</td><td>…</td></tr>
<tr><td rowspan="8">2.3</td><td rowspan="8">评分标准</td><td colspan="3">评分因素</td><td>评分标准</td></tr>
<tr><td colspan="3">财务状况</td><td>…</td></tr>
<tr><td colspan="3">项目经理</td><td>…</td></tr>
<tr><td colspan="3">类似项目业绩</td><td>…</td></tr>
<tr><td colspan="3">认证体系</td><td>…</td></tr>
<tr><td colspan="3">信誉</td><td>…</td></tr>
<tr><td colspan="3">生产资源</td><td>…</td></tr>
<tr><td colspan="3">…</td><td>…</td></tr>
<tr><td colspan="2">3.1.2</td><td colspan="3">核验原件的具体要求</td><td></td></tr>
<tr><td colspan="5">条款号</td><td>编列内容</td></tr>
<tr><td colspan="2">3</td><td colspan="3">审查程序</td><td>详见本章附件A：资格审查详细程序</td></tr>
<tr><td colspan="2"></td><td colspan="3"></td><td></td></tr>
</table>

资格审查办法(有限数量制)正文部分(略)

附件A：资格审查详细程序(略)

第四章　资格预审申请文件格式(详见项目三任务二相关内容)

第五章　项目建设概况

一、项目说明(略)

二、建设条件(略)

三、建设要求(略)

四、其他需要说明的情况(略)

任务五　编制施工招标文件

依据《招标投标法》相关规定，招标人应当根据招标项目的特点和需要编制招标文件。招标文件应当包括招标项目的技术要求、对投标人资格审查的标准、投标报价要求和评标标准等所有实质性要求和条件以及拟签订合同的主要条款。

国家对招标项目的技术、标准有规定的，招标人应当按照其规定在招标文件中提出相应要求。招标项目需要划分标段、确定工期的，招标人应当合理划分标段、确定工期，并在招标文件中载明。编制好招标文件，是招标人在组织整个招标投标过程中最重要和最关键的工作之一。

一、招标文件的基本内容

一般情况下，各类工程施工招标文件的内容大致相同，但其各自的组卷方式可能有所不同。此处以《房屋建筑和市政工程标准施工招标文件(2010 年版)》为范本介绍工程施工招标文件的内容，具体内容如下：

(1)招标公告或者投标邀请书。

(2)投标人须知。

(3)评标办法(经评审的最低投标价法或者综合评估法)。

(4)合同条款及格式。

(5)工程量清单。

(6)图纸。

(7)技术标准和要求。

(8)投标文件格式。

(9)投标人须知前附表规定的其他材料。

二、招标文件的编制工作

招标文件应当依照《招标投标法》和相关法律法规规章要求，并根据项目特点和需要进行编制。不仅要抓住重点，根据不同需求合理确定对投标人资格审查的标准、投标报价要求、评标标准、评标方法、标段、工期和拟签订合同的主要条款等实质性内容，而且应当做到符合法规要求，内容完整、无遗漏，文字严密、表达准确。无论招标项目有多么复杂，招标文件在编制过程中都应当做到、做好以下工作：

(1)依法编制招标文件，满足招标人使用要求。招标文件编制应当依照和遵守《招标投标法》的规定，应当符合国家相关法律法规，文件的各项技术标准应符合国家强制性标准，满足招标人要求。

(2)合理划分标段。按照《工程建设项目施工招标投标办法》第 27 条规定，施工招标项目需要划分标段、确定工期的，招标人应当合理划分标段、确定工期，并在招标文件中予以载明。对工程技术上紧密相连、不可分割的单位工程不得分割标段。招标人不得以不合理的标段或工期限制或者排斥潜在投标人或者投标人。

(3)明确规定具体而详细的使用与技术要求。按照《工程建设项目施工招标投标办法》第 26 条规定，招标文件规定的各项技术标准应符合国家强制性标准。招标文件中规定的各项技术标准均不得要求或标明某一特定的专利、商标、名称、设计、原产地或生产供应者，不得含有倾向或者排斥潜在投标人的其他内容。如果必须引用某一生产供应者的技术标准才能准确或清楚地说明拟招标项目的技术标准时，则应当在参照后面加上“或相当于”的字样。

(4)规定的实质性要求和条件用醒目方式标明。按照《工程建设项目施工招标投标办法》

的规定，招标人应当在招标文件中规定实质性要求和条件，并用醒目的方式标明。

(5)规定的评标标准和评标方法不得改变，并且应当公开规定评标时所有评标因素。按照《工程建设项目施工招标投标办法》第28条的规定，招标文件应当明确规定的所有评标因素，以及如何将这些因素量化或者据以进行评估。在评标过程中，不得改变招标文件中规定的评标标准、方法和中标条件。

(6)明确投标人是否可以提交投标备选方案以及对备选投标方案的处理办法。按照《工程建设项目施工招标投标办法》第25条的规定，招标人可以要求投标人在提交符合招标文件规定要求的投标文件外，提交备选投标方案，但应当在招标文件中做出说明，并提出相应的评审和比较办法。

(7)规定投标人编制投标文件所需的合理时间，载明招标文件最短发售期。按照《招标投标法》第24条规定，招标人应当确定投标人编制投标文件所需要的合理时间。但是，依法必须进行招标的项目，自招标文件开始发出之日起至投标人提交投标文件截止之日止，最短不得少于20日。

(8)招标文件需要载明踏勘现场的时间和地点。按照《工程建设项目施工招标投标办法》第32条规定，招标人根据招标项目的具体情况，可以组织潜在投标人踏勘项目现场，向其介绍工程场地和相关环境的有关情况。潜在投标人依据招标人介绍情况作出的判断和决策，由投标人自行负责。

招标人不得单独或者分别组织任何一个投标人进行现场踏勘，并在招标文件中载明踏勘现场的时间和地点。

(9)电子招标文件。按照《工程建设项目施工招标投标办法》第15条规定，招标人可以通过信息网络或者其他媒介发布招标文件，通过信息网络或者其他媒介发布的招标文件与书面招标文件具有同等法律效力，出现不一致时以书面招标文件为准，国家另有规定的除外。

(10)招标文件的售价。按照《工程建设项目施工招标投标办法》规定，对招标文件或者资格预审文件的收费应当限于补偿印刷、邮寄的成本支出，不得以营利为目的。对于所附的设计文件，招标人可以向投标人酌收押金；对于开标后投标人退还设计文件的，招标人应当向投标人退还押金。

招标文件或者资格预审文件售出后，不予退还。除不可抗力原因外，招标人在发布招标公告、发出投标邀请书后或者售出招标文件或资格预审文件后不得终止招标。

(11)充分利用和发挥招标文件范本的作用。为了规范招标文件的编制活动和提高招标文件质量，国务院有关部委组织专家和有经验的招标投标工作者编制了一系列招标文件范本。在编制招标文件过程中，应当充分利用和发挥招标文件范本的积极作用，按规定执行(或参照执行)范本编制招标文件，保证和提高招标文件的质量。

目前，推广使用的招标文件范本主要有：《标准施工招标资格预审文件(2007年版)》《标准施工招标文件(2007年版)》《房屋建筑和市政工程标准施工招标资格预审文件(2010年版)》《房屋建筑和市政工程标准施工招标文件(2010年版)》《简明标准施工招标文件(2012年版)》等。

三、招标文件的审核或备案

按照《房屋建筑和市政基础设施工程施工招标投标管理办法》第19条规定，依法必须进

行施工招标的工程，招标人应当在招标文件发出的同时，将招标文件报工程所在地的县级以上地方人民政府建设行政主管部门备案。建设行政主管部门发现招标文件有违反法律法规内容的，应当责令招标人改正。

四、招标文件的澄清与修改

按照《招标投标法》第23条规定，招标人对已发出的招标文件进行必要的澄清或者修改的，应当在招标文件要求提交投标文件截止时间至少15日前，以书面形式通知所有招标文件收受人。该澄清或者修改的内容为招标文件的组成部分。这里的“澄清”是指招标人对招标文件的遗漏、词义表述不清或对比较复杂事项进行的补充说明和回答投标人提出的问题。这里的“修改”是指招标人对招标文件中出现的遗漏、差错、表述不清等问题认为必须进行的修订。

【案例分析2-2】

［**背景**］ 某学校教学楼工程采用公开招标方式选择承包人。招标人确定的工作计划如下：

(1)7月21日—7月24日出售招标文件。

(2)7月28日上午9：00组织召开投标预备会议，下午2：00组织现场踏勘。

(3)8月5日将招标文件的澄清与修改书面通知所有购买了招标文件的投标人。

(4)8月15日上午9：00为递交投标文件的截止时间。

(5)8月15日上午9：30开标。开标后，招标人组建了总人数为7人的评标委员会，其中当地建设局主管招投标主任1人，招标人代表1人，政府组建的综合评标技术经济方面专家抽取5人。

(6)8月15日下午1：30至8月17日下午5：00评标。

(7)8月18日—8月20日，定标并发出中标通知书。

(8)9月1日—9月5日，招标人与中标人签订施工合同。

［**问题**］ 指出上述工作计划的不妥之处，逐一说明理由。

【参考答案】

(1)出售招标文件时间不妥。

理由：从开始出售到停止出售少于5日。

(2)召开投标预备会时间不妥。

理由：召开投标预备会应当安排在现场踏勘之后。

(3)投标文件递交截止时间不妥。

理由：招标文件澄清与修改文件通知投标人的时间距递交投标文件截止时间少于15日。

(4)投标文件递交截止时间与开标时间不一致不妥。

理由：开标时间应与投标文件递交截止时间为同一时间。

(5)当地建设局主管招投标主任参加评标不妥。

理由：项目主管部门或行政监督部门的人员不得担任评标委员会成员

五、招标文件的编制范例

现以《房屋建筑和市政工程标准施工招标文件(2010年版)》为例，学习施工招标文件的

编制及注意事项，详见一般格式如下。

第一章　招标公告(未进行资格预审)或 投标邀请书(适用于邀请招标)

(具体详见项目二任务三中相关内容)

第二章　投标人须知

投标人须知一般包括两部分：一部分是投标人须知前附表，另一部分是投标须知正文。

(一)投标人须知前附表

条款号	条款名称	编列内容
1.1.2	招标人	名称： 地址： 联系人： 电话： 电子邮件：
1.1.3	招标代理机构	名称： 地址： 联系人： 电话： 电子邮件：
1.1.4	项目名称	
1.1.5	建设地点	
1.2.1	资金来源	
1.2.2	出资比例	
1.2.3	资金落实情况	
1.3.1	招标范围	____________________ ____________________ 关于招标范围详细说明见第七章“技术标准和要求”
1.3.2	计划工期	计划工期：____日历天 计划开工日期：____年____月____日 计划竣工日期：____年____月____日 除上述总工期外，发包人还要求以下区段工期： ____________________ 有关工期的详细要求见第七章“技术标准和要求”

续表

条款号	条款名称	编列内容
1.3.3	质量要求	质量标准： 关于质量要求的详细说明见第七章“技术标准和要求”
1.4.1	投标人资质条件、能力和信誉	资质条件： 财务要求： 业绩要求： 信誉要求： 项目经理资格：____专业____级(含以上级)注册建造师执业资格，具备有效的安全生产考核合格证书，且不得担任其他在施建设工程项目的项目经理。 其他要求：
1.4.2	是否接受联合体投标	□不接受 □接受，应满足下列要求： 联合体资质按照联合体协议约定的分工认定。
1.9.1	踏勘现场	□不组织 □组织，踏勘时间： 踏勘集中地点：
1.10.1	投标预备会	□不召开 □召开，召开时间： 召开地点：
1.10.2	投标人提出问题的截止时间	
1.10.3	招标人书面澄清的时间	
1.11	分包	□不允许 □允许，分包内容要求： 分包金额要求： 接受分包的第三人资质要求：
1.12	偏离	□不允许 □允许 允许偏离最高项数： 偏差调整方法：
2.1	构成招标文件的其他材料	
2.2.1	投标人要求澄清招标文件的截止时间	
2.2.2	投标截止时间	____年____月____日____时____分
2.2.3	投标人确认收到招标文件澄清的时间	在收到相应澄清文件后____小时内
2.3.2	投标人确认收到招标文件修改的时间	在收到相应修改文件后____小时内
3.1.1	构成投标文件的其他材料	
3.3.1	投标有效期	____天

续表

条款号	条款名称	编列内容
3.4.1	投标保证金	投标保证金的形式： 投标保证金的金额： 递交方式：
3.5.2	近年财务状况的年份要求	______年，指______年______月______日起至______年______月______日止
3.5.3	近年完成的类似项目的年份要求	______年，指______年______月______日起至______年______月______日止
3.5.5	近年发生的诉讼及仲裁情况的年份要求	______年，指______年______月______日起至______年______月______日止
3.6	是否允许递交备选投标方案	□不允许 □允许
3.7.3	签字和(或)盖章要求	
3.7.4	投标文件副本份数	____份
3.7.5	装订要求	按照投标人须知第3.1.1项规定的投标文件组成内容，投标文件应按以下要求装订： □不分册装订 □分册装订，共分____册，分别为： 投标函，包括____至____的内容 商务标，包括____至____的内容 技术标，包括____至____的内容 ____标，包括____至____的内容 每册采用____方式装订，装订应牢固、不易拆散和换页，不得采用活页装订
4.1.2	封套上写明	招标人地址： 招标人名称： ________(项目名称)________标段投标文件在____年____月____日____时____分前不得开启
4.2.2	递交投标文件地点	__________________________________ (有形建筑市场/交易中心名称及地址)
4.2.3	是否退还投标文件	□否 □是，退还安排：
5.1	开标时间和地点	开标时间：同投标截止时间 开标地点：
5.2	开标程序	(1)密封情况检查： (2)开标顺序：
6.1.1	评标委员会的组建	评标委员会构成：____人，其中招标人代表____人(限招标人在职人员，且应当具备评标专家相应的或者类似的条件)，专家____人； 评标专家确定方式：____

续表

条款号	条款名称	编列内容
7.1	是否授权评标委员会确定中标人	□是 □否，推荐的中标候选人数：____
7.3.1	履约担保	履约担保的形式： 履约担保的金额：
10. 需要补充的其他内容		
10.1 词语定义		
10.1.1	类似项目	类似项目是指：
10.1.2	不良行为记录	不良行为记录是指：
…	…	
10.2 招标控制价		
	招标控制价	□不设招标控制价 □设招标控制价，招标控制价为：____元 详见本招标文件附件：____
10.3 “暗标”评审		
	施工组织设计是否采用“暗标”评审方式	□不采用 □采用，投标人应严格按照第八章“投标文件格式”中“施工组织设计(技术暗标)编制及装订要求”编制和装订施工组织设计
10.4 投标文件电子版		
	是否要求投标人在递交投标文件时，同时递交投标文件电子版	□不要求 □要求，投标文件电子版内容： ________________ 投标文件电子版份数： ________________ 投标文件电子版形式： ________________ 投标文件电子版密封方式：单独放入一个密封袋中，加贴封条，并在封套封口处加盖投标人单位章，在封套上标记“投标文件电子版”字样
10.5 计算机辅助评标		
	是否实行计算机辅助评标	□否 □是，投标人需递交纸质投标文件一份，同时按本须知附表八“电子投标文件编制及报送要求”编制及报送电子投标文件。计算机辅助评标方法见第三章“评标办法”

续表

条款号	条款名称	编列内容
10.6	投标人代表出席开标会	
	按照本须知第5.1款的规定，招标人邀请所有投标人的法定代表人或其委托代理人参加开标会。投标人的法定代表人或其委托代理人应当按时参加开标会，并在招标人按开标程序进行点名时，向招标人提交法定代表人身份证明文件或法定代表人授权委托书，出示本人身份证，以证明其出席，否则，其投标文件按废标处理	
10.7	中标公示	
	在中标通知书发出前，招标人将中标候选人的情况在本招标项目招标公告发布的同一媒介和有形建筑市场/交易中心予以公示，公示期不少于3个工作日	
10.8	知识产权	
	构成本招标文件各个组成部分的文件，未经招标人书面同意，投标人不得擅自复印和用于非本招标项目所需的其他目的。招标人全部或者部分使用未中标人投标文件中的技术成果或技术方案时，需征得其书面同意，并不得擅自复印或提供给第三人	
10.9	重新招标的其他情形	
	除投标人须知正文第8条规定的情形外，除非已经产生中标候选人，在投标有效期内同意延长投标有效期的投标人少于三个的，招标人应当依法重新招标	
10.10	同义词语	
	构成招标文件组成部分的“通用合同条款”“专用合同条款”“技术标准和要求”和“工程量清单”等章节中出现的措辞“发包人”和“承包人”，在招标投标阶段应当分别按“招标人”和“投标人”进行理解	
10.11	监督	
	本项目的招标投标活动及其相关当事人应当接受有管辖权的建设工程招标投标行政监督部门依法实施的监督	
10.12	解释权	
	构成本招标文件的各个组成文件应互为解释，互为说明；如有不明确或不一致，构成合同文件组成内容的，以合同文件约定内容为准，且以专用合同条款约定的合同文件优先顺序解释；除招标文件中有特别规定外，仅适用于招标投标阶段的规定，按招标公告(投标邀请书)、投标人须知、评标办法、投标文件格式的先后顺序解释；同一组成文件中就同一事项的规定或约定不一致的，以编排顺序在后者为准；同一组成文件不同版本之间有不一致的，以形成时间在后者为准。按本款前述规定仍不能形成结论的，由招标人负责解释	
10.13	招标人补充的其他内容	
…	…	

(二)投标须知正文

投标须知正文内容很多，主要涵盖以下几个方面：

1. 总则：主要包括项目概况、资金来源和落实情况、招标范围、计划工期和质量要求、投标人资格要求、费用承担、保密、语言文字、计量单位、踏勘现场、投标预备会、分包、偏离。

2. 招标文件：主要包括招标文件的组成、澄清、修改。

3. 投标文件：主要包括投标文件的组成、投标报价、投标有效期、投标保证金、资格审查资料、备选投标方案、投标文件的编制。

4. 投标：主要包括投标文件的密封和标记、投标文件的递交。

5. 开标：主要包括开标时间和地点、开标程序。

6. 评标：主要包括评标委员会、评标原则、评标。

7. 合同授予：主要包括定标方式、中标通知、履约担保、签订合同。

8. 重新招标和不再招标：主要包括重新招标、不再招标。

9. 纪律和监督：主要包括对招标人的纪律要求、对投标人的纪律要求、对评标委员会成员的纪律要求、对与评标活动有关的工作人员的纪律要求、投诉。

10. 需要补充的其他内容

第三章　评标办法

评标办法一般有经评审的最低投标价法和综合评估法两种。

第一种　经评审的最低投标价法，格式如下：

评标办法前附表

条款号		评审因素	评审标准
2.1.1	形式评审标准	投标人名称	与营业执照、资质证书、安全生产许可证一致
		投标函签字盖章	有法定代表人或其委托代理人签字并加盖单位章
		投标文件格式	符合“投标文件格式”的要求
		联合体投标人(如有)	提交联合体协议书，并明确联合体牵头人
		报价唯一	只能有一个有效报价
		…	…
2.1.2	资格评审标准	营业执照	具备有效的营业执照
		安全生产许可证	具备有效的安全生产许可证
		资质等级	符合第二章“投标人须知”第1.4.1项规定
		财务状况	符合第二章“投标人须知”第1.4.1项规定
		类似项目业绩	符合第二章“投标人须知”第1.4.1项规定
		信誉	符合第二章“投标人须知”第1.4.1项规定
		项目经理	符合第二章“投标人须知”第1.4.1项规定
		其他要求	符合第二章“投标人须知”第1.4.1项规定
		联合体投标人(如有)	符合第二章“投标人须知”第1.4.2项规定
		…	…
2.1.3	响应性评审标准	投标内容	符合第二章“投标人须知”第1.3.1项规定
		工期	符合第二章“投标人须知”第1.3.2项规定
		工程质量	符合第二章“投标人须知”第1.3.3项规定
		投标有效期	符合第二章“投标人须知”第3.3.1项规定
		投标保证金	符合第二章“投标人须知”第3.4.1项规定
		权利义务	符合第四章“合同条款及格式”规定
		已标价工程量清单	符合第五章“工程量清单”给出的子目编码、子目名称、子目特征、计量单位和工程量

续表

条款号		评审因素	评审标准
2.1.3	响应性评审标准	技术标准和要求	符合第七章“技术标准和要求”规定
		投标价格	□ 低于(含等于)拦标价， 拦标价＝标底价×(1+____%)。 □ 低于(含等于)第二章“投标人须知”前附表第10.2款载明的招标控制价
		分包计划	符合第二章“投标人须知”第1.11款规定
		…	…
2.1.4	施工组织设计和项目管理机构评审标准	施工方案与技术措施	…
		质量管理体系与措施	…
		安全管理体系与措施	…
		环境保护管理体系与措施	…
		工程进度计划与措施	…
		资源配备计划	…
		技术负责人	…
		其他主要人员	…
		施工设备	…
		试验、检测仪器设备	…
		…	…

条款号		评审因素	评审方法
2.2	详细评审标准	单价遗漏	…
		不平衡报价	…
		…	…

条款号		编列内容
3	评标程序	详见本章附件A：评标详细程序
3.1.2	废标条件	详见本章附件B：废标条件
3.2.1	价格折算	详见本章附件C：评标价计算方法
3.2.2	判断投标报价是否低于其成本	详见本章附件D：投标人成本评审办法
补1	备选投标方案的评审	详见本章附件E：备选投标方案的评审和比较办法
补2	计算机辅助评标	详见本章附件F：计算机辅助评标方法

采用经评审的最低投标价法，评标委员会对满足招标文件实质要求的投标文件，根据相关规定的量化因素及量化标准进行价格折算，按照经评审的投标价由低到高的顺序推荐

中标候选人，或根据招标人授权直接确定中标人，但投标报价低于其成本的除外。经评审的投标价相等时，投标报价低的优先；投标报价也相等的，由招标人自行确定。

第二种　综合评估法，格式如下：

评标办法前附表

条款号		评审因素	评审标准
2.1.1	形式评审标准	投标人名称	与营业执照、资质证书、安全生产许可证一致
		投标函签字盖章	有法定代表人或其委托代理人签字或加盖单位章
		投标文件格式	符合第八章“投标文件格式”的要求
		联合体投标人(如有)	提交联合体协议书，并明确联合体牵头人
		报价唯一	只能有一个有效报价
		…	…
2.1.2	资格评审标准	营业执照	具备有效的营业执照
		安全生产许可证	具备有效的安全生产许可证
		资质等级	符合第二章“投标人须知”第 1.4.1 项规定
		财务状况	符合第二章“投标人须知”第 1.4.1 项规定
		类似项目业绩	符合第二章“投标人须知”第 1.4.1 项规定
		信誉	符合第二章“投标人须知”第 1.4.1 项规定
		项目经理	符合第二章“投标人须知”第 1.4.1 项规定
		其他要求	符合第二章“投标人须知”第 1.4.1 项规定
		联合体投标人(如有)	符合第二章“投标人须知”第 1.4.2 项规定
		…	…
2.1.3	响应性评审标准	投标内容	符合第二章“投标人须知”第 1.3.1 项规定
		工期	符合第二章“投标人须知”第 1.3.2 项规定
		工程质量	符合第二章“投标人须知”第 1.3.3 项规定
		投标有效期	符合第二章“投标人须知”第 3.3.1 项规定
		投标保证金	符合第二章“投标人须知”第 3.4.1 项规定
		权利义务	投标函附录中的相关承诺符合或优于第四章“合同条款及格式”的相关规定
		已标价工程量清单	符合第五章“工程量清单”给出的子目编码、子目名称、子目特征、计量单位和工程量。
		技术标准和要求	符合第七章“技术标准和要求”规定
		投标价格	□ 低于(含等于)拦标价， 拦标价＝标底价×(1＋____%)。 □ 低于(含等于)第二章“投标人须知”前附表第 10.2 款载明的招标控制价。
		分包计划	符合第二章“投标人须知”第 1.11 款规定
		…	
2.2.1	分值构成 (总分 100 分)	施工组织设计：____分 项目管理机构：____分 投标报价：____分 其他评分因素：____分	

续表

条款号		条款内容	编列内容
2.2.2		评标基准价计算方法	
2.2.3		投标报价的偏差率计算公式	偏差率＝100%×(投标人报价－评标基准价)/评标基准价
条款号		评分因素	评分标准
2.2.4(1)	施工组织设计评分标准	内容完整性和编制水平	…
		施工方案与技术措施	…
		质量管理体系与措施	…
		安全管理体系与措施	…
		环保管理体系与措施	…
		工程进度计划与措施	…
		资源配备计划	…
		…	…
2.2.4(2)	项目管理机构评分标准	项目经理资格与业绩	…
		技术负责人资格与业绩	…
		其他主要人员	…
		…	…
2.2.4(3)	投标报价评分标准	偏差率	…
		…	…
2.2.4(4)	其他因素评分标准	…	…
条款号		编列内容	
3	评标程序	详见本章附件A：评标详细程序	
3.1.2	废标条件	详见本章附件B：废标条件	
3.2.2	判断投标报价是否低于其成本	详见本章附件C：投标人成本评审办法	
补1	备选投标方案的评审	详见本章附件D：备选投标方案的评审和比较办法	
补2	计算机辅助评标	详见本章附件E：计算机辅助评标方法	

采用综合评估法，评标委员会对满足招标文件实质性要求的投标文件，按照相关规定的评分标准进行打分，并按得分由高到低顺序推荐中标候选人，或根据招标人授权直接确定中标人，但投标报价低于其成本的除外。综合评分相等时，以投标报价低的优先；投标报价也相等的，由招标人自行确定。

第四章　合同条款及格式

（详见项目六相关内容）

第五章 工程量清单

（略）

第六章 图 纸

（略）

第七章 技术标准和要求

（略）

第八章 投标文件格式

具体（详见项目三任务三相关内容）

任务六 编制项目招标控制价

《建设工程工程量清单计价规范》(GB 50500—2013)中规定，国有资金投资的建设工程招标，招标人必须编制招标控制价。当招标控制价超过批准的概算时，招标人应将其报原概算审批部门审核。投标人的投标报价高于招标控制价的，其投标应予以拒绝。

招标控制价应由具有编制能力的招标人，或受其委托具有相应资质的工程造价咨询人编制和复核。

一、招标控制价的编制依据

(1)《建设工程工程量清单计价规范》(GB 50500—2013)。

(2)国家或省级、行业建设主管部门颁发的计价定额和计价办法。

(3)建设工程设计文件及相关资料。

(4)拟定的招标文件及招标工程量清单。

(5)与建设项目相关的标准、规范、技术资料。

(6)施工现场情况、工程特点及常规施工方案。

(7)工程造价管理机构发布的工程造价信息，当没有发布工程造价信息时，参照市场价。

(8)其他的相关资料。

二、招标控制价的公布

招标人应在发布招标文件时公布招标控制价，不应上调或下浮。招标人在招标文件中公布招标控制价时，应公布招标控制价各组成部分的详细内容，不得只公布招标控制价总价。招标人应将招标控制价及有关资料报送工程所在地或有该工程管辖权的行业管理部门工程造价管理机构备查。

投标人经复核认为招标人公布的招标控制价未按照《建设工程工程量清单计价规范》(GB 50500—2013)的规定进行编制的，应在招标控制价公布后5日内向招投标监督机构和工程造价管理机构投诉。当招标控制价复查结论与原公布的招标控制价误差大于±3%时，应当责成招标人改正。

小贴士

(1)招标人设有最高投标限价的，应当在招标文件中明确最高投标限价或者最高投标限价的计算方法。招标人不得规定最低投标限价。

(2)招标人可以自行决定是否编制标底。一个招标项目只能有一个标底。标底必须保密。

(3)接受委托编制标底的中介机构不得参加受托编制标底项目的投标，也不得为该项目的投标人编制投标文件或者提供咨询。

三、招标控制价的组成

招标控制价由分部分项工程费、措施项目费、其他项目费、规费及税金五部分组成。招标控制价编制单位按工程量清单计算组价项目，并根据项目特点进行综合分析，然后按市场价格和取费标准、取费程序及其他条件计算综合单价，含完成该项工程内容所需的所有费用，最后汇总成招标控制价。

四、招标控制价的优点

(1)可有效控制投资，防止恶性哄抬报价带来的投资风险。

(2)提高了透明度，避免了暗箱操作、寻租等违法活动的产生。

(3)控制价是各投标人自主报价、公平竞争，符合市场规律。投标人自主报价，不受标底的左右。

(4)既设置了控制上限又尽量地减少了业主对评标基准价的影响。

五、招标控制价的编制一般格式

1. 招标控制价封面及扉页

封面及扉页应按规定的内容填写、签字、盖章，除承包人自行编制的投标报价和竣工结算外，受委托编制的招标控制价、投标报价、竣工结算，由造价员编制的应有负责审核的造价工程师签字、盖章以及工程造价咨询人盖章。

(1)招标控制价封面格式，见表2-4。

表2-4 招标控制价封面

________工程 招标控制价 招 标 人：________________ (单位盖章) 造价咨询人：________________ (单位盖章) 年 月 日

(2)招标控制价扉页格式，见表 2-5。

表 2-5　招标控制价扉页

______________工程

招标控制价

招标控制价(小写)：______________________________________

(大写)：______________________________________

招　标　人：______________　　造价咨询人：______________

(单位盖章)　　(单位资质专用章)

法定代表人　　法定代表人

或其授权人：______________　　或其授权人：______________

(签字或盖章)　　(签字或盖章)

编　制　人：______________　　复　核　人：______________

(造价人员签字盖专用章)　　(造价工程师签字盖专用章)

编制时间：　年　月　日　　复核时间：　年　月　日

2. 工程计价总说明

(1)招标控制价编制总说明应按下列内容填写：

1)工程概况：建设规模、工程特征、计划工期、合同工期、实际工期、施工现场及变化情况、施工组织设计的特点、自然地理条件、环境保护要求等。

2)编制依据等。

(2)招标控制价总说明格式，见表 2-6。

表 2-6　总说明

工程名称：　　　　　　　　　　　　　　　　　　　　　　　　第　页　共　页

3.　工程计价汇总表

(1)建设项目招标控制价汇总表格式，见表 2-7。

(2)单项工程招标控制价汇总表格式，见表 2-8。

(3)单位工程招标控制价汇总表格式，见表 2-9。

表 2-7　建设项目招标控制价汇总表

工程名称：　　　　　　　　　　　　　　　　　　　　　　　　第　页　共　页

序号	单项工程名称	金额/元	其中：/元		
			暂估价	安全文明施工费	规费
合计					
注：本表适用于建设项目招标控制价或投标报价的汇总。					

表 2-8　单项工程招标控制价汇总表

工程名称：　　　　　　　　　　　　　　　　　　　　　　　　第　页　共　页

序号	单位工程名称	金额/元	其中：/元		
			暂估价	安全文明施工费	规 费
合计					
注：本表适用于单项工程招标控制价或投标报价的汇总。暂估价包括分部分项工程中的暂估价和专业工程暂估价。					

表 2-9　单位工程招标控制价汇总表

工程名称：　　　　　　　　　　　　　　　标段：　　　　　　　　　　　　　　第　页　共　页

序号	汇总内容	金额/元	其中：暂估价/元
1	分部分项工程		
1.1			
1.2			
⋮			
2	措施项目		
2.1	其中：安全文明施工费		
3	其他项目		
3.1	其中：暂列金额		
3.2	其中：专业工程暂估价		
3.3	其中：计日工		
3.4	其中：总承包服务费		
4	规费		
5	税金		
招标控制价合计＝1＋2＋3＋4＋5			
注：本表适用于单位工程招标控制价或投标报价的汇总，如无单位工程划分，单项工程也使用本表汇总。			

4. 分部分项工程和措施项目计价表

(1)分部分项工程和单价措施项目清单与计价表格式，见表 2-10。

(2)综合单价分析表格式，见表 2-11。

(3)综合单价调整表，见表 2-12。

(4)总价措施项目清单与计价表格式，见表 2-13。

表 2-10　分部分项工程和单价措施项目清单与计价表

工程名称：　　　　　　　　　　　　　　　标段：　　　　　　　　　　　　　　第　页　共　页

序号	项目编码	项目名称	项目特征描述	计量单位	工程量	金额/元		
						综合单价	合价	其中 暂估价
本页小计								
合计								
注：为计取规费等的使用，可在表中增设其中："定额人工费"。								

表 2-11　综合单价分析表

工程名称：　　　　　　　　　　　　　　标段：　　　　　　　　　　　　第　页　共　页

项目编码			项目名称			计量单位			工程量		
清单综合单价组成明细											
定额编号	定额项目名称	定额单位	数量	单价				合价			
				人工费	材料费	机械费	管理费和利润	人工费	材料费	机械费	管理费和利润
人工单价		小计									
元/工日		未计价材料费									
清单项目综合单价											
材料费明细	主要材料名称、规格、型号				单位		数量	单价/元	合价/元	暂估单价/元	暂估合价/元
	其他材料费							—		—	
	材料费小计							—		—	

注：①如不使用省级或行业建设主管部门发布的计价依据，可不填定额编号、名称等。
②招标文件提供了暂估单价的材料，按暂估的单价填入表内“暂估单价”栏及“暂估合价”栏。

表 2-12　综合单价调整表

工程名称：　　　　　　　　　　　　　　标段：　　　　　　　　　　　　第　页　共　页

序号	项目编码	项目名称	已标价清单综合单价/元					调整后综合单价/元				
			综合单价	其中				综合单价	其中			
				人工费	材料费	机械费	管理费和利润		人工费	材料费	机械费	管理费和利润
造价工程师(签章)： 发包人代表(签章) 日期：								造价人员(签章)： 承包人代表(签章) 日期：				

注：综合单价调整应附调整依据。

表 2-13　总价措施项目清单与计价表

工程名称：　　　　　　　　　　　　　　　　　　标段：　　　　　　　　　　　　第　页　共　页

序号	项目编码	项目名称	计算基础	费率/%	金额/元	调整费率/%	调整后金额/元	备注
		安全文明施工费						
		夜间施工增加费						
		二次搬运费						
		冬雨季施工增加费						
		已完工程及设备保护费						
合计								

编制人（造价人员）：　　　　　　　　　　　　复核人（造价工程师）：

注：①“计算基础”中安全文明施工费可为“定额基价”“定额人工费”或“定额人工费＋定额机械费”，其他项目可为“定额人工费”或“定额人工费＋定额机械费”。

②按施工方案计算的措施费，若无“计算基础”和“费率”的数值，也可只填“金额”数值，但应在备注栏说明施工方案出处或计算方法。

5. 其他项目计价表

(1)其他项目清单与计价汇总表格式，见表 2-14。

表 2-14　其他项目清单与计价汇总表

工程名称：　　　　　　　　　　　　　　　　　　标段：　　　　　　　　　　　　第　页　共　页

序号	项目名称	金额/元	结算金额/元	备注
1	暂列金额			明细详见表 2-15
2	暂估价			
2.1	材料(工程设备)暂估价/结算价			明细详见表 2-16
2.2	专业工程暂估价/结算价			明细详见表 2-17
3	计日工			明细详见表 2-18
4	总承包服务费			明细详见表 2-19
5	索赔与现场签证			明细详见表 2-20
合计				—

注：材料(工程设备)暂估单价进入清单项目综合单价，此处不汇总。

(2)暂列金额明细表，见表 2-15。

表 2-15　暂列金额明细表

工程名称：　　　　　　　　　　　标段：　　　　　　　　　　第　页　共　页

序号	项目名称	计量单位	暂定金额/元	备注
1				
2				
合计				—
注：此表由招标人填写，如不能详列，也可只列暂定金额总额，投标人应将上述暂列金额计入投标总价中。				

(3)材料(工程设备)暂估单价及调整表，见表 2-16。

表 2-16　材料(工程设备)暂估单价及调整表

工程名称：　　　　　　　　　　　标段：　　　　　　　　　　第　页　共　页

序号	材料(工程设备)名称、规格、型号	计量单位	数量		暂估/元		确认/元		差额±/元		备注
			暂估	确认	单价	合价	单价	合价	单价	合价	
合计											
注：此表由招标人填写“暂估单价”，并在备注栏说明暂估价的材料、工程设备拟用在哪些清单项目上，投标人应将上述材料、工程设备暂估单价计入工程量清单综合单价报价中。											

(4)专业工程暂估价及结算价表，见表 2-17。

表 2-17　专业工程暂估价及结算价表

工程名称：　　　　　　　　　　　标段：　　　　　　　　　　第　页　共　页

序号	工程名称	工程内容	暂估金额/元	结算金额/元	差额±/元	备注
合计						
注：此表“暂估金额”由招标人填写，投标人应将“暂估金额”计入投标总价中。结算时按合同约定结算金额填写。						

(5)计日工表，见表 2-18。

(6)总承包服务费计价表，见表 2-19。

(7)索赔与现场签证计价表。索赔与现场签证计价表格式，见表 2-20。

表 2-18　计日工表

工程名称：　　　　　　　　　　　　标段：　　　　　　　　　　　　第　页　共　页

<table>
<tr><th rowspan="2">编号</th><th rowspan="2">项目名称</th><th rowspan="2">单位</th><th rowspan="2">暂定数量</th><th rowspan="2">实际数量</th><th rowspan="2">综合单价/元</th><th colspan="2">合价/元</th></tr>
<tr><th>暂定</th><th>实际</th></tr>
<tr><td>一</td><td>人工</td><td></td><td></td><td></td><td></td><td></td><td></td></tr>
<tr><td>1</td><td></td><td></td><td></td><td></td><td></td><td></td><td></td></tr>
<tr><td>2</td><td></td><td></td><td></td><td></td><td></td><td></td><td></td></tr>
<tr><td></td><td></td><td></td><td></td><td></td><td></td><td></td><td></td></tr>
<tr><td colspan="6">人工小计</td><td></td><td></td></tr>
<tr><td>二</td><td>材料</td><td></td><td></td><td></td><td></td><td></td><td></td></tr>
<tr><td>1</td><td></td><td></td><td></td><td></td><td></td><td></td><td></td></tr>
<tr><td>2</td><td></td><td></td><td></td><td></td><td></td><td></td><td></td></tr>
<tr><td></td><td></td><td></td><td></td><td></td><td></td><td></td><td></td></tr>
<tr><td colspan="6">材料小计</td><td></td><td></td></tr>
<tr><td>三</td><td>施工机械</td><td></td><td></td><td></td><td></td><td></td><td></td></tr>
<tr><td>1</td><td></td><td></td><td></td><td></td><td></td><td></td><td></td></tr>
<tr><td>2</td><td></td><td></td><td></td><td></td><td></td><td></td><td></td></tr>
<tr><td></td><td></td><td></td><td></td><td></td><td></td><td></td><td></td></tr>
<tr><td colspan="6">施工机械小计</td><td></td><td></td></tr>
<tr><td colspan="6">四、企业管理费和利润</td><td></td><td></td></tr>
<tr><td colspan="6">总计</td><td></td><td></td></tr>
<tr><td colspan="8">注：此表项目名称、暂定数量由招标人填写，编制招标控制价时，单价由招标人按有关计价规定确定；投标时，单价由投标人自主报价，按暂定数量计算合价计入投标总价中。结算时，按发承包双方确认的实际数量计算合价。</td></tr>
</table>

表 2-19　总承包服务费计价表

工程名称：　　　　　　　　　　　　标段：　　　　　　　　　　　　第　页　共　页

<table>
<tr><th>序号</th><th>项目名称</th><th>项目价值/元</th><th>服务内容</th><th>计算基础</th><th>费率/%</th><th>金额/元</th></tr>
<tr><td>1</td><td>发包人发包专业工程</td><td></td><td></td><td></td><td></td><td></td></tr>
<tr><td>2</td><td>发包人提供材料</td><td></td><td></td><td></td><td></td><td></td></tr>
<tr><td></td><td></td><td></td><td></td><td></td><td></td><td></td></tr>
<tr><td></td><td>合计</td><td>—</td><td>—</td><td></td><td>—</td><td></td></tr>
<tr><td colspan="7">注：此表项目名称、服务内容由招标人填写，编制招标控制价时，费率及金额由招标人按有关计价规定确定；投标时，费率及金额由投标人自主报价，计入投标总价中。</td></tr>
</table>

表 2-20　索赔与现场签证计价汇总表

工程名称：　　　　　　　　　　　　标段：　　　　　　　　　　　　第　页　共　页

<table>
<tr><th>序号</th><th>签证及索赔项目名称</th><th>计算单位</th><th>数量</th><th>单价/元</th><th>合价/元</th><th>索赔及签证依据</th></tr>
<tr><td></td><td></td><td></td><td></td><td></td><td></td><td></td></tr>
<tr><td></td><td></td><td></td><td></td><td></td><td></td><td></td></tr>
<tr><td>—</td><td>本页小计</td><td>—</td><td>—</td><td>—</td><td></td><td>—</td></tr>
<tr><td>—</td><td>合计</td><td>—</td><td>—</td><td>—</td><td></td><td></td></tr>
<tr><td colspan="7">注：签证及索赔依据是指经双方认可的签证单作索赔依据的编号。</td></tr>
</table>

6. 规费、税金项目计价表

规费、税金项目计价表格式，见表2-21。

表2-21　规费、税金项目计价表

工程名称：　　　　　　　　　　　　　　标段：　　　　　　　　　　　　　第　页　共　页

序号	项目名称	计算基础	计算基数	计算费率/%	金额/元
1	规费	定额人工费			
1.1	社会保险费	定额人工费			
(1)	养老保险费	定额人工费			
(2)	失业保险费	定额人工费			
(3)	医疗保险费	定额人工费			
(4)	工伤保险费	定额人工费			
(5)	生育保险费	定额人工费			
1.2	住房公积金	定额人工费			
1.3	工程排污费	按工程所在地环境保护部门收取标准，按实计入			
⋮					
2	税金	分部分项工程费+措施项目费+其他项目费+规费−按规定不计税的工程设备金额			
合计					

编制人(造价人员)：　　　　　　　　　　　复核人(造价工程师)：

任务七　现场踏勘与投标预备会

一、现场踏勘

(一)招标人组织现场踏勘

《招标投标法》第21条规定，招标人根据招标项目的具体情况，可以组织潜在投标人踏勘项目现场。招标项目现场的环境条件对投标人的报价及其技术管理方案有影响的，潜在投标人需要通过踏勘项目现场了解有关情况。

招标人可依据招标项目的特点和招标文件的约定，组织潜在投标人对项目实施现场的地形地质条件、周边和内部环境进行实地踏勘了解，并介绍有关情况。潜在投标人应自行负责据此作出的判断和投标决策。除招标人的原因外，投标人自行负责在踏勘现场中所发生的人员伤亡和财产损失。

工程施工招标项目一般需要实地踏勘招标项目现场。根据招标项目情况，招标人可以组织潜在投标人踏勘，也可以不组织现场踏勘。但是，招标人不得组织单个或者部分潜在投标人踏勘项目现场。

(二)投标人踏勘现场

投标人在去现场踏勘之前，应先仔细研究招标文件有关概念和各项要求，特别是招标文件中的工作范围、专用条款以及设计图纸和说明等，然后有针对性地拟定出踏勘提纲，确定重点需要澄清和解答的问题，做到心中有数。投标人参加现场踏勘的费用，由投标人

自己承担。招标人一般在招标文件发出后，就着手考虑安排投标人进行现场踏勘等准备工作，并在现场踏勘中对投标人给予必要的协助。

投标人进行现场踏勘的内容，主要包括以下几个方面：

(1)自然地理条件。自然地理条件包括施工现场地理位置、地形、地貌、用地范围、气象、水文、地质、地震及抗震设防烈度、洪水、台风及其他自然灾害情况等。

(2)市场情况。市场情况包括建筑材料和设备、施工机械设备、燃料、动力和生活用品的供应状况、价格水平与变动趋势，劳务市场状况，银行利率和外汇汇率等情况。

(3)施工条件。施工条件包括临时设施、生活用地位置和大小、供排水、供电、进场道路、通信设施现状、引接供排水线路、电源、通信线路和道路的条件和距离、附近现有建(构)筑物、地下和空中管线情况、环境对施工的限制等。

(4)其他情况。其他情况包括交通运输情况、其他承包商或分包商之间的情况、现场附近治安情况、现场附近有无食宿条件、料场开采条件、其他加工条件、设备维修条件等。

二、投标预备会

投标预备会，又称答疑会、标前会议，一般在现场踏勘之后的1～2天内举行。

投标预备会是招标人为了澄清、解答潜在投标人在阅读招标文件和现场踏勘后提出的疑问，按照招标文件规定时间组织的投标预备会议。招标人同时可以利用投标预备会对招标文件中有关重点、难点内容主动作出说明。

投标预备会主要议程如下：

(1)介绍参加会议单位和主要人员。

(2)介绍问题解答人。

(3)解答投标人提出的问题。

(4)通知有关事项。

会议结束后，招标机构应将其口头解答的会议记录加以整理，用书面补充通知(又称“补遗”)的形式发给每一位投标人。补充文件作为招标文件的组成部分，具有同等的法律效力。补充文件应在投标截止日期前一段时间发出，以便投标人有充足时间作出反应。

学 生 实 训 园

实训项目：编制施工招标文件

一、实训目的

1. 掌握项目施工招标文件的编制内容及基本格式要求；

2. 提高学生编制施工招标文件的能力。

二、材料准备

1. 工程有关批准文件；

2. 工程施工图纸；

3. 施工图预算；

4.《房屋建筑和市政工程标准施工招标文件(2010年版)》。

三、实训步骤

第一步：划分小组成立招标组织机构，每组5～6人；

第二步：颁发工程有关批准文件、施工图纸及施工图预算；

第三步：进行工程招标的准备工作；

第四步：编制招标文件。

四、实训成果要求

1. 采用示范文本统一的标准及规格；

2. 在教学规定的实训时间内完成施工招标文件的编制。

五、实训注意事项

1. 招标文件应尽量详细和完善。

2. 尽量采用标准的专业术语。

3. 充分发挥学生的积极性、主动性与创造性。

练习与思考

一、填空题

1. 按照《招标投标法》规定，履行__________和落实__________是招标项目进行招标前必须具备的两项基本条件。

2. 按照《招标投标法》规定，招标方式分为__________和__________。

3. 招标组织形式分为__________和__________。

4. 资格审查分为__________和__________两种方法。

5.《招标投标法》规定，招标人对已发出的招标文件进行必要的澄清或者修改的，应当在招标文件要求提交投标文件截止时间至少__________前，以__________形式通知所有招标文件收受人。该澄清或者修改的内容为招标文件的组成部分。

6. 投标人经复核认为招标人公布的招标控制价未按照《建设工程工程量清单计价规范》(GB 50500—2013)的规定进行编制的，应在招标控制价公布后__________内向招投标监督机构和工程造价管理机构投诉。当招标控制价复查结论与原公布的招标控制价误差大于__________时，应当责成招标人改正。

二、选择题

1. 按照《工程建设项目施工招标投标办法》规定，依法必须招标的工程建设项目，应当具备相关条件才能进行施工招标，以下属于相关条件的有(　　)。

A. 初步设计及概算应当履行审批手续的，已经批准

B. 有招标所需的设计图纸，可以不需要技术资料

C. 招标范围、招标方式和招标组织形式等应当履行核准手续的，可以不核准

D. 招标人已经依法成立

E. 有相应资金或资金来源已经落实

2.《工程建设项目招标范围和规模标准规定》中规定施工单项合同估算价在(　　)万元人民币以上的，必须进行招标。

A. 200　　B. 150　　C. 100　　D. 50

3. 按照《招标投标法实施条例》规定，有下列(　　)情形之一的，可以不进行招标。

A. 需要采用不可替代的专利或者专有技术

B. 监理服务的采购，单项合同估算价在50万元人民币以上的

C. 采购人依法能够自行建设、生产或者提供

D. 需要向原中标人采购工程、货物或者服务，否则将影响施工或者功能配套要求

E. 已通过招标方式选定的特许经营项目投资人依法能够自行建设、生产或者提供

4.《招标投标法》规定，依法必须进行招标的项目，自招标文件开始发放之日起至投标人提交投标文件截止之日止，最短不得少于(　　)日。

A. 7　　B. 10　　C. 15　　D. 20

5. 以下属于资格审查报告一般包括的内容有(　　)。

A. 基本情况和数据表

B. 近年发生的诉讼和仲裁情况

C. 通过资格预审的申请人名单

D. 审查委员会成员名单

E. 审查标准、方法或者审查因素一览表

三、简答题

1. 项目招标投标活动应遵循的原则有哪些?

2. 简述建设工程招标投标的分类。

3. 什么是公开招标? 什么是邀请招标? 两者有何区别?

4. 简述建设工程项目公开招标基本工作程序。

5. 什么是资格预审? 什么是资格后审? 两者的优缺点及适用范围各有哪些?

6. 招标文件的基本内容一般有哪些?

四、案例分析

[背景] 某建设工程项目依法必须公开招标，项目初步设计及概算已经批准。资金来源尚未落实，设计图纸及技术资料已经能够满足招标需要。考虑到参加投标的施工企业来自各地，招标人委托造价咨询单位编制了两个标底，分别用于对本市和外省市投标人的评标。评标采用经评审的最低投标价法。

招标公告发布后，有10家施工企业作出响应。资格预审采用合格制。在资格预审阶段，招标人对施工企业组织机构和概况、近3年工程完成情况、目前正在履行的合同情况、资源方面等进行了审查，认定所有单位的资格均符合条件，通过了资格审查。考虑到通过审查的施工单位数量较多，招标工作难度较大，招标人邀请了其中5家参加投标。

某投标人收到招标文件后，于第10日对招标文件的几处疑问以书面形式向招标单位提出。招标人以超过了招标文件中约定的提出疑问的截止时间为由拒绝作出说明。

投标过程中，因了解到招标人对本市和外省市的投标单位区别对待，3家购买招标文件的外省市企业退出了投标。招标人经研究，决定招标继续进行。某投标人在递交投标文件后，在招标文件规定的投标截止时间前，对投标文件进行了补充、修改并送达招标人。招标人拒绝受理该投标人对其投标文件的补充、修改。

[问题]

(1)草拟招标公告的“投标人资格要求”部分。

(2)逐一指出本案招标过程中不妥之处，请说明理由。

项目三

工程项目投标

知识目标

1. 熟悉项目施工投标的内涵、投标的基本工作程序、投标各阶段工作要点、投标报价常用技巧及项目投标决策与策略。

2. 掌握资格预审申请文件的编写要点。

3. 掌握施工投标文件的编写要点。

能力目标

1. 能运用相关的法律法规知识组织投标工作。

2. 能结合《房屋建筑和市政工程标准施工招标资格预审文件(2010 年版)》编写资格预审申请文件。

3. 能结合《房屋建筑和市政工程标准施工招标文件(2010 年版)》编写施工投标文件。

任务一　认知项目投标准备

一、项目施工投标概述

(一)工程投标的概念

工程投标是工程招标的对称概念，其是指具有合法资格和能力的投标人根据招标条件，经过初步研究和估算，在指定期限内填写标书，提出报价，并等候开标，决定投标人能否中标的经济活动。

从目前建筑市场发展情况来看，工程投标是建筑业企业承揽业务的重要途径，是建筑业企业经营决策的重要组成部分。

(二)投标人资格条件

《招标投标法》第 26 条规定："投标人应当具备承担招标项目的能力；国家有关规定对投标人资格条件或者招标文件对投标人资格条件有规定的，投标人应当具备规定的资格条件。"

从广义上理解，投标人可以认为是按招标文件的规定参加投标竞争的自然人、法人和

其他组织，但这只是基本的前提，某一个法人或经济组织是否适合做一个招标项目的投标人，关键还要看其是否具备承担该招标项目的能力，或在必要时是否符合国家规定所要求的资格条件。

投标人应当具备承担招标项目的能力，具体包括以下几项：

(1)与招标文件要求相适应的人力、物力和财力。

(2)招标文件要求的资质证书和相应的工作经验与业绩证明。

(3)法律、法规规定的其他条件。

小贴士

投标人是响应招标、参加投标竞争的法人或者其他组织。当依法招标的科研项目允许个人参加投标时，个人就可以作为投标人。

(三)联合体投标

《招标投标法》第31条规定：“两个以上法人或者其他组织可以组成一个联合体，以一个投标人的身份共同投标。”联合体作为投标人应符合以下条件：

(1)联合体各方均应当具备承担招标项目的相应能力。

(2)国家有关规定或者招标文件对投标人资格条件有规定的，联合体各方均应当具备规定的相应资格条件。

(3)由同一专业的单位组成的联合体，按照资质等级较低的单位确定资质等级。

(4)联合体各方应当签订共同投标协议，明确约定各方拟承担的工作和相应的责任，并将共同投标协议连同投标文件一并提交招标人。联合体中标的，联合体各方应当共同与招标人签订合同，就中标项目向招标人承担连带责任，但是共同投标协议另有约定的除外。

(5)联合体应该指定一家联合体成员作为主办人，由联合体各成员法定代表人签署提交一份授权书，证明其主办人资格。

小贴士

(1)招标人应当在资格预审公告、招标公告或者投标邀请书中载明是否接受联合体投标。

(2)招标人接受联合体投标并进行资格预审的，联合体应当在提交资格预审申请文件前组成。资格预审后联合体增减、更换成员的，其投标无效。

(3)联合体各方在同一招标项目中以自己名义单独投标或者参加其他联合体投标的，相关投标均无效。

(四)撤回和撤销投标文件

投标人撤回已提交的投标文件，应当在投标截止时间前书面通知招标人。招标人已收取投标保证金的，应当自收到投标人书面撤回通知之日起5日内退还。

投标截止后投标人撤销投标文件的，招标人可以不退还投标保证金。

(五)投标保证金

1. 投标保证金的概念

投标保证金是投标人按照招标文件规定的形式和金额向招标人递交的，约束投标人履

行其投标义务的担保。

2. 投标保证金缴纳的数额与形式

《招标投标法实施条例》规定，招标人在招标文件中要求投标人提交投标保证金的，投标保证金不得超过招标项目估算价的2%，投标保证金有效期应当与投标有效期一致。依法必须进行招标的项目的境内投标单位，以现金或者支票形式提交的投标保证金应当从其基本账户转出。招标人不得挪用投标保证金。

3. 投标保证金不予退还的情形

(1)中标人拒绝按招标文件、投标文件及中标通知书要求与招标人签订合同。

(2)中标人或投标人要求修改、补充和撤销投标文件的实质性内容或要求更改招标文件和中标通知书的实质性内容。

(3)中标人拒绝按招标文件规定时间、金额、形式提交履约保证金。

(4)法律法规和招标文件规定的其他情形。

发生以上情形给招标人造成的损失超过投标保证金额的，招标人可要求赔偿超过部分的损失。当然，投标人按照招标文件规定没有提交投标保证金的，也就不存在投标保证金的退还问题。

(六)投标有效期

1. 投标有效期的概念

投标有效期是投标文件保持有效的期限，投标文件是投标人根据招标文件向招标人发出的要约，根据《中华人民共和国合同法》(以下简称《合同法》)有关承诺期限的规定，投标有效期为招标人对投标人发出的要约作出承诺的期限，也是投标人就其提交的投标文件承担相关义务的期限。

2. 投标有效期的计算

招标人应当在招标文件中载明投标有效期。投标有效期从提交投标文件的截止之日计算。合理的投标有效期不但要考虑开标、评标、定标和签订合同所需时间，而且要综合考虑招标项目的具体情况、潜在投标人的信用状况以及招标人自身的决策机制。

(七)投标人应遵守的基本规则

(1)投标人应当按照招标文件的要求编制投标文件。投标文件应当对招标文件提出的实质性要求和条件作出响应。招标项目属于建设施工的，投标文件的内容应当包括拟派出的项目负责人与主要技术人员的简历、业绩和拟用于完成招标项目的机械设备等。

(2)投标人在招标文件要求提交投标文件的截止时间前，可以补充、修改或者撤回已提交的投标文件，并书面通知招标人。补充、修改的内容为投标文件的组成部分。

(3)投标人根据招标文件载明的项目实际情况，拟在中标后将中标项目的部分非主体、非关键性工作进行分包的，应当在投标文件中载明。

(4)投标人不得相互串通投标报价，不得排挤其他投标人的公平竞争，损害招标人或者其他投标人的合法权益。

(5)投标人不得与招标人串通投标，损害国家利益、社会公共利益或者他人的合法权益。禁止投标人以向招标人或者评标委员会成员行贿的手段谋取中标。

(6)投标人不得以低于成本的报价竞标，也不得以他人名义投标或者以其他方式弄虚作假，骗取中标。

小贴士

《工程建设项目施工招标投标办法》(七部委令第30号)第35条规定，投标人是响应招标、参加投标竞争的法人或者其他组织。招标人的任何不具独立法人资格的附属机构(单位)，或者为招标项目的前期准备或者监理工作提供设计、咨询服务的任何法人及其任何附属机构(单位)，都无资格参加该招标项目的投标。

二、项目投标的基本工作程序

投标程序是指项目投标过程中各项活动的步骤及相关的内容，反映各工作环节的内在联系和逻辑关系。项目投标基本工作程序如图3-1所示。

三、项目投标各阶段的工作要点

建设工程项目投标各阶段的主要工作要点如下。

(一)获取招标信息

目前投标人获取招标信息的途径很多，最普遍的是通过大众媒体所发布的招标公告获取招标信息。

(二)前期投标决策

投标人在证实招标信息真实可靠后，同时，还要对招标人的信誉、实力等方面进行了解，以正确作出投标决策，从而减少工程实施过程中承包方的风险。

(三)组建投标班子

投标班子成员业务娴熟、富有经验、能合理运用投标策略。素质上对企业忠诚、对报价保密。一般应包括下列三类人员。

1. 经营管理类人员

经营管理类人员一般是从事工程承包经营管理的行家里手，熟悉工程投标活动的筹划和安排，具有相当的决策水平。

2. 专业技术类人员

专业技术类人员是从事各类专业工程技术的人员，如建筑师、监理工程师、造价工程师、一级建造师等。

3. 商务金融类人员

商务金融类人员是从事有关金融、贸易、财税、保险、会计、采购、合同、索赔等项工作的人员。

投标人取得招标文件后，首要的工作就是组织投标班子认真仔细地研究招标文件，充分了解其内容和要求，以便有针对性地安排投标工作。

(四)参与资格审查

投标人在获悉招标公告或投标邀请后，应当按照招标公告或投标邀请书中所提出的资格审查要求，向招标人申报资格审查。

资格审查是投标人投标过程中的第一关，只有通过投标资格审查合格后，才具有参加

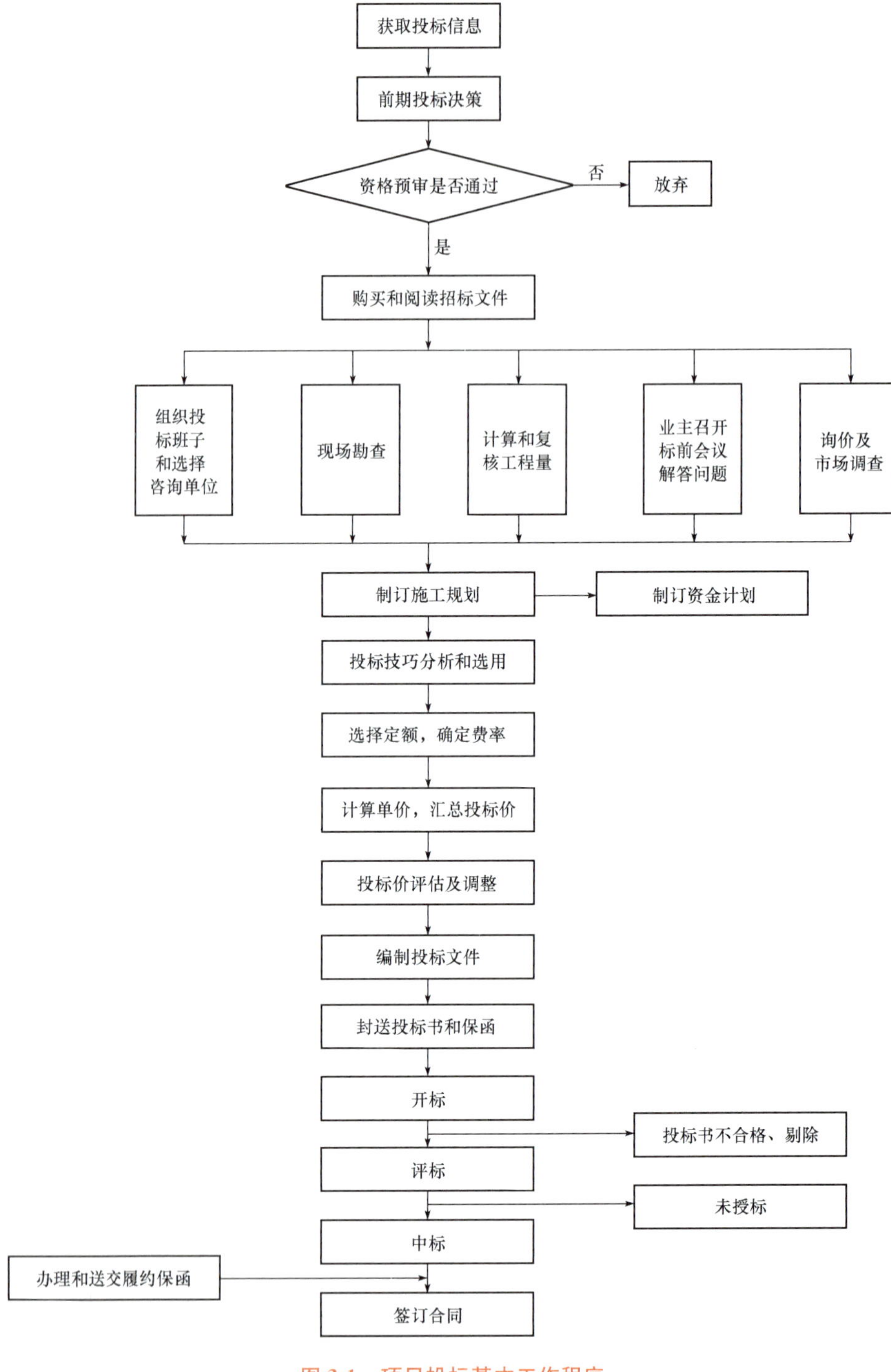

图 3-1　项目投标基本工作程序

该项工程的投标资格。作为具有一定经验的投标人，搞清楚在资格预审程序中哪些工作对投标人来说是至关重要的，不容懈怠。

(五)购买和分析招标文件

投标人经资格审查合格后，便可向招标人申购招标文件和有关资料。

(1)仔细阅读招标文件中投标须知、投标书及附表、工程量清单、技术规范等部分。发现需要业主解释澄清的问题，应组织讨论，需要提到业主组织的标前会的问题，应书面寄交业主，标前会后发现的问题应随时函告业主，切勿口头商讨。来往信函应编号存档备查。

(2)投标人应根据图纸审核工程量清单中分部分项工程的内容和数量。发现有错误时，应在招标文件规定期限内向业主提出。

(3)收集现行定额和综合单价、取费标准、市场价格信息和各类有关标准图集，并熟悉政策性调价文件。

(4)准备好有关计算机软件系统，力争全部投标文件用计算机打印，包括网络进度计划。

(六)选择咨询机构或委托代理人

如果投标人没有专门的投标班子或有了投标班子还不满足投标工作需要，就应该考虑雇佣投标代理人，即在工程所在区找一个能代表自己利益而开展某些投标活动的咨询中介机构。投标代理人的一般职责主要有以下几项：

(1)向投标人传递并帮助分析招标信息，协助投标人办理招标文件所要求的资格审查。

(2)以投标人名义参加招标人组织的有关活动，传递投标人与招标人之间的对话。

(3)提供当地物资、劳动力、市场行情及商业活动经验，提供当地有关政策法规咨询服务，协助投标人做好投标书的编制工作，帮助递交投标文件。

(4)在投标人中标时，协助投标人办理各种证件申领手续，做好有关承包工程的准备工作。

(5)按照协议的约定收取代理费用。

(七)市场调查和询价

通过各种渠道，采用各种手段对工程所需各种材料、设备等资源的价格、质量、供用时间、供用数量等方面进行系统全面的了解。掌握施工设备的租赁、维修费用，使用投标项目本地原材料、设备的可能性以及进行成本比较。

(八)参加踏勘现场和投标预备会

参加踏勘现场和投标预备会详见项目二任务七相关内容。

(九)分析招标文件，校核工程量，编制施工组织设计

招标文件是投标的主要依据，应慎重研究分析，重点放在以下几个方面：

(1)研究招标文件对投标文件的要求，掌握招标范围和报价依据，熟悉投标书格式、密封方法和标志，掌握投标截止日期，避免出现失误，提高工作效率。

(2)研究评标办法，分析评标方法，根据不同的评标因素采取相应的投标策略。

(3)研究合同条款，掌握合同的计价方式、价格是否可调、付款方式及违约责任。

对于招标文件中的工程量清单，投标者一定要进行校核，因为它直接影响投标报价及中标机会，例如，当投标人大体上确定了工程总报价之后，对于某些项目工程量可能增加的，可以提高单价；反之则可以降低报价。

施工组织设计内容一般包括工程概况、施工部署、施工进度计划、施工准备与资源配置计划、主要施工方案、施工现场平面布置等。

在编制施工组织设计时，根据工程类型编制出最合理的施工程序，选择和确定技术上先进、经济上合理的施工方法，选择最有效的施工设备、施工设施和劳动组织，周密、均

衡地安排人力、物力和生产，正确编制施工进度计划，合理布置施工现场平面布置图。

(十)工程估价、确定利润方针，计算和确定报价

投标报价是投标的一个核心环节，投标人要根据工程价格构成对工程进行合理估价，确定切实可行的利润方针，正确计算和确定投标报价。投标人不得以低于成本的报价竞标。

(十一)投标文件的编制、签署、装订、密封、包装、提交与接收

1. 投标文件的编制

(1)投标文件应按招标文件规定的格式编写，如有必要，可增加附页，作为投标文件组成部分。

(2)投标文件应对招标文件有关工期、投标有效期、质量要求、技术标准和要求、招标范围等实质性内容作出全面具体的响应。重要的项目或数字，如质量等级、价格、工期等如未填写，将作为无效或作废的投标文件处理。

(3)全套投标文件应当没有涂改或行间插字，如投标人造成涂改或行间插字，则所有这些地方均应由投标文件签字人签字并加盖印章。

(4)投标文件正本用不褪色墨水书写或打印。

2. 投标文件的签署

投标函及投标函附录、已标价工程量清单(或投标报价表、投标报价文件)、调价函及调价后报价明细目录等内容，应由投标人的法定代表人或其委托代理人逐页签署姓名，并逐页加盖投标人单位印章或按招标文件签署规定执行。

以联合体形式参与投标的，投标文件由联合体牵头人的法定代表人或其委托代理人按上述规定签署，并加盖联合体牵头人单位印章。

3. 投标文件的装订

(1)投标文件正本和副本应分别装订成册，并编制目录，封面上应标记“正本”或“副本”。所编制的投标文件正本只有一份，副本则按招标文件前附表要求的份数提供。正本与副本不一致，以正本为准。

(2)投标文件正本与副本都不得采用活页夹，并要求逐页标注连续页码，否则，招标人对由于投标文件装订松散而造成的丢失或其他后果不承担任何责任。

4. 投标文件的密封、包装

投标文件应该按照招标文件规定密封、包装。对投标文件密封的规范要求有以下几项：

(1)投标文件正本与副本应分别包装在内层封套里，投标文件电子文件(如需要)应放置于正本的同一内层封套里，然后统一密封在一个外层封套中，加密封条和盖投标人密封印章。国内招标的投标文件一般采用一层封套。

(2)投标文件内层封套上应清楚标记“正本”或“副本”字样。投标文件内层封套应写明投标人邮政编码，投标人地址，投标人名称，所投项目名称和标段。投标文件外层封套应写明：招标人地址及名称，所投项目名称和标段，开启时间等。也有些项目对外层封套的标识有特殊要求，如规定外层封套上不应有任何识别标志。当采用一层封套时，内外层的标记均合并在一层封套上。未按招标文件规定要求密封和加写标记的投标文件，招标人将拒绝接收。

5. 投标文件的提交

《招标投标法》第28条规定：“投标人应当在招标文件要求提交投标文件的截止时间前，

将投标文件送达投标地点。招标人收到投标文件后，应当签收保存，不得开启。投标人少于三个的，招标人应当依照本法重新招标。在招标文件要求提交投标文件的截止时间后送达的投标文件，招标人应当拒收。”

投标人必须按照招标文件规定地点，在规定时间内送达投标文件。递交投标文件最佳方式是直接或委托代理人送达，以便获得招标代理机构已收到投标文件的回执。如果以邮寄方式送达，投标人必须留出邮寄的时间，保证投标文件能够在截止日之前送达招标人指定地点。

6. 投标文件的接收

招标人收到投标文件后应当签收，并在招标文件规定开标时间前不得开启。同时，为了保护投标人的合法权益，招标人必须履行完备规范的签收手续。签收人要记录投标文件提交的日期、地点以及密封状况，签收人签名后应将所有提交的投标文件妥善保存。投标文件提交签收单格式，见表 3-1。

表 3-1 投标文件提交签收单

投标文件提交签收单

__________：(投标人名称)

你单位提交的招标编号为__________的投标文件正本__________份，副本__________份收讫。

提交时间：

地点：

签收人：

年 月 日

说明：此表一式两份，招标人、投标人各执一份。

(十二)出席开标会议，参加评标期间的澄清会谈

投标人在编制、递交了投标文件后，要积极准备出席开标会议。参加开标会议对投标人来说，既是权利也是义务。投标人参加开标会议，要注意其投标文件是否被正确启封、宣读，对于被错误地认定为无效的投标文件或唱标出现的错误，应当场提出异议。

在评标期间，评标委员会要求澄清投标文件中不清楚的问题，投标人应积极予以说明、解释、澄清。澄清投标文件一般可以采用向投标人发出书面询问，由投标人书面作出说明或澄清的方式，也可以采用召开澄清会的方式。澄清会是评标组织为有助于对投标文件的审查、评价和比较，而个别地要求投标人澄清其投标文件(包括单价分析表)而召开的会议。在澄清会上，评标组织有权对投标文件中不清楚的问题，向投标人提出询问。有关澄清的要求和答复，最后均应以书面形式进行。在澄清会谈中，投标人不得更改标价、工期等实质性内容，开标后和定标前提出的任何修改声明或附加优惠条件，一律不得作为评标的依据。

(十三)接受中标通知书，签订合同，提供履约担保，分送合同副本

经评标，投标人被确定为中标人后，应接受招标人发出的中标通知书。未中标的投标人有权要求招标人退还其投标保证金。中标人收到中标通知书后，应在规定的时间和地点与招标人签订合同。在合同正式签订之前，应先将合同草案报招标投标管理机构审查。经审查后，中标人与招标人在规定的期限内签订合同，签订合同后，应按要求将合同副本分送有关主管部门备案。

四、项目投标报价的常用技巧

影响工程投标报价的因素很多，往往难以每项都进行定量的测算，必要时需要进行定性分析。报价的最终目的有两个：一是提高中标的可能性；二是中标后企业能获得盈利。为了达到这两个目的，投标人必须在投标中认真分析招标信息，掌握发包人和竞争对手的情况，采用各种报价技巧，报出合理价格。对报价高低的定性分析，也成为报价技巧。

(一)依据招标项目的不同特点采用不同报价

投标报价时，既要考虑自身的优势和劣势，也要分析招标项目的特点。按照建设项目的不同特点、类别、施工条件等来选择报价策略。常见工程投标报价高低的确定原则，见表 3-2。

表 3-2　常见工程投标报价高低的确定原则

序号	报价高	报价低
1	施工条件差的工程(如场地狭小或地处交通要道等)	施工条件好的工程
2	专业要求高的技术密集型工程，而投标人在这方面又有专长，声望也较高	施工简单、工程量大而其他投标人都可以做的工程
3	总价低的工程以及自己都不愿做、又不方便不投标的工程	投标人目前急于打入某一市场、某一地区，或在该地区面临工程结束，机械设备等无工程转移时
4	特殊工程(如港口码头、地下开挖工程等)	投标人在附近有工程，而本项目又可利用该工程的设备、劳务，或有条件短期内突击完成的工程
5	工期要求急的工程	非急需工程
6	投标对手少的工程	投标对手多，竞争激烈的工程
7	支付条件不理想	支付条件好的工程

(二)扩大标价法

扩大标价法是指除按正常的已知条件编制标价外，对工程中变化较大或没有把握的工作项目，采用增加不可预见费的方法，扩大标价，减少风险。这种做法的优点是中标价即为结算价，减少了价格调整等麻烦；缺点是总价过高。

(三)不平衡报价法

不平衡报价法是指一个工程项目总报价基本确定后，如果调整内部各个项目的报价，以期既不提高总报价、不影响中标，又能在结算时得到更理想的经济效益。一般可以考虑在以下几方面采用不平衡报价法，常见的不平衡报价表见表 3-3。

(1)能够早日结账收款的项目(如基础工程、土方工程、桩基等)可适当提高单价，后期

结账收款的(如装饰装修工程、安装工程等)可适当降低报价。

(2)预计今后工程量会增加的项目，单价可适当提高，这样在最终结算时可多盈利；将来工程量可能减少的项目单价降低，工程结算时损失不大。

上述两种情况要统筹考虑，即对于工程量有错误的早期工程，如果实际工程量少于工程量表中的数量，则不能盲目抬高单价，要具体分析后再定。

(3)设计图纸不明确、估计修改后工程量要增加的，可以提高单价。而工程内容说明不清楚的，则可适当降低一些单价，待澄清后可再要求提价。

(4)没有工程量，只填单价的项目(如土方工程中的挖淤泥、爆破岩石等)，其单价调高些，这样做既不影响投标总价，以后发生时承包人又可多获利。

(5)对暂定项目要具体分析。因为这类项目要在开工后再由招标人研究决定是否实施，以及由哪家投标人实施。如果工程不分标，不会另由一家投标施工，则其中肯定要做的单价可高些，不一定做的则应低些。如果工程分标，该暂定项目也可能由其他投标人施工时，则不宜报高价，以免抬高总报价。

(6)在单价和包干混合制合同中，有某些项目业主要求采用包干价报价时，宜报高价，首先因为这类项目风险较大，其次这类项目一般按报价结算。

采用不平衡报价一定要建立在对工程量表中工程量仔细核对分析的基础上，特别是对报低单价的项目，如工程量执行时增多将造成承包商重大损失。同时，调价幅度一定要控制在合理幅度内(一般在±10%左右)，以免引起业主反对，甚至导致废标。大型工程项目往往采取分期建设的方式，投标人如果希望承包全部内容时，可考虑另一种形式的不平衡报价法，即将一期工程降低报价，将开办费用分摊一部分到后期工程中去，应用这种方法，要对分期建设形势进行比较透彻的分析，在有把握的情况下采用。

表 3-3 常见的不平衡报价表

序号	信息类型	变动趋势	不平衡结果
1	资金收入的时间	早	单价高
		晚	单价低
2	工程量估算不准确	增加	单价高
		减少	单价低
3	报价图纸不明	增加工程量	单价高
		减少工程量	单价低
4	暂定工程	自己承包的可能性高	单价高
		自己承包的可能性低	单价低
5	单价和包干混合制项目	固定包干价格项目	单价高
		单价项目	单价低
6	单价组成分析表	人工费和机械费	单价高
		材料费	单价低
7	议标时业主要求压低单价	工程量大的项目	单价小幅度降低
		工程量小的项目	单价较大幅度降低
8	报单价的项目	没有工程量	单价高
		有假定的工程量	单价适中

【案例分析 3-1】 不平衡报价法的示例。

［背景］ 某承包商参与某高层商用办公楼土建工程的投标。为了既不影响中标，又能在中标后取得较好的收益，决定采用不平衡报价法对原估价作了适当调整，具体数字见表 3-4。

表 3-4　投标报价调整表

万元

名称	桩基围护工程	主体结构工程	装饰工程	总价
调整前投标价	1 480	6 600	7 200	15 280
调整后正式报价	1 600	7 200	6 480	15 280

现假设桩基围护工程、主体结构工程、装饰工程的工期分别为 4 个月、12 个月、8 个月，年利润率为 1%，并假设各分部工程每月完成的工作量相同，且能按月度及时收到工程款(不考虑工程款结算所需的时间)，已知等额年金现值系数和一次支付现值系数见表 3-5。

表 3-5　等额年金现值系数和一次支付现值系数表

等额年金现值系数	一次支付现值系数
	$(P/F, 1\%, 16)=0.853$
$(P/A, 1\%, 12)=11.255\,1$	
$(P/A, 1\%, 8)=7.625$	
$(P/A, 1\%, 4)=3.902$	$(P/F, 1\%, 4)=0.961$

［问题 1］：该承包商所运用的不平衡报价法是否恰当？为什么？

［问题 2］：采用不平衡报价法后，该承包商所得工程款的现值比原估价增加多少(以开工日期为折现点)？

【参考答案】

【问题 1】

恰当。理由：不平衡报价法的基本原理是在总价不变的前提下，调整分项工程的单价。通常对前期完成的工程、工程量可能增加的工程、计日工等项目，原估单价调高，反之则调低。该工程承包商是将属于前期工程的桩基围护工程和主体结构工程的单价调高，而将属于后期工程的装饰工程的单价调低，可以在施工的早期阶段收到较多的工程款，从而可以提高承包商所得工程款的现值，而且这三类分项工程单价的调整幅度均在±10%以内，属于合理范围。

【问题 2】

(1)计算单价调整前的工程款现值。

桩基围护工程每月工程款 $A_1=1\,480/4=370$(万元)

主体结构工程每月工程款 $A_2=6\,600/12=550$(万元)

装饰工程每月工程款 $A_3=7\,200/8=900$(万元)

根据表 3-5 所得，单价调整前的工程款现值为

$$PV_1=A_1(P/A, 1\%, 4)+A_2(P/A, 1\%, 12)\times(P/F, 1\%, 4)+A_3(P/A, 1\%, 8)\times(P/F, 1\%, 16)$$

$$=370\times3.902+550\times11.255\,1\times0.961+900\times7.625\times0.853$$

$$=13\,246.34\text{(万元)}$$

(2)计算单价调整后的工程款现值。

桩基围护工程每月工程款 $A_1'=1\ 600/4=400$(万元)

主体结构工程每月工程款 $A_2'=7\ 200/12=600$(万元)

装饰工程每月工程款 $A_3'=6\ 480/8=810$(万元)

根据表 3-5 所得，单价调整前的工程款现值为

$$
\begin{aligned}
PV &= A_1'(P/A,1\%,4)+A_2'(P/A,1\%,12)\times(P/F,1\%,4)+A_3'(P/A,1\%,8)\times(P/F,1\%,16)\\
&=400\times 3.902+600\times 11.255\ 1\times 0.961+810\times 7.625\times 0.853\\
&=13\ 318.83(\text{万元})
\end{aligned}
$$

(3)两者的差额为

$PV-PV_1=13\ 318.83-13\ 246.34=72.49$(万元)

因此，采用不平衡报价法后，该承包商所得工程款的现值比原估价增加 72.49 万元。

(四)计日工单价的报价

如果是单纯报计日工单价，而且不计入总价中，可以报高一些，以便业主额外用工或使用施工机械时可多盈利；但如果计日工单价要计入总报价时，则需具体分析是否报高价，以免抬高总报价。总之，要分析业主在开工后可能使用的计日工数量，再来确定报价方针。

(五)可供选择的项目的报价

有些工程项目的分项工程，业主可能按某一方案报价，而后再提供几种可供选择方案的比较报价。例如，某教学楼工程的地面水磨石砖，工程量表中要求按 250 mm×250 mm×20 mm 的规格报价；另外，还要求投标人用更小规格砖 200 mm×200 mm×20 mm 和更大规格砖 300 mm×300 mm×30 mm 作为可供选择项目报价。投标时，除对几种水磨石地面砖调查询价外，还应对当地习惯用砖情况进行调查。对于将来有可能被选择使用的地面砖铺砌应适当提高其报价；对于当地难以供货的某些规格地面砖，可将价格有意抬高得更多一些，以阻扰业主选用。但是，所谓“可供选择项目”并非由承包商任意选择，而是业主才有权进行选择。因此，我们虽然适当提高了可供选择项目的报价，并不意味着肯定可以取得较好的利润，只是提供了一种可能性，一旦业主今后选用，承包商即可得到额外加价的利益。

(六)暂定工程量的报价

暂定工程量有以下几种：

(1)招标人规定了暂定工程量的分项内容和暂定总价款，并规定所有投标人都必须在总报价中加入这笔固定金额，但由于分项工程量不很准确，允许将来按投标人所报单价和实际完成的工程量付款。这种情况下，由于暂定总价款是固定的，对各投标人的总报价水平竞争力没有任何影响，因此，投标时应当对暂定工程量的单价适当提高。

(2)招标人列出了暂定工程量的数量，但并没有限制这些工程量的估价，要求投标人列出单价，也应按暂定项目的数量计算总价，当将来结算付款时可按实际完成的工程量和所报单价支付。这种情况下，投标人必须谨慎考虑。如果单价定得高了，同其他工程量计价一样，将会增大总报价，影响投标报价的竞争力；如果单价定得低了，将来这类工程量增大，将会影响收益。一般来说，这类工程量可以采用正常价格。如果投标人估计今后实际工程量肯定会增大，则可适当提高单价，使将来可增加额外收益。

(3)只有暂定工程的一笔固定总金额，将来这笔金额做什么用，由招标人确定，这种情况对投标竞争没有实际意义，按招标文件要求将规定的暂列款列入总报价即可。

(七)多方案报价法

多方案报价法即对同一招标项目除了按招标文件的要求编制了一个投标报价以外，还编制了一个或几个建议方案。多方案报价法有时是招标文件中规定采用的，有时是承包商根据需要决定采用的。承包商决定采用多方案报价法，通常主要有以下两种情况。

(1)如果发现招标文件中的工程范围很不具体、明确，或条款内容很不清楚、很不公正，或对技术规范要求过于苛刻时，可先按招标文件中的要求报一个价，然后再说明假如招标人对合同要求作某些修改，报价可降低多少。

(2)如果发现设计图纸中存在某些不合理并可以改进的地方，或可以利用某项新技术、新工艺、新材料替代的地方，或者发现自己的技术和设备满足不了招标文件中设计图纸的要求，可以先按设计图纸的要求报一个价，然后再另附上一个修改设计的比较方案，或说明在修改设计的情况下，报价可降低多少。这种情况，通常也称修改设计法。

(八)增加建议方案

有时招标文件中规定，可以提出一个建议方案，即可以修改原设计方案，提出投标者的方案。投标人这时应抓住机会，组织一批有经验的设计和施工工程师，对原招标文件的设计和施工方案仔细研究，提出更为合理的方案以吸引发包人，促使自己的方案中标。这种新建议方案可以降低总造价或是缩短工期，或使工程运用更为合理。但要注意对原招标方案一定也要报价。建议方案不要写得太具体，要保留方案的技术关键，防止招标人将此方案交给其他投标人，同时要强调的是，建议方案一定要比较成熟，有很好的可操作性。

(九)分包商报价的采用

总承包人通常应在投标前先取得分包商的报价，并增加总承包人摊入的一定的管理费，然后作为自己投标报价总价的一个组成部分一并列入报价单中。应当注意，分包商在投标前可能同意接受总承包人压低其报价的要求，但等到总承包人得标后，他们常以种种理由提高分包价格，这将使总承包人处于十分被动的地位。

最佳解决办法是，总承包人在投标前找2～3家分包商分别报价，然后选择其中一家信誉较好、实力较强而报价合理的分包商签订协议，同意该分包商作为本分包工程的唯一合作者，将分包商的姓名列到投标文件中，但要求该分包商相应地提交投标保函。如果该分包商认为总承包人确实有可能得标，也许愿意接受这一条件。这种把分包商的利益同投标人捆在一起的做法，不但可以防止分包商事后反悔和涨价，还可能迫使分包商报出合理的价格，以便共同争取得标。

(十)无利润算标

缺乏竞争优势的承包人，在不得已的情况下，只好在报价时根本不考虑利润而去夺标。这种办法一般是出于以下条件时采用：

(1)有可能在得标后，将大部分工程分包给要价较低的一些分包商。

(2)对于分期建设的项目，先以低价获得首期工程，而后赢得机会创造第二期工程投标中标的竞争优势，并在以后的实施中盈利。

(3)较长时期内，投标人没有在建的建设项目，如果再不中标，就难以维持生存。因此，虽然本工程无利可图，但只要能有一定的管理费维持公司的日常运转，就可设法度过

暂时的困难。

(十一)突然降价法

突然降价法是指为迷惑竞争对手而采用的一种竞争方法。通常的做法是，在准备投标报价的过程中预先考虑好降价的幅度，然后有意散布一些假情报，如打算弃标，按一般情况报价或准备报高价等，待临近投标截止日期前，突然前往投标，并降低报价，以期战胜竞争对手。

(十二)聘请投标代理人

聘请投标代理人是指投标人在投标工程所在地聘请代理人为自己出谋划策，以便争取中标。

(十三)寻求联合投标

寻求联合投标是指一家承包商实力不足，可以联合其他企业，特别是联合工程所在地的公司或技术装备先进的著名公司投标，是争取中标的一种有效方法。

(十四)许诺优惠条件

许诺优惠条件是指投标人在投标文件中提出，降低价格要求或降低支付条件要求、提高工程质量、缩短工期、提出新技术和新设计方案，以及免费提供补充物资和设备、免费代为培训人员等方面优惠条件。招标人组织评标时，一般要考虑报价、技术方案、工期、支付条件等方面的因素。因此，投标人在投标文件中附带优惠条件，是有利于争取中标的。

(十五)开展公关活动

开展公关活动是指公共活动是投标人宣传和推销自我，沟通和联络感情，树立良好形象的重要活动。积极开展公关活动，是投标人争取中标的一个重要手段。在国际工程投标中，还要充分利用各种外交活动，为中标创造有利的条件。

【案例分析 3-2】 多方案报价法、增加建议方案和突然降价法综合运用示例。

[背景] 某承包商通过资格预审后，对招标文件进行了仔细分析，发现业主所提出的工期要求过于苛刻，且合同条款中规定每拖延 1 天工期罚合同价的 1‰，若要保证实现该工期要求，必须采取特殊措施，从而大大增加成本；还发现原设计方案采用框架剪力墙体系过于保守。因此，该承包商在投标文件中说明业主的工期要求难以实现，因而按自己认为合理的工期(比业主要求的工期增加 6 个月)编制施工进度计划和据此报价；还建议将框架剪力墙体系改为框架结构体系，并对这两种结构体系进行了技术经济分析和比较，证明框架结构体系不仅能保证工程结构的可靠性和安全性，增加使用面积，提高空间利用的灵活性，而且可降低造价约为 3%。

该承包商将技术标和商务标分别封装，在封口处加盖本单位公章和项目经理签字后，在投标截止日前 1 天上午将投标文件报送业主。次日(即投标截止日当天)下午，在规定的投标截止时间前 1 小时，该承包商又递送了一份补充材料，其中声明将原报价降低 4%，但是招标单位的有关工作人员认为，根据国际上“一标一投”的惯例，一个承包商不得递交两份投标文件，因而拒收承包商的补充材料。

开标会由市招标办的工作人员主持，市公证处有关人员到会，各投标单位代表均到场。开标前，市公证处人员对各投标单位的资质进行审查，并对所有投标文件进行审查，确认所有投标文件均有效后正式开标，宣读投标单位名称、投标价格、工期和有关投标文件的

重要说明。

［问题 1］ 该承包商运用了哪几种投标决策？其运用是否恰当？

［问题 2］ 从所介绍的背景资料看，在该项目招标过程中存在哪些问题？

【参考答案】

【问题 1】

承包商运用了 3 种投标策略，即多方案报价法、增加建议方案法和突然降价法。

(1)多方案报价法运用不当。理由：运用该投标策略时，必须对原方案报价，而该承包商在投标时仅说明了该工期要求难以实现，却并未报出相应的投标价。

(2)增加建议方案运用得当。理由：通过对两个结构体系方案的技术经济分析和比较，论证了建议方案的技术可靠性和经济合理性，对业主有很强的说服力。

(3)突然降价法运用得当。理由：原投标文件的递交时间比规定的投标截止时间仅提前 1 天多，这既是符合常理又起到了迷惑竞争对手的作用。若提前时间太多，会引起竞争对手的怀疑，又为竞争对手调整，确定最终报价留有一定的时间。在投标截止时间前 1 小时突然递交一份补充文件，这时竞争对手已不可能再调整报价了。

【问题 2】

该项目招标过程中存在以下问题。

(1)招标单位的有关工作人员不应拒收承包商的补充材料。

理由：承包商在投标截止时间之前所递交的任何正式书面文件都是有效文件，都是投标文件的有效组成部分，也就是说，补充文件与原投标文件共同构成一份投标文件，而不是两份相互独立的投标文件。

(2)根据《招标投标法》规定，开标会应由招标人主持，而不应由市招标办工作人员主持。

(3)资格审查应在投标之前进行，公证处人员无权对承包商资格进行审查，其到场的作用在于确认开标的公正性和合法性。

(4)公证处人员宣布所有投标文件均为有效标书是错误的。

理由：该承包商的投标文件仅有单位公章和项目经理的签字，而无法定代表人或其代理人的印鉴，应作为废标处理。即使该承包商的法定代表人赋予该项目经理有合同签字权，若没有正式的委托书，该投标文件应作废标处理。

任务二　编制资格预审申请文件

一、资格预审申请文件的组成

(1)资格预审申请函。

(2)法定代表人身份证明。

(3)授权委托书。

(4)联合体协议书(如有)。

(5)申请人基本情况表。

(6)近年财务状况表。

(7)近年完成的类似项目情况表。

(8)正在施工的和新承接的项目情况表。

(9)近年发生的诉讼和仲裁情况。

(10)其他材料。

二、资格预审申请文件的编制范例

现已我国《房屋建筑与市政工程标准施工招标资格预审文件(2010年版)》，认知资格预审申请文件的格式要求详见如下。

封　面

________(项目名称)________标段施工招标

资格预审申请文件

申请人：________________________________(盖单位章)

法定代表人或其委托代理人：________________________(签字)

____年____月____日

一、资格预审申请函

__________(招标人名称)：

1. 按照资格预审文件的要求，我方(申请人)递交的资格预审申请文件及有关资料，用于你方(招标人)审查我方参加__________(项目名称)__________标段施工招标的投标资格。

2. 我方的资格预审申请文件包含第二章“申请人须知”第3.1.1项规定的全部内容。

3. 我方接受你方的授权代表进行调查，以审核我方提交的文件和资料，并通过我方的客户，澄清资格预审申请文件中有关财务和技术方面的情况。

4. 你方授权代表可通过__________(联系人及联系方式)得到进一步的资料。

5. 我方在此声明，所递交的资格预审申请文件及有关资料内容完整、真实和准确，且不存在第二章“申请人须知”第1.4.3项规定的任何一种情形。

申　请　人：＿＿＿＿＿＿＿＿（盖单位章）
法定代表人或其委托代理人：＿＿＿＿＿（签字）
电　　话：＿＿＿＿＿＿＿＿＿＿
传　　真：＿＿＿＿＿＿＿＿＿＿
申请人地址：＿＿＿＿＿＿＿＿＿＿
邮政编码：＿＿＿＿＿＿＿＿＿＿
＿＿年＿＿月＿＿日

二、法定代表人身份证明

申请人：＿＿＿＿＿＿＿＿＿＿＿＿＿＿
单位性质：＿＿＿＿＿＿＿＿＿＿＿＿＿＿
地　　址：＿＿＿＿＿＿＿＿＿＿＿＿＿＿
成立时间：＿＿年＿＿月＿＿日
经营期限：＿＿＿＿＿＿＿＿＿＿＿＿＿＿
姓　　名：＿＿＿＿＿　性　别：＿＿＿＿＿
年　　龄：＿＿＿＿＿　职　务：＿＿＿＿＿
系＿＿＿＿＿＿＿＿（申请人名称）的法定代表人。
特此证明。

申请人：＿＿＿＿＿（盖单位章）
＿＿年＿＿月＿＿日

二、授权委托书

本人＿＿＿＿＿（姓名）系＿＿＿＿＿（申请人名称）的法定代表人，现委托＿＿＿＿＿（姓名）为我方代理人。代理人根据授权，以我方名义签署、澄清、说明、补正、递交、撤回、修改＿＿＿＿＿（项目名称）＿＿＿＿＿标段施工招标资格预审文件，其法律后果由我方承担。

委托期限：＿＿＿＿＿＿＿＿＿＿＿＿＿＿
＿＿＿＿＿＿＿＿＿＿＿＿＿＿。

代理人无转委托权。

附：法定代表人身份证明

申　请　人：＿＿＿＿＿＿＿＿＿（盖单位章）
法定代表人：＿＿＿＿＿＿＿＿＿＿（签字）
身份证号码：＿＿＿＿＿＿＿＿＿＿＿＿＿
委托代理人：＿＿＿＿＿＿＿＿＿＿（签字）
身份证号码：＿＿＿＿＿＿＿＿＿＿＿＿＿
＿＿年＿＿月＿＿日

三、联合体协议书

牵头人名称：______________________

法定代表人：______________________

法定住所：______________________

成员二名称：______________________

法定代表人：______________________

法定住所：______________________

……

鉴于上述各成员单位经过友好协商，自愿组成__________（联合体名称）联合体，共同参加__________（招标人名称）（以下简称招标人）__________（项目名称）__________标段（以下简称合同）。现就联合体投标事宜订立如下协议：

1. __________（某成员单位名称）为__________（联合体名称）牵头人。

2. 在本工程投标阶段，联合体牵头人合法代表联合体各成员负责本工程资格预审申请文件和投标文件编制活动，代表联合体提交和接收相关的资料、信息及指示，并处理与资格预审、投标和中标有关的一切事务；联合体中标后，联合体牵头人负责合同订立和合同实施阶段的主办、组织和协调工作。

3. 联合体将严格按照资格预审文件和招标文件的各项要求，递交资格预审申请文件和投标文件，履行投标义务和中标后的合同，共同承担合同规定的一切义务和责任，联合体各成员单位按照内部职责的划分，承担各自所负的责任和风险，并向招标人承担连带责任。

4. 联合体各成员单位内部的职责分工如下：____。

按照本条上述分工，联合体成员单位各自所承担的合同工作量比例如下：____。

5. 资格预审和投标工作以及联合体在中标后工程实施过程中的有关费用按各自承担的工作量分摊。

6. 联合体中标后，本联合体协议是合同的附件，对联合体各成员单位有合同约束力。

7. 本协议书自签署之日起生效，联合体未通过资格预审、未中标或者中标时合同履行完毕后自动失效。

8. 本协议书一式__________份，联合体成员和招标人各执一份。

牵头人名称：______________（盖单位章）

法定代表人或其委托代理人：__________（签字）

成员二名称：______________（盖单位章）

法定代表人或其委托代理人：__________（签字）

……

____年____月____日

备注：本协议书由委托代理人签字的，应附法定代表人签字的授权委托书。

四、申请人基本情况表

<table>
<tr><td>申请人名称</td><td colspan="6"></td></tr>
<tr><td>注册地址</td><td colspan="3"></td><td>邮政编码</td><td colspan="2"></td></tr>
<tr><td rowspan="2">联系方式</td><td>联系人</td><td colspan="2"></td><td>电　话</td><td colspan="2"></td></tr>
<tr><td>传　真</td><td colspan="2"></td><td>网　址</td><td colspan="2"></td></tr>
<tr><td>组织结构</td><td colspan="6"></td></tr>
<tr><td>法定代表人</td><td>姓名</td><td></td><td>技术职称</td><td></td><td>电话</td><td></td></tr>
<tr><td>技术负责人</td><td>姓名</td><td></td><td>技术职称</td><td></td><td>电话</td><td></td></tr>
<tr><td>成立时间</td><td colspan="2"></td><td colspan="4">员工总人数：</td></tr>
<tr><td>企业资质等级</td><td colspan="2"></td><td rowspan="5">其中</td><td colspan="2">项目经理</td><td></td></tr>
<tr><td>营业执照号</td><td colspan="2"></td><td colspan="2">高级职称人员</td><td></td></tr>
<tr><td>注册资本金</td><td colspan="2"></td><td colspan="2">中级职称人员</td><td></td></tr>
<tr><td>开户银行</td><td colspan="2"></td><td colspan="2">初级职称人员</td><td></td></tr>
<tr><td>账号</td><td colspan="2"></td><td colspan="2">技工</td><td></td></tr>
<tr><td>经营范围</td><td colspan="6"></td></tr>
<tr><td>体系认证情况</td><td colspan="6">说明：通过的认证体系、系过时间及运行状况</td></tr>
<tr><td>备　注</td><td colspan="6"></td></tr>
</table>

五、近年财务状况表

近年财务状况表指经过会计师事务所或者审计机构的审计的财务会计报表，以下各类报表中反映的财务状况数据应当一致，如果有不一致之处，以不利于申请人的数据为准。

（一）近年资产负债表

（二）近年损益表

（三）近年利润表

（四）近年现金流量表

（五）财务状况说明书

备注：除财务状况总体说明外，本表应特别说明企业净资产，招标人也可根据招标项目具体情况要求说明是否拥有有效期内的银行AAA资信证明、本年度银行授信总额度、本年度可使用的银行授信余额等。

六、近年完成的类似项目情况表

类似项目业绩须附合同协议书和竣工验收备案登记表复印件。

项目名称	
项目所在地	
发包人名称	
发包人地址	
发包人电话	

续表

合同价格	
开工日期	
竣工日期	
承包范围	
工程质量	
项目经理	
技术负责人	
总监理工程师及电话	
项目描述	
备　注	

七、正在施工的和新承接的项目情况表

项目名称	
项目所在地	
发包人名称	
发包人地址	
发包人电话	
签约合同价	
开工日期	
计划竣工日期	
承包范围	
工程质量	
项目经理	
技术负责人	
总监理工程师及电话	
项目描述	
备　注	

八、近年发生的诉讼和仲裁情况

类别	序号	发生时间	情况简介	证明材料索引
诉讼情况				
仲裁情况				
备注：近年发生的诉讼和仲裁情况仅限于申请人败诉的，且与履行施工承包合同有关的案件，不包括调解结案以及未裁决的仲裁或未终审判决的诉讼。				

九、其他材料

1. 近年不良行为记录情况

序号	发生时间	简要情况说明	证明材料索引
备注：企业不良行为记录情况主要是近年申请人在工程建设过程中因违反有关工程建设的法律、法规、规章或强制性标准和执业行为规范，经县级以上建设行政主管部门或其委托的执法监督机构查实和行政处罚，形成的不良行为记录。			

2. 在施工程以及近年已竣工工程合同履行情况

序号	工程名称	履约情况说明	证明材料索引
备注：合同履行情况主要是申请人在施工程和近年已竣工工程是否按合同约定的工期、质量、安全等履行合同义务，对未竣工工程合同履行情况还应重点说明非不可抗力原因解除合同(如果有)的原因等具体情况等。			

3. 拟投入主要施工机械设备情况表

机械设备名 称	型号规格	数量	目前状况	来源	现停放地点	备注
备注："目前状况"应说明已使用所限、是否完好以及目前是否正在使用，"来源"分为"自有"和"市场租赁"两种情况，正在使用中的设备应在"备注"中注明何时能够投入本项目，并提供相关证明材料。						

4. 拟投入项目管理人员情况表

姓名	性别	年龄	职称	专业	资格证书编号	拟在本项目中 担任的工作或岗位

附 1：项目经理简历表

项目经理应附建造师执业资格证书、注册证书、安全生产考核合格证书、身份证、职称证、学历证、养老保险复印件以及未担任其他在施建设工程项目项目经理的承诺，管理过的项目业绩须附合同协议书和竣工验收备案登记表复印件。类似项目限于以项目经理身份参与的项目。

姓名		年龄		学历	
职称		职务		拟在本工程任职	项目经理
注册建造师资格等级			级	建造师专业	
安全生产考核合格证书					
毕业学校	年毕业于________学校________专业				
主要工作经历					
时间	参加过的类似项目名称		工程概况说明		发包人及联系电话

附 2：主要项目管理人员简历表

主要项目管理人员指项目副经理、技术负责人、合同商务负责人、专职安全生产管理人员等岗位人员。应附注册资格证书、身份证、职称证、学历证、养老保险复印件，专职安全生产管理人员应附有效的安全生产考核合格证书，主要业绩须附合同协议书。

岗位名称			
姓名		年龄	
性别		毕业学校	
学历和专业		毕业时间	
拥有的执业资格		专业职称	
执业资格证书编号		工作年限	
主要工作业绩及担任的主要工作			

附 3：承诺书

承 诺 书

__________(招标人名称)：

我方在此声明，我方拟派往__________(项目名称)__________标段(以下简称“本工程”)的项目经理__________(项目经理姓名)现阶段没有担任任何在施建设工程项目的项目经理。

我方保证上述信息的真实和准确，并愿意承担因我方就此弄虚作假所引起的一切法律后果。

特此承诺

申请人：________________________(盖单位章)

法定代表人或其委托代理人：__________(签字)

____年____月____日

任务三　编制施工投标文件

投标人应当按照招标文件的要求编制投标文件。投标文件应当对招标文件提出的实质性要求和条件作出响应。

一、投标文件的组成

按照《房屋建筑与市政工程标准施工招标文件(2010 年版)》的要求，工程建设施工项目投标文件一般应包括下列内容：

(1)投标函及投标函附录。

(2)法定代表人身份证明或附有法定代表人身份证明的授权委托书。

(3)联合体协议书。

(4)投标保证金。

(5)已标价工程量清单。

(6)施工组织设计。

(7)项目管理机构。

(8)拟分包项目情况表。

(9)资格审查资料。

(10)投标人须知前附表规定的其他材料。

注意：投标人须知前附表规定不接受联合体投标的，或投标人没有组成联合体的，投标文件不包括联合体协议书。

二、投标文件的编制范例

现已《房屋建筑和市政工程标准施工招标文件(2010 年版)》，认知施工投标文件的格式要求详见如下。

封面

________(项目名称)__________标段施工招标

投　标　文　件

投标人：______________________________(盖单位章)

法定代表人或其委托代理人：____________________(签字)

___年___月___日

一、投标函及投标函附录

(一)投　标　函

致：＿＿＿＿＿＿(招标人名称)

在考察现场并充分研究＿＿＿＿＿＿(项目名称)＿＿＿＿＿＿标段(以下简称“本工程”)施工招标文件的全部内容后，我方兹以：

人民币(大写)：＿＿＿＿＿＿＿＿＿＿＿＿＿＿＿＿＿＿元

RMB￥：＿＿＿＿＿＿＿＿＿＿＿＿＿＿＿＿＿＿元

的投标价格和按合同约定有权得到的其他金额，并严格按照合同约定，施工、竣工和交付本工程并维修其中的任何缺陷。

在我方的上述投标报价中，包括：

安全文明施工费 RMB￥：＿＿＿＿＿＿＿＿＿＿＿＿＿＿＿＿＿＿元

暂列金额(不包括计日工部分)RMB￥：＿＿＿＿＿＿＿＿＿＿＿元

专业工程暂估价 RMB￥：＿＿＿＿＿＿＿＿＿＿＿＿＿＿＿＿＿＿元

如果我方中标，我方保证在＿＿＿＿＿＿年＿＿＿＿＿＿月＿＿＿＿＿＿日或按照合同约定的开工日期开始本工程的施工，＿＿＿＿＿＿天(日历日)内竣工，并确保工程质量达到＿＿＿＿＿＿标准。我方同意本投标函在招标文件规定的提交投标文件截止时间后，在招标文件规定的投标有效期期满前对我方具有约束力，且随时准备接受你方发出的中标通知书。

随本投标函道交的投标函附录是本投标函的组成部分，对我方构成约束力。

随同本投标函递交投标保证金一份，金额为人民币(大写)：＿＿＿＿＿＿元(￥：＿＿＿＿＿元)。

在签署协议书之前，你方的中标通知书连同本投标函，包括投标函附录，对双方具有约束力。

投标人(盖章)：

法人代表或委托代理人(签字或盖章)：

日期：＿＿＿＿＿＿年＿＿＿＿＿＿月＿＿＿＿＿＿日

备注：采用综合评估法评标，且采用分项报价方法对投标报价进行评分的，应当在投标函中增加分项报价的填报。

(二)投标函附录

工程名称：＿＿＿＿＿＿(项目名称)＿＿＿＿＿＿标段

序号	条款内容	合同条款号	约定内容	备注
1	项目经理	1.1.2.4	姓名：＿＿＿＿	
2	工期	1.1.4.3	＿＿＿＿日历天	
3	缺陷责任期	1.1.4.5		
4	承包人履约担保金额	4.2		
5	分包	4.3.4	见分包项目情况表	

续表

序号	条款内容	合同条款号	约定内容	备注
6	逾期竣工违约金	11.5	________元/天	
7	逾期竣工违约金最高限额	11.5	________	
8	质量标准	13.1		
9	价格调整的差额计算	16.1.1	见价格指数权重表	
10	预付款额度	17.2.1		
11	预付款保函金额	17.2.2		
12	质量保证金扣留百分比	17.4.1		
	质量保证金额度	17.4.1		
…	…			
备注：投标人在响应招标文件中规定的实质性要求和条件的基础上，可做出其他有利于招标人的承诺。此类承诺可在本表中予以补充填写。				
投标人(盖章)： 法人代表或委托代理人(签字或盖章)： 日期：____年____月____日				

价格指数权重表

名称		基本价格指数		权重			价格指数来源
		代号	指数值	代号	允许范围	投标人建议值	
定值部分				A			
变值部分	人工费	F_{01}		B_1	____至____		
	钢材	F_{02}		B_2	____至____		
	水泥	F_{03}		B_3	____至____		
	…	…		…	…		
合　计						1.00	
备注：在专用合同条款16.1款约定采用价格指数法进行价格调整时适用本表。表中除“投标人建议值”由投标人结合其投标报价情况选择填写外，其余均由招标人在招标文件发出前填写。							

二、法定代表人身份证明

投 标 人：________________________________

单位性质：________________________________

地　　址：________________________________

成立时间：____年____月____日

经营期限：________________________________

姓　　名：__________　　性　　别：__________
年　　龄：__________　　职　　务：__________
系____________________（投标人名称）的法定代表人。
特此证明。

投标人：__________（盖单位章）
____年____月____日

二、授权委托书

本人________（姓名）系________（投标人名称）的法定代表人，现委托________（姓名）为我方代理人。代理人根据授权，以我方名义签署、澄清、说明、补正、递交、撤回、修改________（项目名称）________标段施工投标文件、签订合同和处理有关事宜，其法律后果由我方承担。

委托期限：____
____。

代理人无转委托权。

附：法定代表人身份证明

投　标　人：____________________（盖单位章）
法定代表人：________________________（签字）
身份证号码：______________________________
委托代理人：________________________（签字）
身份证号码：______________________________

____年____月____日

三、联合体协议书

牵头人名称：____
法定代表人：____
法 定 住 所：____
成员二名称：____
法定代表人：____
法 定 住 所：____
…

鉴于上述各成员单位经过友好协商，自愿组成__________（联合体名称）联合体，共同参加__________（招标人名称）（以下简称招标人）__________（项目名称）__________标段（以下简称本工程）的施工投标并争取赢得本工程施工承包合同（以下简称合同）。现就联合体投标事宜订立如下协议：

1. __________（某成员单位名称）为__________（联合体名称）牵头人。

2. 在本工程投标阶段，联合体牵头人合法代表联合体各成员负责本工程投标文件编制活动，代表联合体提交和接收相关的资料、信息及指示，并处理与投标和中标有关的一切事务；联合体中标后，联合体牵头人负责合同订立和合同实施阶段的主办、组织和协调工作。

3. 联合体将严格按照招标文件的各项要求，递交投标文件，履行投标义务和中标后的合同，共同承担合同规定的一切义务和责任，联合体各成员单位按照内部职责的部分，承担各自所负的责任和风险，并向招标人承担连带责任。

4. 联合体各成员单位内部的职责分工如下：____________________。

按照本条上述分工，联合体成员单位各自所承担的合同工作量比例如下：__________。

5. 投标工作和联合体在中标后工程实施过程中的有关费用按各自承担的工作量分摊。

6. 联合体中标后，本联合体协议是合同的附件，对联合体各成员单位有合同约束力。

7. 本协议书自签署之日起生效，联合体未中标或者中标时合同履行完毕后自动失效。

8. 本协议书一式____份，联合体成员和招标人各执一份。

牵头人名称：____________________（盖单位章）
法定代表人或其委托代理人：__________（签字）
成员二名称：____________________（盖单位章）
法定代表人或其委托代理人：__________（签字）
____年____月____日

备注：本协议书由委托代理人签字的，应附法定代表人签字的授权委托书。

四、投标保证金

保函编号：__________

__________（招标人名称）：

鉴于__________（投标人名称）（以下简称“投标人”）参加你方__________（项目名称）__________标段的施工投标，__________（担保人名称）（以下简称“我方”）受该投标人委托，在此无条件地、不可撤销地保证：一旦收到你方提出的下述任何一种事实的书面通知，在7日内无条件地向你方支付总额不超过__________（投标保函额度）的任何你方要求的金额：

1. 投标人在规定的投标有效期内撤销或者修改其投标文件。

2. 投标人在收到中标通知书后无正当理由而未在规定期限内与贵方签署合同。

3. 投标人在收到中标通知书后未能在招标文件规定期限内向贵方提交招标文件所要求的履约担保。

本保函在投标有效期内保持有效，除非你方提前终止或解除本保函。要求我方承担保证责任的通知应在投标有效期内送达我方。保函失效后请将本保函交投标人退回我方注销。

本保函项下所有权利和义务均受中华人民共和国法律管辖和制约。

担保人名称：____________________（盖单位章）

法定代表人或其委托代理人：________（签字）

地　　址：________________________________

邮政编码：________________________________

电　　话：________________________________

传　　真：________________________________

____年____月____日

备注：经过招标人事先的书面同意，投标人可采用招标人认可的投标保函格式，但相关内容不得背离招标文件约定的实质性内容。

五、已标价工程量清单格式

（略）

六、施工组织设计

1. 投标人应根据招标文件和对现场的勘察情况，采用文字并结合图表形式，参考以下要点编制本工程的施工组织设计：

(1)施工方案及技术措施；

(2)质量保证措施和创优计划；

(3)施工总进度计划及保证措施(包括以横道图或标明关键线路的网络进度计划、保障进度计划需要的主要施工机械设备、劳动力需求计划及保证措施、材料设备进场计划及其他保证措施等)；

(4)施工安全措施计划；

(5)文明施工措施计划；

(6)施工场地治安保卫管理计划；

(7)施工环保措施计划；

(8)冬期和雨期施工方案；

(9)施工现场总平面布置(投标人应递交一份施工总平面图，绘出现场临时设施布置图表并附文字说明，说明临时设施、加工车间、现场办公、设备及仓储、供电、供水、卫生、生活、道路、消防等设施的情况和布置)；

(10)项目组织管理机构(若施工组织设计采用“暗标”方式评审，则在任何情况下，“项目管理机构”不得涉及人员姓名、简历、公司名称等暴露投标人身份的内容)；

(11)承包人自行施工范围内拟分包的非主体和非关键性工作、材料计划和劳动力计划；

(12)成品保护和工程保修工作的管理措施和承诺；

(13)任何可能的紧急情况的处理措施、预案以及抵抗风险(包括工程施工过程中可能遇到的各种风险)的措施；

(14)对总包管理的认识以及对专业分包工程的配合、协调、管理、服务方案；

(15)与发包人、监理及设计人的配合；

(16)招标文件规定的其他内容。

2. 若投标人须知规定施工组织设计采用技术“暗标”方式评审，则施工组织设计的编制和装订应按附表七“施工组织设计(技术暗标部分)编制及装订要求”编制和装订施工组织设计。

3. 施工组织设计除采用文字表述外可附下列图表，图表及格式要求附后。若采用技术暗标评审，则下述表格应按照章节内容，严格按给定的格式附在相应的章节中。

附表一　拟投入本工程的主要施工设备表

附表二　拟配备本工程的试验和检测仪器设备表

附表三　劳动力计划表

附表四　计划开、竣工日期和施工进度网络图

附表五　施工总平面图

附表六　临时用地表

附表七　施工组织设计(技术暗标部分)编制及装订要求

附表一：拟投入本工程的主要施工设备表

序号	设备名称	型号规格	数量	国别产地	制造年份	额定功率/kW	生产能力	用于施工部位	备注

附表二：拟配备本工程的试验和检测仪器设备表

序号	仪器设备名称	型号规格	数量	国别产地	制造年份	已使用台时数	用途	备注

附表三：劳动力计划表

单位：人

工种	按工程施工阶段投入劳动力情况						

附表四：计划开、竣工日期和施工进度网络图

1. 投标人应递交施工进度网络图或施工进度表，说明按招标文件要求的计划工期进行施工的各个关键日期。

2. 施工进度表可采用网络图和(或)横道图表示。

附表五：施工总平面图

投标人应递交一份施工总平面图，绘出现场临时设施布置图表并附文字说明，说明临时设施、加工车间、现场办公、设备及仓储、供电、供水、卫生、生活、道路、消防等设施的情况和布置。

附表六：临时用地表

用途	面积/m^2	位置	需用时间

附表七：施工组织设计(技术暗标部分)编制及装订要求

(一)施工组织设计中纳入“暗标”部分的内容：

____

____。

(二)暗标的编制和装订要求

1. 打印纸张要求：______________________________。

2. 打印颜色要求：______________________________。

3. 正本封皮(包括封面、侧面及封底)设置及盖章要求：______________。

4. 副本封皮(包括封面、侧面及封底)设置要求：________________。

5. 排版要求：________________________________。

6. 图表大小、字体、装订位置要求：____________________。

7. 所有“技术暗标”必须合并装订成一册，所有文件左侧装订，装订方式应牢固、美观，不得采用活页方式装订，均应采用__________方式装订。

8. 编写软件及版本要求：Microsoft Word ____________________。

9. 任何情况下，技术暗标中不得出现任何涂改、行间插字或删除痕迹。

10. 除满足上述各项要求外，构成投标文件的“技术暗标”的正文中均不得出现投标人的名称和其他可识别投标人身份的字符、徽标、人员名称以及其他特殊标记等。

备注：“暗标”应当以能够隐去投标人的身份为原则，尽可能简化编制和装订要求。

七、项目管理机构

（一）项目管理机构组成表

<table>
<tr><th rowspan="2">职务</th><th rowspan="2">姓名</th><th rowspan="2">职称</th><th colspan="5">执业或职业资格证明</th><th rowspan="2">备注</th></tr>
<tr><th>证书名称</th><th>级别</th><th>证号</th><th>专业</th><th>养老保险</th></tr>
<tr><td></td><td></td><td></td><td></td><td></td><td></td><td></td><td></td><td></td></tr>
<tr><td></td><td></td><td></td><td></td><td></td><td></td><td></td><td></td><td></td></tr>
<tr><td></td><td></td><td></td><td></td><td></td><td></td><td></td><td></td><td></td></tr>
<tr><td></td><td></td><td></td><td></td><td></td><td></td><td></td><td></td><td></td></tr>
<tr><td></td><td></td><td></td><td></td><td></td><td></td><td></td><td></td><td></td></tr>
<tr><td></td><td></td><td></td><td></td><td></td><td></td><td></td><td></td><td></td></tr>
</table>

（二）主要人员简历表

附 1：项目经理简历表

项目经理应附建造师执业资格证书、注册证书、安全生产考核合格证书、身份证、职称证、学历证、养老保险复印件及未担任其他在施建设工程项目项目经理的承诺书，管理过的项目业绩须附合同协议书和竣工验收备案登记表复印件。类似项目限于以项目经理身份参与的项目。

<table>
<tr><td>姓　名</td><td></td><td>年　龄</td><td></td><td>学历</td><td></td></tr>
<tr><td>职　称</td><td></td><td>职　务</td><td></td><td>拟在本工程任职</td><td>项目经理</td></tr>
<tr><td colspan="3">注册建造师执业资格等级</td><td>级</td><td>建造师专业</td><td></td></tr>
<tr><td colspan="3">安全生产考核合格证书</td><td colspan="3"></td></tr>
<tr><td>毕业学校</td><td colspan="5">年毕业于________学校________专业</td></tr>
<tr><td colspan="6">主要工作经历</td></tr>
<tr><td>时　间</td><td colspan="3">参加过的类似项目名称</td><td>工程概况说明</td><td>发包人及联系电话</td></tr>
<tr><td></td><td></td><td></td><td></td><td></td><td></td></tr>
<tr><td></td><td></td><td></td><td></td><td></td><td></td></tr>
<tr><td></td><td></td><td></td><td></td><td></td><td></td></tr>
<tr><td></td><td></td><td></td><td></td><td></td><td></td></tr>
<tr><td></td><td></td><td></td><td></td><td></td><td></td></tr>
<tr><td></td><td></td><td></td><td></td><td></td><td></td></tr>
<tr><td></td><td></td><td></td><td></td><td></td><td></td></tr>
</table>

附 2：主要项目管理人员简历表

主要项目管理人员指项目副经理、技术负责人、合同商务负责人、专职安全生产管理人员等岗位人员。应附注册资格证书、身份证、职称证、学历证、养老保险复印件，专职安全生产管理人员应附安全生产考核合格证书，主要业绩须附合同协议书。

岗位名称			
姓　名		年　龄	
性　别		毕业学校	
学历和专业		毕业时间	
拥有的执业资格		专业职称	
执业资格证书编号		工作年限	
主要工作业绩及担任的主要工作			

附3：承诺书

承诺书

________(招标人名称)：

我方在此声明，我方拟派往________(项目名称)________标段(以下简称“本工程”)的项目经理________(项目经理姓名)现阶段没有担任任何在施建设工程项目的项目经理。

我方保证上述信息的真实和准确，并愿意承担因我方就此弄虚作假所引起的一切法律后果。

特此承诺

投标人：________________________(盖单位章)

法定代表人或其委托代理人：__________(签字)

____年____月____日

八、拟分包计划表

序号	拟分包项目名称、范围及理由	拟选分包人					备注
		拟选分包人名称		注册地点	企业资质	有关业绩	
		1					
		2					
		3					
		1					
		2					
		3					

备注：本表所列分包仅限于承包人自行施工范围内的非主体、非关键工程。

日　期：____年____月____日

九、资格审查资料

(一)投标人基本情况表

<table>
<tr><td>投标人名称</td><td colspan="9"></td></tr>
<tr><td>注册地址</td><td colspan="5"></td><td>邮政编码</td><td colspan="3"></td></tr>
<tr><td rowspan="2">联系方式</td><td>联系人</td><td colspan="4"></td><td>电　话</td><td colspan="3"></td></tr>
<tr><td>传　真</td><td colspan="4"></td><td>网　址</td><td colspan="3"></td></tr>
<tr><td>组织结构</td><td colspan="9"></td></tr>
<tr><td>法定代表人</td><td>姓名</td><td></td><td colspan="2">技术职称</td><td colspan="3"></td><td>电话</td><td></td></tr>
<tr><td>技术负责人</td><td>姓名</td><td></td><td colspan="2">技术职称</td><td colspan="3"></td><td>电话</td><td></td></tr>
<tr><td>成立时间</td><td colspan="2"></td><td colspan="7">员工总人数：</td></tr>
<tr><td>企业资质等级</td><td></td><td></td><td rowspan="5">其中</td><td colspan="4">项目经理</td><td colspan="2"></td></tr>
<tr><td>营业执照号</td><td></td><td></td><td colspan="4">高级职称人员</td><td colspan="2"></td></tr>
<tr><td>注册资金</td><td></td><td></td><td colspan="4">中级职称人员</td><td colspan="2"></td></tr>
<tr><td>开户银行</td><td></td><td></td><td colspan="4">初级职称人员</td><td colspan="2"></td></tr>
<tr><td>账号</td><td></td><td></td><td colspan="4">技　工</td><td colspan="2"></td></tr>
<tr><td>经营范围</td><td colspan="9"></td></tr>
<tr><td>备注</td><td colspan="9"></td></tr>
<tr><td colspan="10">备注：本表后应附企业法人营业执照及其年检合格的证明材料、企业资质证书副本、安全生产许可证等材料的复印件。</td></tr>
</table>

(二)近年财务状况表(略)

(三)近年完成的类似项目情况表

<table>
<tr><td>项目名称</td><td></td></tr>
<tr><td>项目所在地</td><td></td></tr>
<tr><td>发包人名称</td><td></td></tr>
<tr><td>发包人地址</td><td></td></tr>
<tr><td>发包人联系人及电话</td><td></td></tr>
<tr><td>合同价格</td><td></td></tr>
<tr><td>开工日期</td><td></td></tr>
<tr><td>竣工日期</td><td></td></tr>
<tr><td>承担的工作</td><td></td></tr>
<tr><td>工程质量</td><td></td></tr>
<tr><td>项目经理</td><td></td></tr>
<tr><td>技术负责人</td><td></td></tr>
<tr><td>总监理工程师及电话</td><td></td></tr>
<tr><td>项目描述</td><td></td></tr>
<tr><td>备注</td><td></td></tr>
<tr><td colspan="2">备注：1. 类似项目指工程。
2. 本表后附中标通知书和(或)合同协议书、工程接收证书(工程竣工验收证书)的复印件，具体年份要求见投标人须知前附表。每张表格只填写一个项目，并标明序号。</td></tr>
</table>

（四）正在施工的和新承接的项目情况表

项目名称	
项目所在地	
发包人名称	
发包人地址	
发包人电话	
签约合同价	
开工日期	
计划竣工日期	
承担的工作	
工程质量	
项目经理	
技术负责人	
总监理工程师及电话	
项目描述	
备注	
备注：本表后附中标通知书和(或)合同协议书复印件。每张表格只填写一个项目，并标明序号。	

（五）近年发生的诉讼和仲裁情况

说明：近年发生的诉讼和仲裁情况仅限于投标人败诉的，且与履行施工承包合同有关的案件，不包括调解结案以及未裁决的仲裁或未终审判决的诉讼。

（六）企业其他信誉情况表（年份要求同诉讼及仲裁情况年份要求）

近年企业不良行为记录情况	
在施工程以及近年已竣工工程合同履行情况	
其　他	
备注：1. 企业不良行为记录情况主要是近年投标人在工程建设过程中因违反有关工程建设的法律、法规、规章或强制性标准和执业行为规范，经县级以上建设行政主管部门或其委托的执法监督机构查实和行政处罚，形成的不良行为记录。 2. 合同履行情况主要是投标人近年所承接工程和已竣工工程是否按合同约定的工期、质量、安全等履行合同义务，对未竣工工程合同履行情况还应重点说明非不可抗力解除合同(如果有)的原因等具体情况。	

十、其他材料

（略）

任务四　分析项目投标决策与策略

一、投标决策的含义

投标决策是指承包人为实现其一定利益目标，针对招标项目的实际情况，对投标可行性和具体决策进行论证和抉择的活动。

承包人通过投标取得项目，是市场经济条件下的必然。但是，作为承包人来说并不是每标必投，这里有投标决策问题。所谓投标决策，主要包括三个方面内容：其一，针对项目招标是投标，或是不投标；其二，倘若去投标，是投什么性质的标；其三，投标时中标如何采用以长制短、以优制胜的策略和技巧。投标决策的正确与否，关系到能否中标和中标后的效益，关系到承包人的信誉和发展前景及职工的切身经济利益，甚至关系到社会的经济发展问题。因此，企业的决策班子必须充分认识到投标决策的重要意义。

二、影响投标决策的因素

(一)内部因素

1. 技术实力

技术实力包括是否有精通本行业的估价师、工程师、会计师和管理专家组成的组织机构；是否有工程项目施工专业特长，能解决技术难度大的问题和各类工程施工中技术难题的能力；是否具有同类工程施工经验；是否有一定技术实力的合作伙伴，如实力强大的分包商、合营伙伴和代理人等。

技术实力不但决定了承包商能承揽的工程的技术难度和规模，而且是实现较低的价格、较短的工期、优良的工程质量的保证，直接关系到承包商在投标中的竞争能力。

2. 经济实力

经济实力包括是否具有较为充裕的流动资金；是否具有一定数量的固定资产和机具设备；是否具有一定的办公、仓储、加工场所。承揽涉外工程时，是否筹集了承包工程所需的外汇；是否具有支付各种保证金的能力；是否有承担不可抗力带来风险的财力。经济实力决定了承包商承揽工程规模的大小，因此，在投标决策时应充分考虑这一因素。

3. 管理实力

管理实力是指具有高素质的项目管理人员，特别是懂技术、会经营、善管理的项目经理人选。管理实力决定了承包商承揽工程项目的复杂程度，也决定了承包商是否能够根据合同的要求，高效率地完成项目管理的各项目标，通过项目管理活动为企业创造较好的经济效益和社会效益。因此，在投标决策时不能疏忽这一因素。

4. 信誉实力

承包商的信誉是其无形的资产，这是企业竞争力的一项重要内容。企业的履约情况、获奖情况、资信情况和经营作风都是建设单位选择承包商的条件。因此，投标决策时应正确评价自身的信誉实力。

(二)外部因素

1. 建设单位情况

建设单位情况主要包括建设单位的合法地位、支付能力和履约信誉等。建设单位支付能力差、履约信誉不好都将损害承包商的利益，因此，投标决策时应予以充分重视这一因素。

2. 竞争对手情况

竞争对手情况包括竞争对手的数量、实力、优势等情况，这些情况直接决定了竞争的激烈程度。竞争越激烈，中标概率越小，投标费用风险越大；竞争越激烈，一般来说中标价越低，对承包商的经济效益影响越大。因此，竞争对手情况是对投标决策影响最大的因素之一。

3. 监理工程师情况

监理工程师立场是否公正，直接关系到承包商能否顺利实现索赔以及合同争议能否顺利得到解决，从而关系到承包商的利益能否得到合理的维护。因此，监理工程师的情况对投标决策也应予以高度重视。

4. 法制环境情况

我国的法律、法规具有统一或基本统一的特点，但投标所涉及的地方性法规在具体内容上仍有所不同。因而，对外地项目的投标决策，除研究国家颁布的相关法律、法规外，还应研究地方性法规。进行国际工程承包时，则必须考虑法律适用的原则，其包括：强制适用工程所在地法的原则；意思自治原则；最密切联系原则；适用国际惯例原则；国际法效力优于国内法效力原则。

5. 地理环境情况

地质、地貌、水文、气象情况部分决定了项目实施的难度，从而影响项目建设成本。而交通环境不但对项目实施方案有影响，而且对项目的建设成本也有一定的影响，因此，地理环境也是投标决策的影响因素。

6. 市场环境情况

在工程造价中，劳动力、建筑材料、设备以及施工机械等直接成本占70%以上，因此，项目所在地的工、料、机的市场价格对承包商的效益影响很大，从而对投标决策的影响也必定较大。

7. 项目自身情况

项目自身特征决定了项目的建设难度，也部分决定了项目获利的丰厚程度。因此，项目自身情况是投标决策的影响因素。

三、投标决策的内容

建设工程投标决策的内容，一般来说，主要包括三个方面，即投标项目选择决策、施工方案选择决策、投标报价决策。

(一)投标项目选择决策

建设工程投标决策的首要任务是在获取招标信息后，对是否参加投标竞争进行分析、论证，并作出抉择。

承包商决定是否参加投标，通常要综合考虑各方面的情况，如承包商当前的经营状况和长远目标，参加投标的目的，影响中标机会的内部因素、外部因素等。

一般来说，有下列情形之一的招标项目，投标人不宜选择投标：

(1)工程规模超过企业资质等级的项目。

(2)超越企业业务范围和经营能力之外的项目。

(3)企业当前任务比较饱满，而招标工程是风险较大或盈利水平较低的项目。

(4)企业劳动力、机械设备和周转材料等资源不能保证的项目。

(5)竞争对手在技术、经济、信誉和社会关系等方面具有明显优势的项目。

当选择工程投标项目时，在综合考虑各方面因素后，可用权数计分评价法、决策树法等方法进行选择。权数计分评价法就是对影响决策的不同因素设定权重，对不同的投标工程的这些因素评分，最后加权平均得出总分，选择得分高者。决策树法决策者构建出问题的结构，将决策过程中可能出现的状态及其概率和产生的结果，用树枝状的图形表示出来，便于分析、对比和选择。决策树是以方框代表决策节点，圆圈代表状态节点，用直线连接而成的一种树状结构图。决策树的绘制从左到右，在最左边的状态节点中，概率和最大的状态节点所代表的方案为最佳方案。决策树的结构如图 3-2 所示。

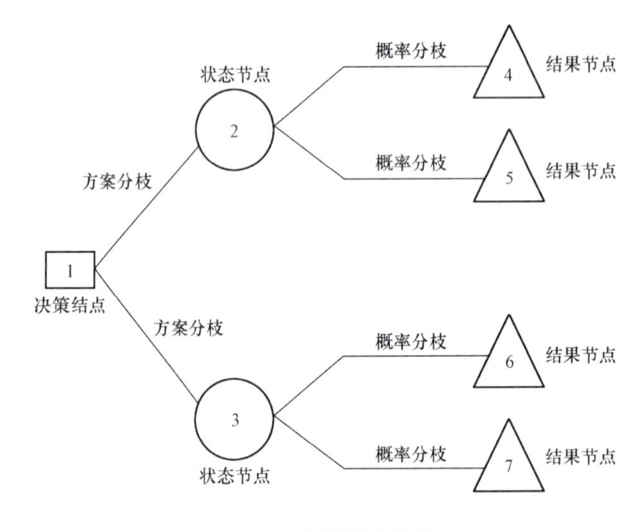

图 3-2　决策树结构图

【案例分析 3-3】

［背景］ 某承包商由于施工能力及资源限制，只能在甲、乙两个项目中任选一项进行投标，或者两项均不投标。在选择甲、乙工程投标时，又可以分高标报价和低标报价两种策略。因此，在进行整个决策时，就有 5 种方案可供选择，即甲高、甲低、乙高、乙低、不投标。假定报价超过估价成本的 20%列为高标，在 20%以下的报价列为低标。根据历史资料统计分析得知，当投高标时，中标概率为 0.3，失标概率为 0.7，而当投低标时，中标概率及失标概率各为 0.5。若每种报价无论高低，实施结果都产生好、中、差三种不同结果，这三种不同结果的概率及损益值见表 3-6。当投标不中时，甲、乙两工程要分别损失 0.8 万元和 0.6 万元的费用，主要包括购买标书、计算报价、差旅、现场踏勘等费用。

表 3-6 概率及损益值表

方案	结果	概率	甲项工程			乙项工程		
			实际效果	概率	损益值/万元	实际效果	概率	损益值/万元
报价(高)估计成本的120%以上	中标	0.3	好 中 差	0.3 0.6 0.1	800 400 −15	好 中 差	0.3 0.5 0.2	600 300 −10
	失标	0.7			−0.8			−0.6
报价(低)估计成本的120%以下	中标	0.5	好 中 差	0.2 0.6 0.2	500 200 −20	好 中 差	0.3 0.6 0.1	400 100 −12
	失标	0.5			−0.8			−0.6
不报价		1.0			0			0

[问题] 请选择投标竞争的最优方案。

【参考答案】

根据工程项目投标选择分析表，可以绘制投标项目选择决策树图，然后计算各机会点的期望损益值，计算方法从右向左逐一进行，E(I)表示机会点的期望利润值，其计算如下：

甲高方案：

$E(I)_7=0.3\times800+0.6\times400+0.1\times(-15)=478.5$

$E(I)_2=0.3\times478.5+0.7\times(-0.8)=143$

甲低方案：

$E(I)_8=0.2\times500+0.6\times200+0.2\times(-20)=216$

$E(I)_3=0.5\times216+0.5\times(-0.8)=107.6$

乙高方案：

$E(I)_9=0.3\times600+0.5\times300+0.2\times(-10)=328$

$E(I)_4=0.3\times328+0.7\times(-0.6)=98$

乙低方案：

$E(I)_{10}=0.3\times400+0.6\times100+0.1\times(-12)=178.8$

$E(I)_5=0.5\times178.8+0.5\times(-0.6)=89.1$

不报价：$E(I)_6=0$

根据上述计算，5 个方案最后各机会点的期望值，以 $E(I)_2$ 点为最大值，即 $E(I)_2=143$，而 $E(I)_3$、$E(I)_4$、$E(I)_5$、$E(I)_6$ 均小于 $E(I)_2$ 值，故选择甲项目，且以高报价进行投标竞争为最优方案，如图 3-3 所示。

(二)施工方案选择决策

施工方案的选择不但关系到质量的好坏、进度的快慢，而且最终都会直接或间接地影响到工程报价。因此，施工方案的决策，不是纯粹的技术问题，而是造价决策的重要内容。

有些施工方案能提高工程质量，虽然成本要增加，但返工率能降低，又会减少返工损

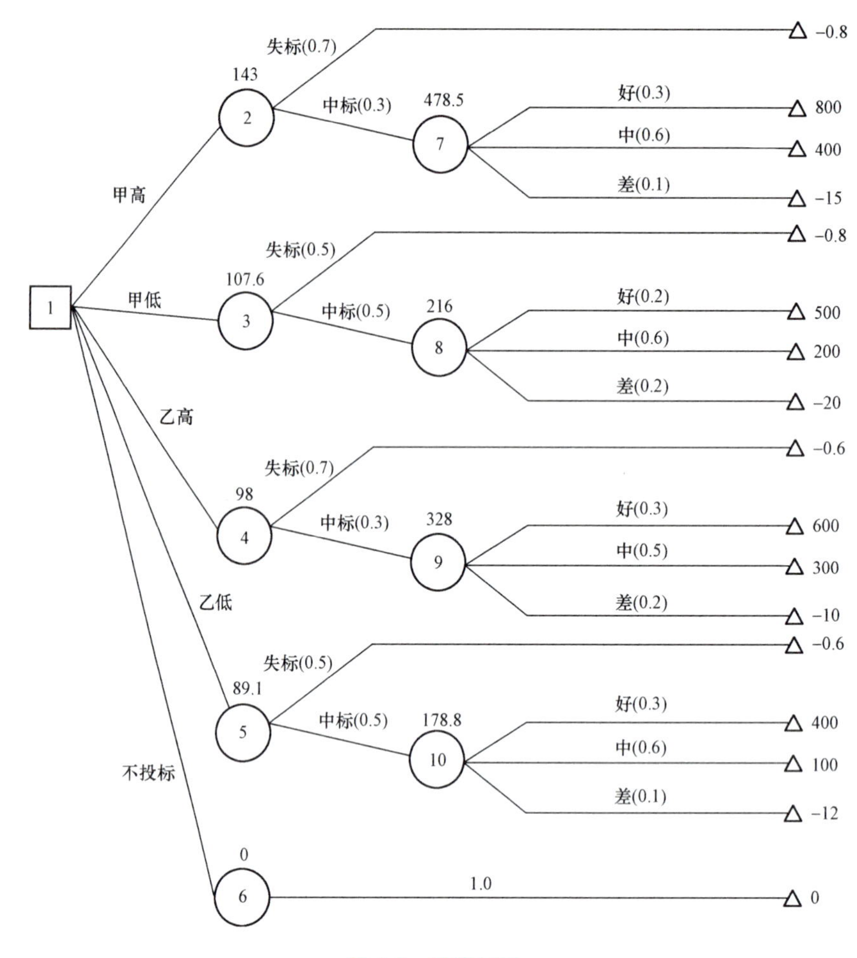

图 3-3 决策树图

失；反之，在满足招标文件要求的前提下，选择适当的施工方案，控制质量标准不要过高，虽然有可能降低成本，但返工率也可能因此提高，从而费用也可能增加。增加的成本多还是减少的返工损失多，这需要进行详细的分析和决策。

有些施工方案能加快工程进度，虽然需要增加抢工费用，但进度加快，能节约施工的固定成本；反之，在满足招标文件要求的前提下，适当放慢进度，工人的劳动效率会提高，抢工费用也不会发生，会节约直接费用。但工期延长，固定成本增加，总成本又会增加，因此，也要进行详细的分析和决策。

(三)投标报价决策

1. 报价宏观决策

报价宏观决策是指根据竞争环境，决定宏观上是采取报高价还是报低价的决策。

(1)项目有下列情形之一的，投标人一般可以考虑投标以追求效益为主，可报高价：

1)建设单位对投标人特别满意，希望发包给本承包商的。

2)竞争对手较弱，而投标人与之相比有明显的技术、管理优势的。

3)投标人在建任务虽饱满，但招标工程利润丰富，值得且能实际承受超负荷运转的。

(2)项目有下列情形之一的，投标人一般可以考虑投标以保本为主，可报保本价：

1)招标工程竞争对手较多，而投标人无明显优势的，但投标人又有一定的市场或信誉上的目的。

2)投标人在建任务少，无后继工程，可能出现或已经出现部分窝工的。

2. 报价微观决策

报价微观决策是指根据工程项目的实际情况与报价的技巧具体确定每个分项工程是报高价还是报低价，以及报价的高低幅度。

四、工程投标策略

承包人参加投标竞争，能否战胜对手而获得合同，在很大程度上取决于自身能否正确灵活地运用投标策略，来指导投标全过程的活动。

正确的投标决策，来自于实践经验的积累、对客观规律不断深入的认识以及对具体情况的了解。同时，决策者的能力和魄力也是不可缺少的。概括起来，投标决策可以归纳为四大要素，即“把握形势，以长胜短，掌握主动，随机应变”。具体来讲，常见的投标策略有以下几种。

(一)组建联合体投标策略

组建联合体主要有以下三个方面的优势：

(1)可以增强承包商实力。

(2)可以进一步分担承包商的风险，增强抵御风险的能力。

(3)可以冲破地区、部门封锁，拓展市场。

当然，由于多家单位联营，联合体在管理上与独家承包相比难度更大，需要各方有很好的双赢意识、平衡艺术和沟通技能。这些都构成联合体项目管理上的一大难点，稍不注意就会出现纠纷，影响团队优势的发挥，尤其在经济利益分配上可能出现矛盾。

(二)靠高水平的经营管理取胜

通过优化施工方案，安排合理的施工进度，科学的组织管理，选择可靠的分包单位等措施，来降低施工成本。在此基础上降低投标报价，从而提高中标概率。这样，标价虽低，利润并不一定低，这种策略是企业应采取的根本策略。

(三)靠改进设计取胜

仔细研究原设计图纸，发现不够合理之处，提出改进措施，尤其是能降低造价，缩短工期的措施。

(四)靠缩短建设工期取胜

通过采取有效措施，使得在招标文件规定工期的基础上，工程能提前竣工。

(五)靠标函中附带优惠条件取胜

要求承包人在掌握信息时，要特别注意发包人的困难，然后，挖掘本企业的潜力，提出优惠条件，通过替发包人分忧而创造中标条件。

(六)低利策略

低利策略主要适用于竞争比较激烈，施工任务不足，或企业欲在新的地区打开局面等情况。

（七）低报价

着眼于施工索赔，即利用设计图纸、技术说明书或合同条款中不明确之处寻找索赔机会。

（八）着眼于将来

为掌握某种有发展前途的工程施工技术（如某些新型建筑结构等的施工）而宁愿目前少赚钱。

（九）给予业主更多的优惠条件

除价格外，还可以考虑其他许多重要因素，如缩短工期、提高工程质量、降低支付条件要求、提出新技术和新设计方案以及提供补充物资和设备等，以此优惠条件争取得到招标人的赞许，获取中标。

以上这些策略不是互相排斥的，而是相辅相成的，在投标工作的实践中，必须依据具体情况综合、灵活地加以运用。

学 生 实 训 园

实训项目：编制施工投标文件

一、实训目的

1. 掌握项目施工投标文件的编制内容及基本格式要求；

2. 提高学生编制施工投标文件的能力。

二、材料准备

1. 工程招标文件；

2. 工程施工图纸；

3. 施工图预算；

4.《房屋建筑和市政工程标准施工招标文件(2010 年版)》。

三、实训步骤

第一步：划分小组成立投标组织机构，每组 5～6 人；

第二步：颁发工程项目招标文件、施工图纸及施工图预算；

第三步：进行工程投标的准备工作；

第四步：现场踏勘与投标预备会；

第五步：编制投标文件；

第六步：投标文件的密封与提交。

四、实训成果要求

1. 采用招标文件统一的标准及规格；

2. 在教师指导下独立地完成投标文件的编制；

3. 在教学规定的实训时间内完成全部内容。

五、实训注意事项

1. 投标文件应尽量详细和完善；

2. 尽量采用标准的专业术语；

3. 充分发挥学生的积极性、主动性与创造性；
4. 投标文件应尽量符合招标文件的要求。

练习与思考

一、填空题

1. 投标人撤回已提交的投标文件，应当在__________前书面通知招标人。招标人已收取投标保证金的，应当自收到投标人书面撤回通知之日起__________内退还。投标截止后投标人撤销投标文件的，招标人可以__________投标保证金。

2. 根据《招标投标法实施条例》相关规定，投标保证金不得超过招标项目估算价的__________，投标保证金有效期应当与投标有效期__________。

3.《招标投标法》规定，投标人少于__________个的，招标人应当依照本法__________招标。在招标文件要求提交投标文件的__________后送达的投标文件，招标人应当拒收。

4. 施工方案的选择不但关系到质量好坏、进度快慢，而且最终都会直接或间接地影响到工程报价。因此，施工方案的决策，不是纯粹的__________问题，而是__________决策的重要内容。

5. 投标人不得以__________的报价竞标，也不得以__________投标或者以其他方式弄虚作假，骗取中标。

二、选择题

1. 投标保证金不予退还的情形有(　　)。
   A. 中标人拒绝按招标文件、投标文件及中标通知书要求与招标人签订合同
   B. 中标人或投标人要求修改、补充和撤销投标文件的实质性内容
   C. 中标人拒绝按招标文件规定时间、金额、形式提交履约保证金
   D. 中标人要求更改招标文件和中标通知书的实质性内容
   E. 招标人拒绝与中标人签订合同

2. 影响投标决策的内部因素有(　　)。
   A. 经济实力　　B. 管理实力
   C. 技术实力　　D. 信誉实力
   E. 竞争对手情况

3. 一般来说，(　　)的招标项目，投标人不宜选择投标。
   A. 工程规模超过企业资质等级
   B. 企业当前任务比较饱满，而招标工程是风险较大或盈利水平较低
   C. 超越企业业务范围和经营能力之外
   D. 竞争对手在技术、经济、信誉和社会关系等方面具有明显劣势
   E. 企业劳动力、机械设备和周转材料等资源不能保证

4. 项目存在以下(　　)情形之一的，投标人一般可以考虑投标以追求效益为主，可报高价。
   A. 建设单位对投标人特别满意，希望发包给本承包商的
   B. 招标工程竞争对手较多，而投标人无明显优势的，但投标人又有一定的市场或信

誉上的目的

C. 投标人在建任务少，无后继工程，可能出现或已经出现部分窝工的

D. 竞争对手较弱，而投标人与之相比有明显的技术、管理优势的

E. 投标人在建任务虽饱满，但招标工程利润丰富，值得且能实际承受超负荷运转的

5. 一般情况下，无利润算标的采纳条件包括(　　)。

A. 有可能在得标后，将大部分工程分包给要价较低的一些分包商

B. 对于分期建设的项目，先以低价获得首期工程，而后赢得机会创造第二期工程投标中标的竞争优势，并在以后的实施中盈利

C. 较长时期内，投标人没有在建的建设项目，如果再不中标，就难以维持生存

D. 临近投标截止日期前，突然前往投标，并降低报价

E. 投标人在投标工程所在地聘请代理人为自己出谋划策，以便争取中标

三、简答题

1. 联合体作为投标人应符合哪些条件?

2. 简述建设工程项目投标基本工作程序。

3. 简述项目投标各阶段的工作要点。

4. 什么是不平衡报价法? 哪些情况下可以考虑不平衡报价法?

5. 资格预审申请文件组成内容有哪些?

6. 投标文件的基本内容一般有哪些?

四、案例分析

[背景] 某大型工程项目由政府投资建设，业主委托某招标代理公司代理施工招标。招标代理公司确定该项目采用公开招标方式招标，招标公告在当地政府规定的招标信息网上发布。

招标文件中规定，投标担保可采用投标保证金或投标保函方式担保。评标方法采用经评审的最低投标价法。投标有效期为60天。

项目施工招标信息发布以后，共有12家潜在投标人报名参加投标。开标后发现：

A. 投标人的投标报价为8 000万元，并为最低投标报价，经评审后推荐其为中标候选人；

B. 投标人在开标后又提交了一份补充说明，提出可以降价5%；

C. 投标人提交的银行投标保函有效期为50天；

D. 投标人投标文件的投标函盖有企业及企业法定代表人的印章，但没有加盖项目负责人的印章；

E. 投标人与其他投标人组成了联合体投标，附有各方资质证书，但没有联合体共同投标协议书；

F. 投标人的投标报价最高，故F投标人在开标后第二天撤回了其投标文件。

经过标书评审，A投标人被确定为中标候选人。

[问题]

(1)分析A、B、C、D、E投标人的投标文件是否有效? 说明理由。

(2) F投标人的投标文件是否有效? 对其撤回投标文件的行为应如何处理?

项目四

项目开标、评标、中标与签订合同

知识目标

1. 熟悉开标概述、开标准备工作、开标程序。
2. 掌握评标委员会、评标工作程序、评标方法。
3. 掌握确定中标的原则、步骤及签订合同前的注意事项。

能力目标

1. 能运用相关的法律法规知识进行开标工作。
2. 能运用相关的法律法规知识进行评标工作。
3. 能运用相关的法律法规知识进行中标及签订合同工作。

任务一　项目施工开标

建设工程招标投标活动经过招标阶段、投标阶段，就进入了开标阶段。

一、开标概述

1. 开标的概念

开标是指招标人将所有投标人的投标文件启封揭晓。公开招标和邀请招标均应举行开标会议。

2. 开标的时间、地点

开标应当在招标文件确定的提交投标文件截止时间的同一时间公开进行。开标地点应当为招标文件中预先确定的地点。

3. 开标主持与参会

(1)开标由招标人主持，邀请所有投标人参加。开标时，由投标人或者其推选的代表检查投标文件的密封情况，也可以由招标人委托的公证机构检查并公证，经确认无误后，由工作人员当众拆封，宣读投标人名称、投标价格和投标文件的其他主要内容。开标过程应当记录，并存档备查。

(2)投标人应按招标文件的约定参加开标，招标文件无约定时，可自行决定是否参加开标。投标人不参加开标，视为默认开标结果，事后不得对开标结果提出异议。

二、开标准备工作

1. 投标文件接收

招标人应当安排专人，在招标文件指定地点接收投标人递交的投标文件(包括投标保证金)，详细记录投标文件送达人、送达时间、份数、包装密封、标识等查验情况，经投标人确认后，出具投标文件和投标保证金的接收凭证。

投标文件密封不符合招标文件要求的，招标人不予受理，在截标时间前，应当允许投标人在投标文件接收场地之外自行更正修补。在投标截止时间后递交的投标文件，招标人应当拒绝接收。

至投标截止时间提交投标文件的投标人少于 3 家的，不得开标，招标人应将接收的投标文件原封退回投标人，并依法重新组织招标。

2. 开标现场

招标人应保证受理的投标文件不丢失、不损坏、不泄密，并组织工作人员将投标截止时间前受理的投标文件运送到开标地点。

招标人应精细周全的准备好开标必备的现场条件，包括提前布置好开标会议室、准备好开标需要的设备、设施和服务等。

3. 开标资料

招标人应准备好开标资料，包括开标记录表(表 4-1)、标底文件(如有)、投标文件接收登记表、签收凭证等。招标人还应准备相关国家法律法规、招标文件及其澄清的修改内容，以备必要时使用。

4. 工作人员

招标人参与开标会议的有关工作人员应按时到达开标现场，包括主持人、开标人、唱标人、记录人、监标人及其辅助人员等。

三、开标程序

招标人应按照招标文件规定的程序开标，一般开标程序有以下几项。

1. 宣布开标纪律

主持人宣布开标纪律，对参与开标会议的人员提出会场要求，主要是开标过程中不得喧哗；通信工具调整到静音状态；约定的提问方式等。任何人不得干扰正常的开标程序。

2. 确认投标人代表身份

招标人可以按照招标文件的约定，当场核验参加开标会议的投标人授权代表的授权委托书和有效的身份证件，确认授权代表的有效性，并留存授权委托书和身份证件的复印件。法定代表人出席开标会的要出示其有效证件。

3. 公布在投标截止时间前接收投标文件的情况

招标人当场宣布投标截止时间前递交投标文件的投标人名称、时间等。

4. 宣布有关人员姓名

开标会主持人介绍招标人代表、招标代理机构代表、监督人代表或公证人员等，依次

宣布开标人、唱标人、记录人、监标人等有关人员姓名。

表 4-1　开标记录表

________（项目名称）________标段施工开标记录表

开标时间：____年____月____日____时____分

开标地点：________________________________

（一）唱标记录

序号	投标人	密封情况	投标保证金	投标报价/元	质量目标	工期	备注	签名
招标人编制的标底（如果有）								

（二）开标过程中的其他事项记录

____

____

____

（三）出席开标会的单位和人员（附签到表）

招标人代表：__________　　记录人：__________　　监标人：__________

____年____月____日

5. 检查投标文件的密封情况

依据招标文件约定的方式，组织投标文件的密封检查。可由投标人代表或招标人委托的公证人员检查，其目的是检查开标现场的投标文件密封状况是否与招标文件约定和受理时的密封状况一致。

6. 宣布投标文件开标顺序

主持人宣布开标顺序。如招标文件未约定开标顺序的，一般按照投标文件递交的顺序或倒序进行唱标。

7. 公布标底

招标人设有参考标底的，予以公布。也可以在唱标后公布标底。

8. 唱标

按照宣布的开标顺序当众开标。唱标人应按招标文件约定的唱标内容，严格依据投标函(或包括投标函附录，或服务投标一览表)，并当即做好唱标记录。唱标内容一般包括投标函及投标函附录中的报价、备选方案报价(如有)、完成期限、质量目标、投标保证金等。

9. 开标记录签字

开标会议应当做好书面记录，如实记录开标会的全部内容，包括开标时间、地点、程序，出席开标会的单位和代表，开标会程序、唱标记录、公证机构和公证结果(如有)等。投标人代表、招标人代表、监标人、记录人等应在开标记录上签字确认，存档备查。投标人代表对开标记录内容有异议的可以注明。

10. 开标结束

完成开标会议全部程序和内容后，主持人宣布开标会议结束。

四、开标的注意事项

(1)依据投标函及投标函附录(正本)唱标，其中投标报价以大写金额为准。

(2)在开标过程中，投标人对唱标记录提出异议，开标工作人员应立即核对投标函及投标函附录(正本)的内容与唱标记录，并决定是否应该调整唱标记录。

(3)开标时，开标工作人员应认真核验并如实记录投标文件的密封、标识以及投标报价、投标保证金等开标、唱标情况，发现投标文件存在问题或投标人提出异议的，特别是涉及影响评标委员会对投标文件评审结论的，应如实记录在开标记录上。但招标人不应在开标现场对投标文件是否有效作出判断和决定，应递交评标委员会评定。

任务二　项目施工评标

一、项目评标概述

招标项目评标工作由招标人依法组建的评标委员会按照招标文件约定的评标方法、标准进行评标。

(一)评标委员会

1. 评标专家资格

评标专家应当符合《招标投标法》《评标委员会和评标方法暂行规定》(国家计委〔2001〕第12号令)和《评标专家和评标专家管理暂行办法》(国家计委〔2003〕第29号令)规定的条件。具体如下：

(1)从事相关专业领域工作满8年并具有高级职称或同等专业水平。

(2)熟悉有关招标投标的法律法规，并具有与招标项目相关的实践经验。

(3)能够认真、公正、诚实、廉洁地履行职责。

(4)身体健康，能够承担评标工作。

2. 评标专家享有的权利

(1)接受专家库组建机构的邀请，成为专家库成员。

(2)接受招标人依法聘请，担任招标项目评标委员会成员。

(3)熟悉招标文件的有关技术、经济、管理特征和需求，依法对投标文件进行客观评审，独立提出评审意见，抵制任何单位和个人的不正当干预。

(4)获取相应的评标劳务报酬。

(5)法律法规规定的其他权利。

3. 评标专家负有的义务

(1)接受建立专家库机构的资格审查和培训、考核、如实申报个人有关信息资料。

(2)遇到不得担任招标项目评标委员会成员的情况应当主动回避。

(3)为招标人负责，维护招标、投标双方合法利益，认真、客观、公正地对投标文件进行分析、评审、比较。

(4)遵守评标工作程序和纪律规定，不得私自接触投标人，不得收受他人的任何好处，不得透露投标文件评审的有关情况。

(5)自觉依法监督、抵制、反映和核查招标、投标、代理、评标活动中的虚假、违法和不规范行为，接受和配合有关行政监督部门的监督、检查。

(6)法律、法规规定的其他义务。

(二)组建评标组织

1. 评标委员会构成

根据《招标投标法》第37条规定，依法必须进行招标的项目，其评标委员会由招标人的代表和有关技术、经济等方面的专家组成，成员人数为5人以上单数，其中技术、经济等方面的专家不得少于成员总数的2/3。例如，组建7人的评标委员会，其中招标人代表不得超过2人，专家不少于5人。

2. 评标专家选取

评标委员会中技术、经济专家的比例、人数及专业、地域分布应能满足项目专业和公正评价的需要。

(1)必须招标项目的评标专家一般由招标人从国务院有关部门或者省、自治区、直辖市人民政府有关部门或者招标代理机构的专家库内确定。

(2)一般招标项目应采取随机抽取方法选择评标专家。

(3)特殊招标项目(技术特别复杂、专业性要求特别高或者国家有特殊要求的项目)可以由招标人从专家库中直接确定评标专家。

评标委员会成员的名单在中标结果确定前应当保密。

3. 评标专家的回避原则

根据《评标委员会和评标方法暂行规定》第12条规定，有下列情形之一的，不得担任评标委员会成员：

(1)投标人或者投标人主要负责人的近亲属。

(2)项目主管部门或者行政监督部门的人员。

(3)与投标人有经济利益关系，可能影响对投标公正评审的。

(4)曾因在招标、评标以及其他与招投标有关活动中从事违法行为而受过行政处罚或刑

事处罚。

评标委员会成员有前款规定情形之一的，应当主动提出回避。招标人可以要求评标专家签署承诺书，确认其不存在上述法定回避的情形。评标中，如发现某个评标专家存在法定回避情形的，该评标专家已经完成的评标结果无效，招标人应重新确定满足要求的专家替代。

(三)评标准备工作

招标人及其招标代理机构应为评标委员会评标做好以下评标准备工作：

(1)准备评标需用的资料。如招标文件及其澄清与修改、标底文件、开标记录等。

(2)准备评标相关表格。

(3)选择评标地点和评标场所。

(4)布置评标现场，准备评标工作所需工具。

(5)妥善保管开标后的投标文件并运到评标现场。

(6)评标安全、保密和服务等有关工作。

(四)评标原则、工作要求、依据与纪律

1. 评标原则和工作要求

(1)评标原则。评标活动遵循公平、公正、科学、择优的原则。

(2)评标工作要求。评标委员会成员应当按上述原则履行职责，对所提出的评审意见承担个人责任。评标工作应符合以下基本要求：

1)认真阅读招标文件，正确把握招标项目的特点和需求。

2)全面审查、分析投标文件。

3)严格按照招标文件中规定的评标标准、评标方法和程序评价投标文件。

4)按法律规定推荐中标候选人或依据招标人授权直接确定中标人，完成评标报告。

2. 评标依据

评标委员会依据法律法规、招标文件及其规定的评标标准和方法，对投标文件进行系统的评审和比较。对招标文件中没有规定的标准和方法，评标时不得采用。投标文件指进入了开标程序的所有投标文件，以及投标人依据评标委员会的要求对投标文件的澄清和说明。

3. 评标纪律

(1)评标活动由评标委员会依法进行，任何单位和个人不得非法干预。无关人员不得参加评标会议。

(2)评标委员会成员不得与任何投标人或者招标有利害关系的人私下接触，不得收受投标人、中介人以及其他利害关系人的财物或其他好处。

(3)招标人或其委托的招标代理机构应当采取有效措施，确保评标工作不受外界干扰，保证评标活动严格保密，有关评标活动参与人员应当严格遵守保密规则，不得泄露与评标有关的任何情况。其保密内容涉及以下几项：

1)评标地点和场所。

2)评标委员会成员名单。

3)投标文件评审比较情况。

4)中标候选人的推荐情况。

5)与评标有关的其他情况等。

为此，招标人应采取有效措施，必要时，可以集中管理和使用与外界联系的通信工具等，同时，禁止任何人员私自携带与评标活动有关的资料离开评标现场。

(五)评标工作程序

招标项目一般在开标后即组织评标委员会评标。评标分为初步评审和详细评审两个阶段。

1. 初步评审

初步评审是评标委员会按照招标文件确定的评标标准和方法，对投标文件进行形式、资格、响应性评审，以判断投标文件是否存在重大偏离或保留，是否实质上响应了招标文件的要求。经评审认定投标文件没有重大偏离，实质上响应招标文件要求的，才能进入详细评审。

(1)初步评审内容。投标文件的初步评审内容包括形式评审、资格评审、响应性评审。工程施工招标采用经评审的最低投标价法时，还应对施工组织设计和项目管理机构的合格响应性进行初步评审。初步评审内容所对应在各项评审标准见表4-2。

表4-2 初步评审标准

序号	评审内容	评审标准	
1	形式评审	1.1	投标文件格式、内容组成(如投标函、法定代表人身份证明、授权委托书等)是否按照招标文件规定的格式和内容填写，字迹是否清晰可辨
		1.2	投标文件提交的各种证件或证明材料是否齐全、有效和一致，包括营业执照、资质证书、相关许可证、相关人员证书、各种业绩证明材料等
		1.3	投标人的名称、经营范围等与投标文件的营业执照、资质证书、相关许可证是否一致有效
		1.4	投标文件法定代表人身份证明或法定代表人的代理人是否有效，投标文件的签字、盖章是否符合招标文件规定，如有授权委托书，则授权委托书的内容和形式是否符合招标文件规定
		1.5	如有联合体投标，应审查联合体投标文件的内容是否符合招标文件的规定，包括联合体协议书、牵头人、联合体成员数量等
		1.6	投标报价是否唯一。一份投标文件只能有一个投标报价，在招标文件没有规定情况下，不得提交选择性报价。如果提交有调价函，则应审查调价函是否符合招标文件规定
2	资格评审		见项目二　任务四
3	响应性评审	3.1	投标内容范围是否符合招标范围和内容，有无实质性偏差。
		3.2	项目完成期限(工期、服务期)，投标文件载明的完成项目的时间是否符合招标文件规定的时间，并应提供响应时间要求的进度计划安排的图表等
		3.3	投标文件是否符合招标文件提出的(工程、服务)质量目标、标准要求
		3.4	投标文件是否承诺招标文件规定的有效期
		3.5	投标人是否按照招标文件规定的时间、方式、金额及有效期递交投标保证金或银行保函

续表

序号	评审内容	评审标准	
3	响应性评审	3.6	投标人是否按照招标文件规定的内容范围及工程量清单或服务清单数量进行报价，是否存在算术错误，并需要按规定修正。招标文件设有招标控制价的，投标报价不能超过招标控制价
		3.7	投标文件中是否完全接受并遵守招标文件合同条件约定的权利、义务，是否对招标文件合同条款有重大保留、偏离和不响应内容
		3.8	投标文件的技术标准是否响应招标文件要求
4	工程施工组织设计和项目管理机构评审	4.1	采用经评审的最低投标价法时，投标文件中的施工组织设计的各项要素是否响应招标文件要求
		4.2	采用经评审的最低投标价法时，投标文件中的项目管理机构的各项要素是否响应招标文件要求

(2)废标的一般情形。有表4-3情形之一的，经评标委员会评审认定后作废标处理。

表4-3　作废标处理的一般情形

序号	作废标处理的情形
1	投标文件无单位盖章且无法定代表人或其授权代理人签字或盖章的，或者虽有代理人签字但无法定代表人出具的授权委托书的
2	联合体投标未附联合体各方共同投标协议书的
3	没有按照招标文件要求提交投标保证金的
4	投标函未按招标文件规定的格式填写，内容不全或关键字迹模糊无法辨认的
5	投标人不符合国家或招标文件规定的资格条件的
6	投标人名称或者组织结构与资格预审时不一致且未提供有效证明的
7	投标人提交两份或多份内容不同的投标文件，或在同一份投标文件中对同一招标项目有两个或多个报价，且未声明哪一个为最终报价的，但按招标文件要求提交备选投标的除外
8	串通投标、以行贿手段谋取中标、以他人名义或者其他弄虚作假方式投标的
9	报价明显低于其他投标报价或者在设有标底时明显低于标底，且投标人不能合理说明或者提供相关证明材料，评标委员会认定该投标人以低于成本报价竞标的
10	无正当理由不按照要求对投标文件进行澄清、说明或者补正的
11	不符合招标文件提出的其他商务、技术的实质性要求和条件的
12	招标文件明确规定可以废标的其他情形

(3)投标报价的算术性错误修正。投标报价有算术错误的，评标委员会一般按以下原则对投标报价进行修正，修正的价格经投标人书面确认后具有约束力。投标人不接受修正价格的，其投标作废标处理。算术性错误修正原则如下：

1)投标文件中的大写金额与小写金额不一致的，以大写金额为准。

2)总价金额与依据单价计算出的结果不一致的，以单价金额为准，但单价金额小数点有明显错误的除外。

3)对不同文字文本投标文件的解释发生异议的，以中文文本为准。

(4)投标文件排序。评标委员会应当按照投标报价的高低或者招标文件规定的其他方法对投标文件排序。以多种货币报价的应当按照中国银行在开标日公布的汇率中间价换算成人民币。招标文件应当对汇率标准和汇率风险作出规定。未作规定的，汇率风险由投标人承担。

(5)投标偏差。评标委员会应当根据招标文件，审查并逐项列出投标文件的全部投标偏差。投标偏差分为重大偏差和细微偏差。

1)重大偏差。常见重大偏差的情形见表 4-4。

表 4-4 常见重大偏差的情形

序号	重大偏差情形
1	没有按照招标文件要求提供投标担保或者所提供的投标担保有瑕疵
2	投标文件没有投标人授权代表签字和加盖公章
3	投标文件载明的招标项目完成期超过招标文件规定的期限
4	明显不符合技术规格、技术标准的要求
5	投标文件载明的货物包装方式、检验标准和方法等不符合招标文件的要求
6	投标文件附有招标人不能接受的条件
7	不符合招标文件中规定的其他实质性要求
备注：①投标文件有上述情形之一的，未能对招标文件作出实质性响应，并按作废标处理。 ②招标文件对重大偏差另有规定的，从其规定。	

2)细微偏差。细微偏差是指投标文件在实质上响应招标文件要求，但在个别地方存在漏项或者提供了不完整的技术信息和数据等情况，并且补正这些遗漏或者不完整不会对其他投标人造成不公平的结果。

细微偏差不影响投标文件的有效性，评标委员会应当书面要求存在细微偏差的投标人在评标结束前予以补正。拒不补正的在详细评审时可以对细微偏差作不利于该投标人的量化，量化标准应当在招标文件中规定。

2. 详细评审

详细评审是评标委员会根据招标文件确定的评标方法、因素和标准，对通过初步评审投标文件作进一步的评审、比较。评标方法包括经评审的最低投标价法、综合评估法或者法律、行政法规允许的其评标方法(如两阶段评标法)。详细评审的适用范围及相关规定见表 4-5。

表 4-5 详细评审的适用范围及相关规定

序号	评标方法	适用范围	相关规定	
1	经评审的最低投标价法	一般适用于具有通用技术、性能标准或者招标人对其技术、性能没有特殊要求的招标项目	1.1	根据经评审的最低投标价法，能够满足招标文件的实质性要求，并且经评审的最低投标价的投标应当推荐为中标候选人
			1.2	采用经评审的最低投标价法的，评标委员会应当根据招标文件中规定的评标价格调整方法，以所有投标人的投标报价以及投标文件的商务部分作必要的价格调整。采用经评审的最低投标价法的，中标人的投标应当符合招标文件规定的技术要求和标准，但评标委员会无须对投标文件的技术部分进行价格折算

续表

序号	评标方法	适用范围	相关规定	
1	经评审的最低投标价法	一般适用于具有通用技术、性能标准或者招标人对其技术、性能没有特殊要求的招标项目	1.3	根据经评审的最低投标价法完成详细评审后，评标委员会应当拟定一份“标价比较表”，连同书面评标报告提交给招标人。“标价比较表”应当载明投标人的投标报价、对商务偏差的价格调整和说明，以及经评审的最终投标价
2	综合评估法	不宜采用经评审的最低投标价法的招标项目一般应当采取综合评估法进行评审	2.1	根据综合评估法最大限度地满足招标文件中规定的各项综合评价标准的投标，应当推荐为中标候选人。衡量投标文件是否最大限度地满足招标文件中规定的各项评价标限，可以采取折算为货币的方法、打分的方法或者其他方法。需量化的因素及其权重应当在招标文件中明确规定
			2.2	评标委员会对各个评审因素进行量化时，应当将量化指标建立在同一基础或者同一标准上，使各投标文件具有可比性。 对技术部分和商务部分进行量化后，评标委员会应当对这两部分的量化结果进行加权，计算出每一投标的综合评估价或者综合评估分
			2.3	根据综合评估法完成评标后评标委员会应当拟定“综合评估比较表”，连同书面评标报告提交招标人。“综合评估比较表”应当载明投标人的投标报价、所做的任何修正、对商务偏差的调整、对技术偏差的调整。对各评审因素的评估以及对每一投标的最终评审结果
3	二阶段评标法	适用于两阶段招标的项目	3.1	先要求投标人投“技术标”，进行技术方案评标，评标后淘汰其中不合格者，技术标评标通过者，才允许投商务标
			3.2	也可以采取在投标时承包者将技术标与商务标分两袋密封包装，评标时先评技术标，技术标通过者，则打开其商务标进行综合评定；技术标未通过者，商务标原封不动地退还给投标人

(六)投标文件的澄清、说明或补正

澄清、说明或补正是指评标委员会在评审投标文件过程中，遇到投标文件中不明确或存在细微偏差的内容时，要求投标人作出书面澄清、说明或补正，但投标人不得借此改变投标文件的实质性内容。投标人不得主动提出澄清、说明或补正的要求。对投标文件的问题澄清通知及问题的澄清、说明或补正分别见表 4-6、表 4-7。

若评标委员会发现投标人的投标价或主要单项工程报价明显低于同标段其他投标人报价或者在设有参考标底时明显低于参考标底价时，应要求该投标人作出书面说明，并提供相关证明材料。如果投标人不能提供相关证明材料证明该报价能够按招标文件规定的质量标准和工期完成招标项目，评标委员会应当认定该投标人以低于成本价竞标，作废标处理。

如果投标人提供了证明材料，评标委员会也没有充分的证据证明投标人低于成本价竞标，评标委员会应当接受该投标人的投标报价。

表 4-6　问题澄清通知

问题澄清通知

编号：__________

__________（投标人名称）：

__________（项目名称）__________标段施工招标的评标委员会，对你方的投标文件进行了仔细的审查，现需你方对本通知所附质疑问卷中的问题以书面形式予以澄清、说明或者补正。

请将上述问题的澄清、说明或者补正于____年____月____日__时前密封递交至（详细地址）或传真至________（传真号码）。采用传真方式的，应在____年____月____日____时前将原件递交至______________________________（详细地址）。

附件：质疑问卷

__________（项目名称）__________标段施工招标评标委员会

（经评标委员会授权的招标人代表签字或招标人加盖单位章）

____年____月____日

表 4-7　问题的澄清、说明或补正

问题的澄清、说明或补正

编号：__________

__________（项目名称）__________标段施工招标评标委员会：

问题澄清通知（编号：__________）已收悉，现澄清、说明或者补正如下：

1.

2.

……

投标人：__________________________（盖单位章）

法定代表人或其委托代理人：__________（签字）

____年____月____日

(七)评标报告和中标候选人

1. 评标报告

评标委员会完成评标后，应当向招标人提出书面评标报告，并抄送有关行政监督部门。评标报告应如实记载以下内容：

(1)基本情况和数据表。

(2)评标委员会成员名单。

(3)开标记录。

(4)符合要求的投标一览表。

(5)废标情况说明。

(6)评标标准、评标方法或者评标因素一览表。

(7)经评审的价格或者评分比较一览表。

(8)经评审的投标人排序。

(9)推荐的中标候选人名单与签订合同前要处理的事宜。

(10)澄清、说明、补正事项纪要。

2. 评标报告签署

(1)评标报告应按行政监督部门规定内容和格式填写。

(2)评标报告由评标委员会全体成员签字。对评标结论持有异议的评标委员会成员可以书面方式阐述其不同意见和理由。评标委员会成员拒绝在评标报告上签字又不陈述其不同意见和理由的，视为同意评标结论。

3. 中标候选人

评标委员会推荐的中标候选人应当限定在1～3人，并标明排列顺序。

4. 中标候选人公示

(1)招标人依法确定中标候选人后，应当根据招标文件明确的媒体和发布时间进行公布，接受社会监督。

(2)中标候选人公示时间应当按有关规定执行。中标候选人公示期间内，投标人和其他利害相关人如对中标结果有异议，可以按照法律法规的程序提出异议，质疑或投诉。

小贴士

《招标投标法实施条例》第54条规定，依法必须进行招标的项目，招标人应当自收到评标报告之日起3日内公示中标候选人，公示期不得少于3日。

投标人或者其他利害关系人对依法必须进行招标的项目的评标结果有异议的，应当在中标候选人公示期间提出。招标人应当自收到异议之日起3日内作出答复；作出答复前，应当暂停招标投标活动。

(八)评标委员会需要注意的问题

招标人组织评标委员会评标，应注意以下问题：

(1)评标委员会的职责是依据招标文件确定的评标标准和方法，对进入开标程序的投标文件进行系统评审和比较，无权修改招标文件中已经公布的评标标准和方法。

(2)评标委员会对招标文件中评标标准和方法产生疑义时，招标人或其委托的招标代理机构要进行解释。

(3)招标人接收评标报告时，应该对评标委员会是否遵守招标文件确定的评标标准和方法，评标报告是否有算术性错误，签字是否齐全等内容，发现问题应要求评标委员会及时更正。

(4)评标委员会成员及招标人或其委托的招标代理机构参与评标的人员应该严格保密，不得泄露任何信息。评标结束后，招标人应将评标的各种文件资料、记录表、草稿纸收回归档。

二、项目施工评标办法实战

(一)经评审的最低投标价法

经初步评审合格并进行算术性错误修正后的投标报价，按招标文件约定的方法、因素和标准进行量化折算，计算评标价。评标价计算通常包括工程招标文件引起的报价内容范围差异、投标人遗漏的费用、投标方案租用临时用地的数量、提前竣工的效益等直接反映价格的因素。使用外币项目，应根据招标文件的约定，需将不同外币报价金额按招标文件约定日期的汇率转换为约定的货币金额进行比较。

一般简单工程往往忽略以上价格的评标量化因素时，便直接采用投标报价进行比较。

【案例分析 4-1】 经评审的最低投标价法工程评标实例。

[背景] 某工程施工项目采用资格预审方式招标，并采用经评审最低投标价法进行评标。招标文件规定工期为 30 个月，工期每提前 1 个月给招标人带来的预期效益为 50 万元；招标人提供临时用地 500 亩*，临时用地每亩*用地费为 6 000 元，评标价的折算考虑以下两个因素：

(1)投标人所报的租用临时用地的数量。

(2)提前竣工的效益。

现有 3 个投标人进行投标，且 3 个投标人均通过了初步评审，评标委员会对经算术性修正后的投标报价进行详细评审。评审过程中发现：

(1)投标人 A：算术性修正后的投标报价为 6 000 万元，提出需要临时用地 400 亩*，承诺的工期为 28 个月。

(2)投标人 B：算术性修正后的投标报价为 5 500 万元，提出需要临时用地 500 亩*，承诺的工期为 29 个月。

(3)投标人 C：算术性修正后的投标报价为 5 000 万元，提出需要临时用地 550 亩*①，承诺的工期为 30 个月。

[问题] 根据评审结果，试推选第一中标候选人。

【参考答案】

根据背景材料可知，各投标人折算后的评标价计算过程如下：

(1)临时用地因素的调整：

投标人 A：(400－500)×6 000＝－600 000(元)

投标人 B：(500－500)×6 000＝0(元)

投标人 C：(550－500)×6 000＝300 000(元)

---

① *1 亩≈666.667 平方米．

(2)提前竣工因素的调整：

投标人 A：(28－30)×500 000＝－1 000 000(元)

投标人 B：(29－30)×500 000＝－500 000(元)

投标人 C：(30－30)×500 000＝0(元)

评标价格比较见表 4-8。

表 4-8 评标价格比较

项目	投标人 A 报价/元	投标人 B 报价/元	投标人 C 报价/元
算术性修正后的投标报价	60 000 000	55 000 000	50 000 000
临时用地因素导致投标报价的调整	－600 000	0	300 000
提前竣工因素导致投标报价的调整	－1 000 000	－500 000	0
评标价	58 400 000	54 500 000	50 300 000
排序	3	2	1

投标人 C 是经评审的投标价最低，评标委员会推荐其为第一中标候选人。

(二)综合评估法

综合评估法的详细评审是一个综合评价过程，评价内容通常包括投标报价、施工组织设计、项目管理机构、其他因素等。

1. 投标报价评审

综合评估法中，投标报价占据重要的权重值，首先要确定衡量最合理报价的评价标准，一般称之为“评标基准价”，表示这个评标基准价的投标报价将视为最合理的报价，其报价评分将得满分，偏离该基准价的投标报价将按设定的规则依次扣分。

评标基准价的计算方式为：标段有效的投标报价去掉一个最高值和一个最低值后的算术平均值(在投标人数量较少时，也可以不去掉最高值和最低值)，或该平均值再乘以一个合理下降系数，即可作为本标段的评标基准价。

有效投标报价定义为：符合招标文件规定，报价未超出招标控制价(如有)的投标报价。根据评标基准价，即可计算投标报价评分，通常采用等于评标基准价的投标报价得满分，每高于或低于评标基准价一个百分点扣一定的分值，可用数学公式表述清楚：

$$F_1=F-\frac{|D_1-D|}{D}\times100\times E$$

式中 F_1——投标价得分；

F——投标报价分值权重；

D_1——投标人的投标价；

D——评标基准价；

E——设定投标报价高于或低于评标基准价一个百分点应该扣除的分值，$D_1\geqslant D$ 时的 E 值可比 $D_1<D$ 时的 E 值大。

评标基准价确定后在整个评标期间应保持不变，并且应特别阐明计算评标基准价的范围、条件。因为评标基准价的变动，将直接影响整个评标结果，所以在计算评标基准价时，不应该有任何不确定因素或歧义。

2. 施工组织设计评审

可根据项目技术特点和外部环境情况来确定，常用评审因素有以下几项：

(1)施工部署的完整性、合理性。

(2)施工方案与方法的针对性、可行性。

(3)工程质量管理体系与措施的可靠性。

(4)工程进度计划与措施的可靠性。

(5)安全管理体系与措施的可靠性。

(6)环境管理体系与措施。

(7)文明施工和文物保护体系及保障措施。

(8)施工机械设备配置的数量、性能、匹配性。

(9)劳动力配置的适用性。

(10)其他技术支持体系。

除此之外，还应注意施工组织设计的施工方案、资源投入等与投标报价组成的匹配性、一致性。

3. 项目管理机构评审

项目管理机构评审内容主要包括项目管理机构设置的合理性、项目经理、技术负责人、其他主要技术人员的任职资格、近年类似工程业绩及专业结构等。

4. 其他评标因素

其他评标因素包括投标人财务能力、业绩与信誉等。财务能力评标因素包括投标人注册资本、净资产、资产负债率和主要营业收入的比值，银行授信额度等；业绩与信誉的评标因素包括投标人在规定时间内已有类似项目业绩的数量、规模和成效。政府或行业建立的诚信评价系统对投标人的诚信评价等。

【案例分析 4-2】 综合评估法评标实例。

［背景］ 某工程施工项目采用资格预审方式招标，并采用综合评估法进行评标。其中投标报价权重为 60 分、技术评审权重为 40 分。共有 5 个投标人进行投标，所有 5 个投标人均通过了初步评审，评标委员会按照招标文件规定评标办法对施工组织设计、项目管理机构、设备配置、财务能力、业绩与信誉进行详细评审打分，其中施工组织设计：10 分；项目管理机构：10 分；设备配置：5 分；财务能力：5 分；业绩与信誉：10 分。

(1)投标报价的评审。除开标现场被宣布为废标的投标报价之外，所有投标人的投标价去掉一个最高值和一个最低值后的算术平均值即为投标价平均值(如果参与投标价平均值计算的有效投标人少于或等于 5 家时，则计算投标价平均值时不去掉最高值和最低值)。投标价平均值直接作为评标基准价。

评标委员会将首先按下述原则计算各投标文件的投标价得分：当投标人的投标价等于评标基准价 D 时得 60 分，每高于 D 一个百分点扣 2 分，每低于 D 一个百分点扣 1 分，中间值按比例内插(得分精确到小数点后 2 位，四舍五入)。

用公式表示如下：

$$F_1 = F - \frac{|D_1 - D|}{D} \times 100 \times E$$

式中 F_1——投标价得分；

F——当投标报价等于评标基准价时得满分，为 60 分；

D_1——投标人的投标价；

D——评标基准价。

若 $D_1 \geqslant D$，则 $E=2$；若 $D_1<D$，则 $E=1$。

(2)技术管理能力的评审。技术管理能力的评审内容主要包括施工组织设计评审以及项目管理机构的评审两部分。施工组织设计及项目管理机构评审标准见表 4-9。

表 4-9　施工组织设计及项目管理机构评审标准

序号	评审内容	评审标准	
1	施工组织设计（10 分）	1.1	施工总平面布置基本合理，组织机构图较清晰，施工方案基本合理，施工方案基本可行，有安全措施及雨季施工措施，并具有一定的操作性和针对性，施工重点难点分析较突出，较清晰，得基本分 6 分
		1.2	施工总平面布置合理，组织机构图清晰，施工方案合理，施工方法可行，安全措施及雨期施工措施齐全，并具有较强的操作性和针对性，施工重点难点分析突出，清晰，得 7～8 分
		1.3	施工总平面布置合理且周密细致，组织机构图很清晰，施工方案具体、详细、科学，施工方法先进，施工工序安排合理，安全措施及雨期施工措施齐全，操作性和针对性强，施工重点难点分析突出，清晰，对项目有很好的针对性和指导作用，得 9～10 分
2	项目管理机构（10 分）	2.1	项目管理机构设置基本合理，项目经理、技术负责人、其他主要技术人员的任职资格与业绩满足招标文件的最低要求，得 6 分
		2.2	项目管理机构设置合理，项目经理、技术负责人、其他主要技术人员的任职资格与业绩高于招标文件的最低要求，评标委员会酌情加 1～4 分

(3)其他评标因素包括设备配置、财务能力、业绩与信誉。设备配置、财务能力、业绩与信誉评审标准见表 4-10。

表 4-10　设备配置、财务能力、业绩与信誉评审标准

序号	评审内容	评审标准
1	设备配置（5 分）	设备满足招标文件最低要求，得 3 分；设备超出招标文件最低要求，评标委员会酌情考虑加 1～2 分
2	财务能力（5 分）	财务能力满足招标文件最低要求，得 3 分；财务能力超出招标文件最低要求，评标委员会酌情考虑加 1～2 分
3	业绩与信誉（10 分）	业绩与信誉满足招标文件最低要求，得 6 分；业绩与信誉超出招标文件最低要求，评标委员会酌情考虑加 1～4 分

(4)评标委员会依照招标文件评标办法对各投标人的投标报价、技术评审进行了量化打分。经评审各投标人投标报价得分见表 4-11，技术评审得分见表 4-12。

表 4-11　投标报价得分计算表

投标人	投标报价/万元	投标报价平均值/万元	投标报价得分
投标人 A	1 000	1 000	60 分
投标人 B	950		55 分
投标人 C	980		58 分
投标人 D	1 050		50 分
投标人 E	1 020		56 分

表 4-12　技术评审得分计算表

序号	评标因素	满分	投标人 A	投标人 B	投标人 C	投标人 D	投标人 E
1	施工组织设计	10 分	8 分	9 分	8 分	7 分	8 分
2	项目管理机构	10 分	7 分	9 分	6 分	8 分	8 分
3	设备配置	5 分	4 分	4 分	3 分	3 分	4 分
4	财务能力	5 分	3 分	4 分	4 分	5 分	3 分
5	业绩与信誉	10 分	7 分	10 分	9 分	6 分	8 分
合　计		40 分	29 分	36 分	30 分	29 分	31 分

［问题］ 根据评审结果，试推选中标候选人。

【参考答案】 根据背景资料可知，各投标人综合评分及排序见表 4-13。

表 4-13　综合评分及排序表

投标人	报价得分	技术评审得分	总分	排序
投标人 A	60 分	29 分	89 分	2
投标人 B	55 分	36 分	91 分	1
投标人 C	58 分	30 分	88 分	3
投标人 D	50 分	29 分	79 分	5
投标人 E	56 分	31 分	87 分	4

按综合评分排序，评标委员会依次推选投标人 B、A、C 为中标候选人。

(三)两阶段评标法

两阶段评标法是指对投标文件的评审分为两阶段进行，首先进行技术评审，然后进行商务评审。评标委员会对投标文件的技术标进行评审，按可行与不可行两个指标评定，只有技术标可行的投标文件才能进入商务评审，最后按综合得分确定中标候选人。

【案例分析 4-3】 两阶段评标法评标实例。

［背景］ 某工程采用公开招标方式，有 A、B、C、D、E、F 六家承包商参加投标，经资格预审该六家承包商均满足业主要求。该工程采用两阶段评标法评标，评标委员会由 7 名委员组成，评标的具体规定如下：

1. 第一阶段评技术标

技术标共计 40 分，其中施工方案 15 分，总工期 8 分，工程质量 6 分，项目班子 6 分，企业信誉 5 分。

技术标各项内容的得分，为各评委评分去除一个最高分和一个最低分后的算术平均数。

技术标合计得分不满 28 分者，不再评其商务标。

表 4-14 为各评委对六家承包商施工方案评分的汇总表。表 4-15 为各承包商总工期、工程质量、项目班子、企业信誉得分汇总表。

表 4-14　施工方案评分汇总表

评委 投标单位	一	二	三	四	五	六	七	平均得分
A	13.0	11.5	12.0	11.0	11.0	12.5	12.5	11.9
B	14.5	13.5	14.5	13.0	13.5	14.5	14.5	14.0
C	12.0	10.0	11.5	11.0	10.5	11.5	11.5	11.1
D	14.0	13.5	13.5	13.0	13.5	14.0	14.5	13.7
E	12.5	11.5	12.0	11.0	11.5	12.5	12.5	11.9
F	10.5	10.5	10.5	10.0	9.5	11.0	10.5	10.4

表 4-15　承包商总工期、工程质量、项目班子、企业信誉得分汇总表

投标单位	总工期	工程质量	项目班子	企业信誉
A	6.5	5.5	4.5	4.5
B	6.0	5.0	5.0	4.5
C	5.0	4.5	3.5	3.0
D	7.0	5.5	5.0	4.5
E	7.5	5.0	4.0	4.0
F	8.0	4.5	4.0	5.5

2. 第二阶段评商务标

商务标共计 60 分。以标底的 50％与承包商报价算术平均数的 50％之和为基准价，但最高(或最低)报价高于(或低于)次高(或次低)报价的 15％者，在计算承包商算术平均数时不予考虑，且商务标得分为 15 分。

以基准价为满分(60 分)，报价经基准价每下降 1％，扣 1 分，最多扣 10 分；报价比基准价每增加 1％，扣 2 分，扣分不保底。

标底和各承包商的报价汇总表见表 4-16。

表 4-16　标底和各承包商报价汇总表

投标单位	A	B	C	D	E	F	标底
报价	13 656	11 108	14 303	13 098	13 241	14 125	13 790

3. 技术标计算结果保留一位小数，商务标和综合得分计算结果保留两位小数。

[问题]

(1)请按综合得分最高者中标的原则确定中标单位。

(2)若该工程不编制标底，以各承包商报价的算术平均数作为基准价，其余评标规定不变，试按原定标原则确定中标单位。

【参考答案】

[问题 1]

(1)计算各投标单位技术标得分见表 4-17。

表 4-17　技术标得分表

投标单位	施工方案	总工期	工程质量	项目班子	企业信誉	合计
A	11.9	6.5	5.5	4.5	4.5	32.9
B	14.0	6.0	5.0	5.0	4.5	34.5
C	11.1	5.0	4.5	3.5	3.0	27.1
D	13.7	7.0	5.5	5.0	4.5	35.7
E	11.9	7.5	5.0	4.0	4.0	32.4
F	10.4	8.0	4.5	4.0	5.5	32.4

由于承包商 C 的技术标仅得 27.1 分，小于 28 分的最低限，按规定，不再评其商务标，实际上已作为废标处理。

(2)计算各承包商的商务标得分见表 4-18。

表 4-18　商务标得分表

投标单位	报价/万元	报价与基准价的比例/%	扣分	得分
A	13 656	(13 656/13 660)×100=99.97	(100−99.97)×1=0.03	59.97
B	11 108			15.00
D	13 098	(13 098/13 660)×100=95.89	(100−95.89)×1=4.11	55.89
E	13 241	(13 241/13 660)×100=96.93	(100−96.93)×1=3.07	56.93
F	14 125	(14 125/13 660)×100=103.40	(103.40−100)×2=6.80	53.20

因为(13 098−11 108)/13 098=15.19%>15%，(14 125−13 656)/13 656=3.43%<15%，所以承包商 B 报价(11 108 万元)在计算基准价时不予考虑。则：

基准价=13 790×50%+(13 656+13 098+13 241+14 125)/4×50%=13 660(万元)

(3)计算各承包商的综合得分见表 4-19。

表 4-19　综合得分表

投标单位	技术得分	商务得分	综合得分
A	32.9	59.97	92.87
B	34.5	15.00	49.50
D	35.7	55.89	91.59
E	32.4	56.93	89.33
F	32.4	53.20	85.60

因为承包商 A 综合得分最高，故应选择其为中标单位。

[问题 2]

(1)计算各承包商的商务标得分见表 4-20。

(13 656+13 098+13 241+14 125)/4=13 530(万元)

表 4-20　商务标得分表

投标单位	报价/万元	报价与基准价的比例/%	扣分	得分
A	13 656	(13 656/13 530)×100=100.93	(100.93−100)×2=1.86	58.14
B	11 108			15.00

续表

投标单位	报价/万元	报价与基准价的比例/%	扣分	得分
D	13 098	(13 098/13 530)×100=96.81	(100−96.81)×1=3.19	56.81
E	13 241	(13 241/13 530)×100=97.86	(100−97.86)×1=2.14	57.86
F	14 125	(14 125/13 530)×100=104.40	(104.40−100)×2=8.80	51.2

(2)计算各承包商的综合得分见表4-21。

表4-21　综合得分表

投标单位	技术得分	商务得分	综合得分
A	32.9	58.14	91.04
B	34.5	15.00	49.50
D	35.7	56.81	92.51
E	32.4	57.86	90.26
F	32.4	51.2	83.60

因为承包商D综合得分最高，故应选择其为中标单位。

任务三　项目施工中标与签订合同

一、确定中标人的原则、步骤

(一)确定中标人的原则

(1)采用综合评估法的，能够最大限度满足招标文件中规定的各项综合评价标准。

(2)采用经评审的最低投标价法的，能够满足招标文件的实质性要求，并且经评审的投标价格最低，但是投标价格低于成本的除外。

另外，使用国有资金投资或者国家融资的项目以及其他依法必须招标的项目，招标人应当确定排名第一的中标候选人为中标人。排名第一的中标候选人放弃中标、因不可抗力提出不能履行合同，或者招标文件规定应当提交履约保证金而在规定的期限内未能提交的，招标人可以确定排名第二的中标候选人为中标人。排名第二的中标候选人因前款规定的同样原因不能签订合同的，招标人可以确定排名第三的中标候选人为中标人。

招标人可以授权评标委员会直接确定中标人。

(二)确定中标人的步骤

(1)确定中标人一般在评标结果已经公示，没有质疑、投诉或质疑、投诉均已处理完毕时。

(2)在确定中标人之前后，招标人不得与投标人就投标价格、投标方案等实质性内容进行谈判。

(3)如果中标人授权评标委员会直接确定中标人的，应在评标报告形成后确定中标人。

二、中标通知书

中标通知书是指招标人在确定中标人后向中标人发出的书面文件。中标通知书的内容应当简明扼要，通常只需告知投标人招标项目已经中标，并确定签订合同的时间、地点即可。中标通知书发出后，对招标人和中标人均具有法律约束力，如果招标人改变中标结果的，或者中标人放弃中标项目的，应当依法承担相应的法律责任。

(1)中标人确定后，招标人应当向中标人发出中标通知书，并同时将中标结果通知所有未中标的投标人。中标通知书、中标结果通知书、确认通知分别见表4-22、表4-23和表4-24。

(2)中标通知书的发出时间不得超过投标有效期的时效范围。

(3)中标通知书需要载明签订合同的时间和地点。需要对合同细节进行谈判的，中标通知书上需要载明合同谈判的有关安排。

(4)中标通知书可以载明提交履约担保等投标人需要注意或完善的事项。

课堂活动

分组讨论并回答以下两个“?”。(小提示：“?”只代表“围标”或者是“陪标”)

(1)招标人与投标人之间或者投标人与投标人之间采用不正当手段，对招标投标事项进行串通，以排挤竞争对手或者损害招标人利益的行为被称为“?”。

(2)某一承包商联系几家关系单位参加投标，为确保其能够中标，这种被伙同进行围标的单位的行为被称为“?”。

表4-22　中标通知书

中标通知书

__________(中标人名称)：

你方于__________(投标日期)所递交的__________(项目名称)__________标段施工投标文件已被我方接受，被确定为中标人。

中标价：__________元。

工　期：__________日历天。

工程质量：符合__________标准。

项目经理：__________(姓名)。

请你方在接到本通知书后的__________日内到__________(指定地点)与我方签订施工承包合同，在此之前按招标文件“投标人须知”规定向我方提交履约担保。

特此通知。

招标人：________________(盖单位章)

法定代表人：________________(签字)

____年____月____日

表 4-23　中标结果通知书

中标结果通知书

__________(未中标人名称)：

我方已接受__________(中标人名称)于__________(投标日期)所递交的__________(项目名称)__________标段施工投标文件，确定

__________(中标人名称)为中标人。

感谢你单位对我方工作的大力支持！

招标人：________________(盖单位章)

法定代表人：________________(签字)

____年____月____日

表 4-24　确认通知

确认通知

__________(招标人名称)：

你方____年____月____日发出的__________(项目名称)__________标段施工招标关于__________的通知，我方已于____年____月____日收到。

特此确认。

投标人：__________(盖单位章)

____年____月____日

三、签订合同

招标人和中标人应当自中标通知书发出之日起30日内，按照招标文件和中标人的投标文件订立书面合同。招标人和中标人不得再行订立背离合同实质性内容的其他协议。一般应经过以下步骤：

(1)中标人按招标文件要求向招标人提交履约保证金。履约保证金不得超过中标合同金额的10%。

(2)双方签订合同协议书，并按法律、法规规定向有关行政监督部门备案、核准或登记。

(3)招标人退还投标保证金，投标人退还招标文件约定的设计图纸等资料。

当然，建设工程邀请招标的程序基本上与公开招标相同。其不同之处只是邀请招标没有资格预审的步骤，而增加了发出投标邀请书的步骤。

学生实训园

实训项目：模拟投标、开标和评标过程

一、实训目的

1. 掌握项目施工投标、开标和评标的工作要点；
2. 体验工程投标、开标和评标的活动氛围。

二、材料准备

1. 工程招标文件；
2. 工程投标书；
3. 开标会场；
4. 评标会场。

三、实训步骤

第一步：分配角色。分别由学生来担任招标人代表、投标人代表、开标主持人、唱标人员、记录人员、评标专家和监管机构人员等角色；

第二步：模拟工程投标；

第三步：模拟工程开标；

第四步：模拟工程评标；

第五步：编写评标报告。

四、实训成果要求

1. 学生模拟出“投标、开标、评标过程”的工作程序；
2. 在教师指导下独立地完成评标报告的编写；
3. 在教学规定的实训时间内完成全部内容。

五、实训注意事项

1. 投标单位(小组)不小于3家；
2. 充分发挥学生的积极性、主动性与创造性；
3. 评标专家根据招标文件的评标办法对各投标文件进行评审，并给出评标报告。

练习与思考

一、填空题

1. 开标由__________主持，邀请所有投标人参加。开标时，由投标人或者其推选的代表检查投标文件的__________情况，也可以由招标人委托的__________检查并公证，经确认无误后，由工作人员当众拆封，宣读投标人名称、投标价格和投标文件的其他主要内容。

2. 至投标截止时间提交投标文件的投标人少于__________的，不得开标，招标人应将接收的投标文件原封退回投标人，并依法__________组织招标。

3.《招标投标法》规定，依法必须进行招标的项目，其评标委员会由招标人的代表和有关技术、经济等方面的专家组成，成员人数为__________以上单数，其中技术、经济等方面的专家不得少于成员总数的__________。

4. 招标项目一般在开标后即组织评标委员会评标。评标分为__________和__________两个阶段。

5. 算术性错误修正原则：投标文件中的大写金额与小写金额不一致的，以__________金额为准；总价金额与依据单价计算出的结果不一致的，以__________金额为准，但单价金额小数点有明显错误的除外。

二、选择题

1.《评标委员会和评标方法暂行规定》规定，有下列(　　)情形之一的，不得担任评标委员会成员。

A. 投标人或者投标人主要负责人的近亲属

B. 项目主管部门的人员

C. 与投标人虽有经济利益关系，但不影响对投标公正评审的

D. 曾因在招标、评标以及其他与招投标有关活动中从事违法行为而受过行政处罚或刑事处罚

E. 行政监督部门的人员

2. 作废标处理的一般情形有(　　)。

A. 投标文件无单位盖章且无法定代表人或其授权代理人签字或盖章的，或者虽有代理人签字但无法定代表人出具的授权委托书的

B. 按照招标文件要求提交投标保证金的

C. 投标人提交两份或多份内容不同的投标文件，或在同一份投标文件中对同一招标项目有两个或多个报价，且未声明哪一个为最终报价的，但按招标文件要求提交备选投标的除外

D. 投标人名称或者组织结构与资格预审时不一致且未提供有效证明的

E. 串通投标、以行贿手段谋取中标、以他人名义或者其他弄虚作假方式投标的

3. 常见重大偏差的情形有(　　)。

A. 没有按照招标文件要求提供投标担保或者所提供的投标担保有瑕疵

B. 投标文件载明的招标项目完成期超过招标文件规定的期限

C. 投标文件没有投标人授权代表签字和加盖公章

D. 明显符合技术规格、技术标准的要求

E. 投标文件载明的货物包装方式、检验标准和方法等符合招标文件的要求

4. 评标报告应记载内容包括(　　)。

A. 基本情况和数据表

B. 评标委员会成员及项目招投标监管机构人员名单

C. 评标标准、评标方法或者评标因素一览表

D. 经评审的投标人排序

E. 澄清、说明、补正事项纪要

5. 招标人和中标人应当自中标通知书发出之日起(　　)日内，按照招标文件和中标人的投标文件订立书面合同。

A. 30　　B. 20　　C. 15　　D. 5

三、简答题

1. 开标的一般基本工作程序是什么?

2. 评标专家享有的权利和义务各有哪些?

3. 简述评标委员会在评标工作中的基本要求。

4. 什么是细微偏差? 评标委员应对细微偏差怎样处理?

5. 简述确定中标人的原则。

四、案例分析

[背景] 某建设项目，由于技术难度大，对施工单位的施工设备和同类工程施工经验要求高，而且对工期的要求也比较紧迫。业主在对有关单位和在建工程考察的基础上，于2010年3月20日向具备承担该项目能力的甲、乙、丙三家承包商发出投标邀请书，招标人预先与咨询单位和被邀请的这3家承包商共同研究确定了施工方案。经招标工作小组确定的评标指标及评分方法如下：

(1)报价不超过标底(35 500万元)的±5%者为有效标，超过者为废标。报价为标底的98%者得100分，在此基础上，报价比标底每下降1%，扣1分，每上升1%，扣2分(计分按四舍五入取整)。

(2)定额工期为500天，评分方法是：工期提前10%为100分，在此基础上每拖后5天扣2分。

(3)企业信誉和施工经验得分在资格审查时评定。

(4)上述四项评标指标的总权重分别为：投标报价占45%；投标工期占25%；企业信誉和施工经验均为15%；各投标单位的有关情况见表4-25。

表4-25　投标单位一览表

投标单位	报价/万元	总工期/天	企业信誉得分	施工经验得分
甲	35 642	460	95	100
乙	34 364	450	95	100
丙	33 867	460	100	95

[问题] 请按综合得分最高者中标的原则确定中标单位。

项目五

合同法认知与管理

知识目标

1. 熟悉《合同法》内容简介、基本原则、合同的内容、合同订立与效力。
2. 掌握合同的履行、变更、转让和终止。
3. 掌握违约责任与争议解决。

能力目标

1. 能运用《合同法》相关知识学习实际工程合同案例的编写。
2. 能运用《合同法》相关知识学习实际工程合同案例的履行、变更、转让和终止。
3. 能运用《合同法》相关知识学习实际工程合同案例的违约责任和争议解决。

任务一　认知合同订立与效力

合同是平等主体的自然人、法人、其他组织之间设立、变更、终止民事权利义务关系的协议。但婚姻、收养、监护等有关身份关系的协议，不应适用《合同法》，而应当适用其他法律的规定。

一、《合同法》内容简介

《合同法》由总则、分则和附则三部分组成。

总则部分包括：一般规定；合同的订立；合同的效力；合同的履行；合同的变更和转让；合同的权利义务终止；违约责任；其他规定，共 8 章。

分则部分包括：买卖合同；供用电、水、气、热力合同；赠与合同；借款合同；租赁合同；融资租赁合同；承揽合同；建设工程合同；运输合同；技术合同；保管合同；仓储合同；委托合同；行纪合同；居间合同，共 15 章。

二、《合同法》基本原则

《合同法》的基本原则为平等原则、自愿原则、公平原则、诚实信用原则、遵守法律法规和公序良俗原则。

(一)平等原则

合同当事人的法律地位平等，即在合同关系中当事人无论具有什么身份，相互之间享有民事权利和承担民事义务的资格是平等的，一方不得将自己的意志强加给另一方。

(二)自愿原则

自愿原则贯穿于合同全过程，在不违反法律、行政法规、社会公德的情况下：

(1)当事人依法享有自愿签订合同的权利。

(2)在订立合同时当事人有权选择对方当事人。

(3)合同构成自由。其主要包括合同的内容、形式、范围在不违法的情况下由双方自愿商定。

(4)在合同履行过程中，当事人可以通过协商修改、变更、补充合同内容，也可以协商解除合同。

(5)双方可以约定违约责任。

(三)公平原则

合同当事人应当遵循公平原则确定各方的权利和义务。在合同的订立和履行中，合同当事人应当正当行使合同权利和履行合同义务，兼顾他人利益，使当事人的利益能够均衡。在双务合同中，一方当事人在享有权利的同时，也要承担相应的义务，取得的利益要与付出的代价相适应。

(四)诚实信用原则

合同是在诚实信用的基础上签订的，合同目标的实现必须依靠合同双方真诚合作。如果双方缺乏诚实信用，则合同不可能顺利实施。诚实信用原则具体体现在合同签订、履行以及终止的全过程。

(五)遵守法律法规和公序良俗原则

遵守法律和公共良俗原则是对合同自愿原则的必要限制。当事人在订立、履行合同时，都应当遵守国家的法律，在法律的约束下行使自己的权利，不能违反公序良俗和损害社会公共利益。

三、合同订立与效力

《合同法》规定："当事人订立合同，采用要约、承诺方式"。要约与承诺，是当事人订立合同必经的程序，也是当事人双方就合同的一般条款经过协商一致并签署书面协议的过程。合同订立过程如图 5-1 所示。

(一)要约

1. 要约的概念

要约是指希望和他人订立合同的意思表示，该意思表示应当符合下列规定：①内容具体确定。②表明经受要约人承诺，要约人即受该意思表示约束。发出要约一方称为要约人，接受要约一方称为受要约人。

具体来讲，要约必须是特定人的意思表示，必须是以缔结合同为目的。要约必须是对相对人发出的行为，必须由相对人承诺，虽然相对人的人数可能为不特定的多数人。另外，要约必须具备合同的一般条款。

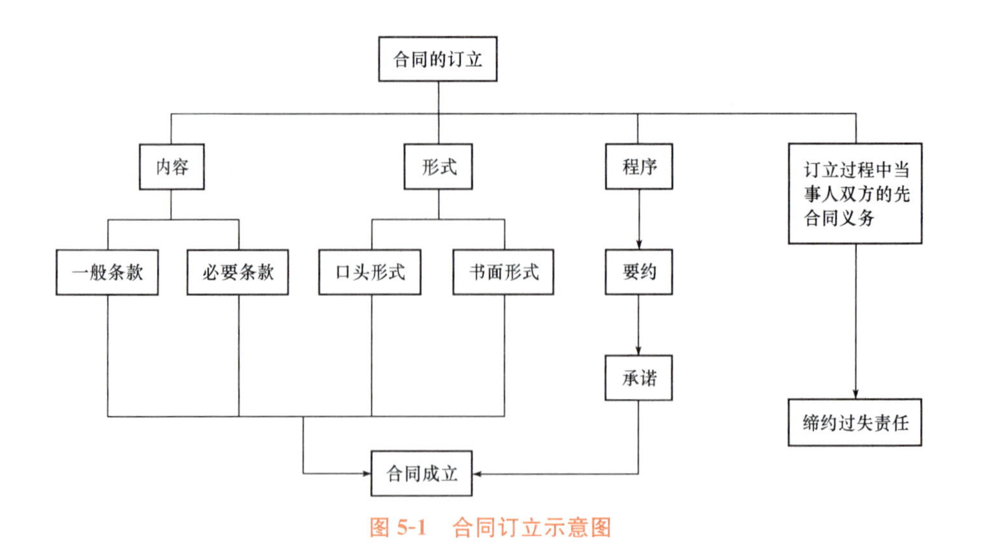

图 5-1　合同订立示意图

2. 要约邀请

要约邀请也称要约引诱，是希望他人向自己发出要约的意思表示(与要约的区别见表 5-1)。要约邀请并不是合同成立过程中的必经过程，它是当事人订立合同的预备行为，在法律上无须承担责任。例如，寄送的价目表、拍卖公告、招标公告、招股说明书、商业广告等为要约邀请。其中商业广告的内容符合要约规定的，应视为要约。

表 5-1　要约与要约邀请的区别

区别＼项目	要约	要约邀请
目的	以缔结合同为目的，是当事人自己主动愿意订立合同的意思表示	当事人仅表达某种意思，即希望对方主动向自己提出订立合同的意思表示
法效	有。要约人将自己置于一旦对方承诺，合同即告成立的地位	无。要约邀请人希望自己处于一种可以选择是否接受对方要约的地位
内容	十分确定	往往不确定

【案例分析 5-1】

［背景］ 2012 年 8 月 5 日，某小区李大叔宠物狗“Lulu”走失，在寻找未果的情况下，8 月6 日中午 12 点李大叔在小区内张贴寻狗启事，启事上附有“Lulu”的近期靓照并对其作了详细描述，末尾声称：“有发现者，请联系：136××××5656，酬金 1 000 元”。8 月6 日晚 19：20 分，小区保安张某发现该狗，并送回，不知寻狗启事之事。

［问题］

(1)该启事是要约还是要约邀请？请说明理由。

(2)小区保安张某得知该启事后，能否主张酬金 1 000 元？

(3)若将酬金 1 000 元改为必有重谢，该启事是要约还是要约邀请，请说明理由。

【参考答案】

［问题 1］

该启事是要约。理由：具备了要约的具体确定性。

[问题 2]

小区保安张某得知启事后，可以主张酬金 1 000 元。

理由：悬赏广告作为对不特定人发出的要约，具有约束性。

[问题 3]

要约邀请。理由：酬金 1 000 元改为必有重谢，该悬赏广告不满足要约的具体确定性，而成为要约邀请。

3. 要约效力

要约到达受要约人时生效。采用数据电文形式订立合同，收件人指定特定系统接收数据电文的，该数据电文进入该特定系统的时间，视为到达时间；未指定特定系统的，该数据电文进入收件人的任何系统的首次时间，视为到达时间。

《合同法》第 20 条规定，有下列情形之一的，要约失效：

(1)拒绝要约的通知到达要约人。

(2)要约人依法撤销要约。

(3)承诺期限届满，受要约人未作出承诺。

(4)受要约人对要约的内容作出实质性变更。

4. 要约撤回与撤销

要约撤回是指要约在发生法律效力之前，欲使其不发生法律效力而取消要约的意思表示。要约可以撤回。撤回要约的通知应当在要约到达受要约人之前或者与要约同时到达受要约人。

要约撤销是指要约人在要约生效后，取消要约，使之失去法律效力的意思表示。要约可以撤销。撤销要约的通知应当在受要约人发出承诺通知之前到达受要约人。

《合同法》规定，有下列情形之一的，要约不得撤销：

(1)要约人确定了承诺期限或者以其他形式明示要约不可撤销。

(2)受要约人有理由认为要约是不可撤销的，并已经为履行合同作了准备工作。

(二)承诺

1. 承诺的概念及特征

承诺是指受要约人同意要约的意思表示。承诺具有以下特征：

(1)承诺必须由受要约人作出。非受要约人向要约人作出的接受要约的意思表示是一种要约而非承诺。

(2)承诺只能向要约人作出。非要约对象向要约人作出的完全接受要约意思的表示也不是承诺，因为要约人根本没有与其订立合同的意愿。

(3)承诺必须在承诺期限内发出。超过期限，除要约人及时通知受要约人该承诺有效外，为新要约。

(4)承诺的内容应当与要约的内容一致。受要约人对要约的内容作出实质性变更的，视为新要约。有关合同标的、数量、质量、价款或者报酬、履行期限、履行地点和方式、违约责任和解决争议方法等的变更，是对要约内容的实质性变更。承诺对要约的内容作出非实质性变更的，除要约人及时表示反对或者要约表明承诺不得对要约的内容作出任何变更的以外，该承诺有效，合同的内容以承诺的内容为准。

2. 承诺的期限

承诺应当以通知的方式作出，但根据交易习惯或者要约表明可以通过行为作出承诺的除外。承诺应当在要约确定的期限内到达要约人。要约没有确定承诺期限的，承诺应当依照下列规定到达：

(1)要约以对话方式作出的，应当即时作出承诺，但当事人另有约定的除外。

(2)要约以非对话方式作出的，承诺应当在合理期限内到达。

要约以信件或者电报作出的，承诺期限自信件载明的日期或者电报交发之日开始计算。信件未载明日期的，自投寄该信件的邮戳日期开始计算。要约以电话、传真等快速通讯方式作出的，承诺期限自要约到达受要约人时开始计算。

3. 承诺的效力

承诺生效时合同即为成立。对于合同的生效时间，《合同法》规定，承诺通知到达要约人时生效。承诺不需要通知的，根据交易习惯或者要约的要求作出承诺的行为时生效。采用数据电文形式订立合同的，收件人指定特定系统接收数据电文的，该数据电文进入该特定系统的时间，视为到达时间；未指定特定系统的，该数据电文进入收件人的任何系统的首次时间，视为到达时间。

4. 承诺的撤回、超期和延误

(1)承诺的撤回。承诺的撤回是指承诺人阻止或者消灭承诺发生法律效力的意思表示。撤回承诺的通知应当在承诺通知到达要约人之前或者与承诺通知同时到达要约人。

(2)承诺的超期。受要约人超过承诺期限发出承诺的，除要约人及时通知受要约人该承诺有效的外，为新要约。但承诺因意外原因而迟延者，并非一概无效。

(3)承诺的延误。受要约人在承诺期限内发出承诺，按照通常情形能够及时到达要约人，但因其他原因承诺到达要约人时超过承诺期限的，除要约人及时通知受要约人因承诺超过期限不接受该承诺的外，该承诺有效。

【案例分析 5-2】

［**背景**］ 2013 年 11 月 10 日上午，原告吴某看到《××日报》上刊登一则“求购八台二手夯土机”的广告。广告上写着“如有货者，货物型号和价格再议。”

1. 11 月 10 日下午吴某发信件给被告李某，说自己要出售自己公司中的二手夯土机，数量八台，型号“××”。信件的最后提到：“如有意请回复洽谈。”

2. 在 11 月 13 日，被告人李某收到信件并回信提到：“夯土机型号满意，本人要以 1 600 元/台购买，交货地点 A 汽车站。如果对此要求满意，请答复，等候佳音至本月 21 日。”

3. 在 11 月 16 日，原告吴某收到回信，并准备了答复信。信件中写着：“同意条件，准备好了货物。”可由于吴某工作繁忙，这份回信就在 11 月 19 日下午才发出。

4. 11 月 21 日，吴某派人将八台二手“××”夯土机到 B 汽车站办理了托运手续，可就在货物到达 A 汽车站的 22 日李某才收到回信。于是，李某回电话给吴某表示货物已有，不需要货物。这样吴某向人民法院起诉了李某。

原告：吴某，男，33 岁，住址：××。

被告：李某，男，38 岁，住址：××。

诉讼要求：

1. 请求法院判处被告承担原告发货所支出的费用 1 100 元；

2. 支付赔偿金和货物保管费400元；

3. 支付诉讼费用。

[问题]

吴某的损失由谁来承担？请说明理由。

【参考答案】

吴某的损失自己承担。

理由：解决责任承担问题，就得分析两人之间的买卖合同的效力。本案中，吴某遭受了损失，表面上看是因为李某的不接受货物导致的。但本案吴某11月19日发出的信件属于迟发的承诺，买卖合同无效。所以，吴某的损失应由自己承担。

(三)合同的内容

合同的内容由当事人约定，一般包括以下条款。

1. 当事人的名称或者姓名和住所

明确合同主体，对了解合同当事人的基本情况，合同的履行和确定诉讼管辖具有重要的意义。合同包括自然人、法人、其他组织。自然人的姓名是指经户籍登记管理机关核准登记的正式用名。自然人的住所是指自然人有长期居住的意愿和事实的处所，即经常居住地。法人、其他组织的名称是指经登记主管机关核准登记的名称，如公司的名称以营业执照上的名称为准。法人和其他组织的住所是指它们的主要营业地或者主要办事机构所在地。

2. 标的

标的是合同当事人双方权利义务共同指向的对象。标的的表现形式为物、劳务、行为、智力成果、工程项目等。没有标的的合同是空的，当事人的权利义务无所依托。标的不明确的合同无法履行，合同也不能成立。所以，标的是合同的首要条款，签订合同时，标的必须明确、具体，必须符合国家法律和行政法规的规定。

3. 数量

数量是衡量合同标的多少的尺度，以数字和计量单位表示。没有数量或数量的规定不明确，当事人双方权利义务的多少，合同是否完全履行都无法确定。数量必须严格按照国家规定的法定计量单位填写，以免当事人产生不同的理解。

4. 质量

质量是标的内容的内在品质和外观形态的综合指标。签订合同时，必须明确质量标准。合同对质量标准的约定应该是准确而具体的，对于技术上较为复杂的和容易引起歧义的词语、标准，应当加以说明和解释。

对于强制性标准，当事人必须执行，合同约定的质量不得低于该强制性标准。对于推荐性标准，国家鼓励采用。当事人没有约定质量标准，如果有国家标准，则依国家标准执行；如果没有国家标准，则依行业标准执行；没有行业标准，则依地方标准执行；没有地方标准，则依企业标准执行。

5. 价款或者报酬

价款或者报酬是当事人一方向交付标的的另一方支付的货币。标的物的价款由当事人双方协商，但必须符合国家的物价政策，劳务酬金也是如此。合同条款中应写明有关银行结算和支付方法的条款。

6. 履行期限、地点和方式

(1)履行期限。履行期限是指当事人各方依照合同规定全面完成各自义务的时间。其包括合同的签订期、有效期和履行期。

(2)履行地点。履行地点是指当事人交付标的和支付价款或酬金的地点。其包括标的的支付、提取地点；服务、劳务或工程项目建设的地点；价款或劳务的结算地点。

(3)履行方式。履行方式是指当事人完成合同规定义务的具体方法。其包括标的的交付方式和价款或酬金的结算方式。

7. 违约责任

违约责任指是任何一方当事人不履行或者不适当履行合同规定的义务而应当承担的法律责任。当事人可以在合同中约定，一方当事人违反合同时，向另一方当事人支付一定数额的违约金；或者约定违约损害赔偿的计算方法。

8. 解决争议的方法

在合同履行过程中不可避免地会产生争议，为使争议发生后能够有一个双方都能接受的解决办法，应当在合同条款中对此作出规定。

(四)格式合同(条款)

1. 格式合同概念

格式合同又称标准合同，其是指由一方当事人为重复使用而预先拟定，并于缔约时未与对方协商的合同。如果当事人事先拟定只是合同中的部分条款，该类条款即称为格式条款，与该合同中的非格式条款相对应。

2. 对格式合同的重要规定

(1)提请注意和说明义务。采用格式条款订立合同的，提供格式条款的一方应当遵循公平原则确定当事人之间的权利和义务，并采取合理的方式提请对方注意免除或者限制其责任的条款，按照对方的要求，对该条款予以说明。

(2)格式条款的无效情形。提供格式条款一方免除其责任、加重对方责任、排除对方主要权利的，该条款无效。

3. 格式条款的解释

对格式条款的理解发生争议的，应当按照通常理解予以解释。对格式条款有两种以上解释的，应当作出不利于提供格式条款一方的解释。格式条款和非格式条款不一致的，应当采用非格式条款。

(五)缔约过失责任

1. 缔约过失责任的概念

缔约过失责任是指在合同缔结过程中，当事人一方或双方因自己的过失而致使合同不成立、无效或被撤销，应对信赖其合同为有效成立的相对人赔偿基于此项信赖而发生的损害。

2. 缔约过失责任的构成要件

(1)缔约一方受有损失。

(2)缔约当事人有过错。

(3)合同尚未成立。

(4)缔约当事人的过错行为与该损失之间有因果关系。

3. 承担缔约过失责任的情形

(1)假借订立合同，恶意进行磋商。

(2)故意隐瞒与订立合同有关的重要事实或者提供虚假情况。

(3)有其他违背诚实信用原则的行为。

(4)当事人在订立合同过程中知悉的商业秘密，无论合同是否成立，不得泄露或者不正当地使用。泄露或者不正当地使用该商业秘密给对方造成损失的，应当承担损害赔偿责任。

研讨与练习

2008 年 7 月，A 公司为采购一批价值约为 900 万元的设备，委托当地一家招投标公司组成评标委员会进行招投标活动。B 公司通过现场竞标后，经评标委员会评议被确定为中标单位。次日，评标委员会给 B 公司出具了“中标通知书”。但 A 公司通过考察，不同意确定 B 公司为中标人，并拒绝与 B 公司签订书面合同。

【问题】

(1)本案中招投标活动是否符合合同订立的“要约与承诺”程序?

(2)本案中设备采购合同是否成立?

(3)本案中 A 公司是否应承担缔约过失责任?

(六)合同的形式

合同的形式是指当事人意思表示一致的外在表现形式。《合同法》第 10 条规定：“当事人订立合同，有书面形式、口头形式和其他形式。”书面形式是指合同书、信件和数据电文(包括电报、电传、传真、电子数据交换和电子邮件)等可以有形地表现所载内容的形式；口头形式是当事人以口头语言形式表现合同内容的合同；其他形式则包括公证、鉴证、批准、登记等形式。

如果以合同形式的产生依据划分，合同形式分为法定书面形式和约定书面形式。法律、行政法规规定采用书面形式的，应当采用书面形式，则当事人不能对合同形式加以选择，如建设工程合同、借款合同、融资租赁合同等应当采用书面合同；而约定书面形式是指法律没有对合同形式作出要求，当事人可以约定合同采用的形式。

(七)合同的成立与生效

1. 合同成立

一般规定，承诺生效时合同成立。当事人采用合同书形式订立合同的，自双方当事人的签字或者盖章时合同成立。当事人采用合同书形式订立合同，但并未签字盖章，意味着当事人的意思表示未能最后达成一致，因而一般不能认为合同成立。双方当事人签字或盖章不在同一时间的，最后签字或者盖章时合同成立。而当事人采用信件、数据电文等形式订立合同，可以在合同成立之前要求签订确认书，合同自签订确认书时成立。

根据《合同法》第 36 条规定，法律、行政法规规定或者当事人约定采用书面形式订立合

同，当事人未采用书面形式但一方已经履行主要义务，对方接受的，该合同成立。此时可以从实际履行合同义务的行为中推定当事人已经形成了合意，并且成立了合同关系。当事人一方不得以未采取书面形式或未签字盖章为由否认合同关系的实际存在。

2. 合同生效

(1)合同生效应当具备条件。合同生效是指合同对双方当事人的法律约束力的开始。合同成立后，必须具备相应的法律条件才能生效，否则合同是无效的。合同生效应当具备下列条件：

1)当事人具有相应的民事权利能力和民事行为能力。

2)意思表示真实。

3)不违反法律或社会公共利益。

(2)合同的生效时间。

1)合同生效时间的一般规定。一般来说，依法成立的合同，自成立时生效。具体地讲：口头合同自受要约人承诺时生效；书面合同自当事人双方签字或者盖章时生效；法律规定应当采用书面形式的合同，当事人虽然未采用书面形式但已经履行全部或者主要义务的，可以视为合同有效。合同中有违反法律或社会公共利益的条款的，当事人取消或改正后，不影响合同其他条款的效力。

法律、行政法规规定应当办理批准、登记等手续生效的，依照其规定。

2)附条件和附期限合同的生效时间。当事人对合同的效力可以约定附条件或者约定附期限。附条件的合同包括附生效条件的合同和附解除条件的合同两类。附生效条件的合同自条件成就时生效；附解除条件的合同自条件成就时失效。当事人为自己的利益不正当地阻止条件成就的，视为条件已经成就；不正当地促成条件成就的，视为条件不成就。附期限的合同包括附生效期限的合同和附终止期限的合同两类。附生效期限的合同自期限界至时生效；附终止期限的合同自期限届满时失效。

(3)合同效力与仲裁条款。合同成立后，合同中的仲裁条款是独立存在的，合同的无效、变更、解除、终止，不影响仲裁协议的效力。如果当事人在施工合同中约定通过仲裁解决争议，不能认为合同无效将导致仲裁条款无效。若因一方的违约行为，另一方按约定的程序终止合同而发生了争议，仍然应当由双方选定的仲裁委员会裁定合同是否有效及对争议的处理。

3. 效力待定合同

效力待定合同是指已成立的合同生效要件存在瑕疵，须经有权补正人追认方为生效的合同。

(1)限制民事行为能力人订立的合同。限制民事行为能力人订立的合同，经法定代理人追认后，该合同有效，但纯获利的合同或者与其年龄、智力、精神健康状况相适应而订立的合同，不必经法定代理人追认。相对人可以催告法定代理人在 1 个月内予以追认。法定代理人未作表示的，视为拒绝追认。合同被追认之前，善意相对人有撤销的权利。撤销应当以通知的方式作出。

(2)无代理权人订立的合同。行为人没有代理权、超越代理权或者代理权终止后以被代理人名义订立的合同，未经被代理人追认，对被代理人不发生效力，由行为人承担责任。相对人可以催告被代理人在 1 个月内予以追认。被代理人未作表示的，视为拒绝追认。合同被追认之前，善意相对人有撤销的权利。撤销应当以通知的方式作出。行为人没有代理

权、超越代理权或者代理权终止后以被代理人名义订立合同，相对人有理由相信行为人有代理权的，该代理行为有效。

(3)表见代理人订立的合同。表见代理是善意相对人通过被代理人的行为足以相信无权代理人具有代理权的代理。基于此项信赖，该代理行为有效。善意第三人与无权代理人进行的交易行为(订立合同)，其后果由被代理人承担。表见代理的规定，其目的是保护善意的第三人。在现实生活中，较为常见的表见代理是采购员或者推销员拿着盖有单位公章的空白合同文本，超越授权范围与其他单位订立合同。此时其他单位如果不知采购员或者推销员的授权范围，即为善意第三人。此时订立的合同有效。

表见代理一般应当具备以下条件：

1)表见代理人并未获得被代理人的书面明确授权，是无权代理。

2)客观上存在让相对人相信行为人具备代理权的理由。

3)相对人善意且无过失。

(4)法定代表人、负责人越权订立的合同。法人或者其他组织的法定代表人、负责人超越权限订立的合同，除相对人知道或者应当知道其超越权限的以外，该代表行为有效。

(5)无处分权的人处分他人财产订立的合同。无处分权的人处分他人财产，经权利人追认或者无处分权的人订立合同后取得处分权的，该合同有效。

【案例分析 5-3】

［背景］ 甲方与乙方订立了一份建筑施工设备买卖合同，合同约定甲方向乙方交付5台设备，分别为设备1、设备2、设备3、设备4、设备5，总价款为100万元；乙方向甲方交付定金20万元，余下款项由乙方在半年内付清。双方还约定，在乙方向甲方未付清设备款之前，甲方保留该5台设备的所有权。甲方向乙方交付了该5台设备。

［问题］ 假设在设备款未付清之前，乙方与丁方达成一项转让设备4的合同，在向丁方交付设备4之前，该合同的效力如何？请说明理由。

【参考答案】

该合同效力待定。理由：在设备款未付清之前，设备4的所有权属于甲方，乙方无权处分。根据《合同法》规定，无处分权的人处分他人财产，经权利人追认或者无处分权的人订立合同后取得处分权的，该合同有效。该案例同时说明了合同签订中保留条款的效力。

4. 无效合同

(1)无效合同的概念。无效合同是指合同在欠缺某生效条件的情况下或者合同适用法律中规定的合同无效情形时，合同当然不产生效力，且绝对无效，自始无效。

(2)合同无效的情形。《合同法》第52条规定，有下列情形之一的，合同无效：

1)一方以欺诈、胁迫的手段订立合同，损害国家利益。

2)恶意串通，损害国家、集体或者第三人利益。

3)以合法形式掩盖非法目的。

4)损害社会公共利益。

5)违反法律、行政法规的强制性规定。

(3)无效合同的免责条款。无效合同免责条款是指当事人约定免除或者限制其未来责任的合同条款。当然，并不是所有的免责条款都无效，合同中的下列免责条款无效：

1)造成对方人身伤害的。

2)因故意或者重大过失造成对方财产损失的。

(4)无效合同的确认。无效合同的确认权归人民法院或者仲裁机构，合同当事人或其他任何机构均无权认定合同无效。

(5)无效合同的法律后果。

1)返还财产。由于无效合同自始没有法律约束力，因此，返还财产是处理无效合同的主要方式。合同被确认无效后，因该合同取得的财产，应当予以返还；不能返还的，应当折价补偿。

2)赔偿损失。合同确认无效后，有过错的一方应当赔偿对方因此所受到的损失，双方都有过错的，应当各自承担相应的责任。

3)追缴财产，收归国有。当事人恶意串通，损害国家、集体或者第三人利益的，因此，取得的财产收归国家所有或者返还集体、第三人。

5. 可变更或可撤销合同

可变更或可撤销合同，是指合同欠缺一定生效条件，但一方当事人可依照自己的意思使合同的内容变更或者合同的效力归于消灭的合同。如果当事人对合同的可变更或可撤销发生争议，只有人民法院或者仲裁机构有权变更或者撤销合同。

可变更或可撤销的合同不同于无效合同，当事人提出请求是合同被变更、撤销的前提，人民法院或者仲裁机构不得主动变更或者撤销合同。当事人如果只要求变更，人民法院或者仲裁机构不得撤销其合同。

《合同法》第54条规定，下列合同，当事人一方有权请求人民法院或者仲裁机构变更或者撤销：

(1)因重大误解订立的。

(2)在订立合同时显失公平的。

(3)一方以欺诈、胁迫的手段或者乘人之危，使对方在违背真实意思的情况下订立的合同，受损害方有权请求人民法院或者仲裁机构变更或者撤销。当事人请求变更的，人民法院或者仲裁机构不得撤销。

《合同法》第55条规定，有下列情形之一的，撤销权消灭：

(1)具有撤销权的当事人自知道或者应当知道撤销事由之日起1年内没有行使撤销权。

(2)具有撤销权的当事人知道撤销事由后明确表示或者以自己的行为放弃撤销权。

合同被撤销后的法律后果与合同无效的法律后果相同，也是返还财产，赔偿损失，追缴财产、收归国有三种。

任务二　学习合同的履行、变更、转让和终止

一、合同履行

(一)合同履行的概念

合同履行是指合同各方当事人按照合同的规定，全面履行各自的义务，实现各自的权利，使各方的目的得以实现的行为。如交付货物、提供服务、支付价款、完成工作、保守秘密等。

(二)合同履行的原则

1. 全面履行原则

《合同法》第60条中规定了合同的全面履行原则，要求当事人按合同约定的标的及其质量、数量，合同约定的履行期限、履行地点、适当的履行方式、全面完成合同义务。在此原则规定之下，当事人除应尽通知、协助、保密等义务外，还应当为合同履行提供必要的条件，以及防止损失扩大。

合同生效后，当事人就质量、价款或者报酬、履行地点等内容没有约定或者约定不明确的，可以协议补充；不能达成补充协议的，按照合同有关条款或者交易习惯确定。

当事人就有关合同内容约定不明确，按照上述办法仍不能确定的，适用下列规定：

(1)质量要求不明确的，按照国家标准、行业标准履行；没有国家标准、行业标准的，按照通常标准或者符合合同目的的特定标准履行。

(2)价款或者报酬不明确的，按照订立合同时履行地的市场价格履行；依法应当执行政府定价或者政府指导价的，按照规定履行。

(3)履行地点不明确，给付货币的，在接受货币一方所在地履行；交付不动产的，在不动产所在地履行；其他标的，在履行义务一方所在地履行。

(4)履行期限不明确的，债务人可以随时履行，债权人也可以随时要求履行，但应当给对方必要的准备时间。

(5)履行方式不明确的，按照有利于实现合同目的的方式履行。

(6)履行费用的负担不明确的，由履行义务一方负担。

如果执行政府定价或者政府指导价的，在合同约定的交付期限内政府价格调整时，按照交付时的价格计价。逾期交付标的物的，遇价格上涨时按照原价格执行；价格下降时按照新价格执行。逾期提取标的物或者逾期付款的，遇价格上涨时，按照新价格执行；价格下降时，按照原价格执行。

2. 协作履行原则

协作履行原则是指当事人不仅有义务履行自己的义务，同时，应当负有协助对方当事人履行合同的约定。

协作履行原则并不漠视当事人的各自独立的合同利益，不降低债务人所负债务的力度。在协作履行原则内容中，债务人履行合同债务，债权人应适当受领给付；债务人履行债务，债权人有义务主动为合同履行创造必要的条件，提供方便；如因特别事由，造成合同不能履行或不能完全履行时，当事人应当积极采取措施避免或减少损失，否则将就扩大的损失承担相应的义务。

3. 经济合理原则

经济合理原则要求在履行合同时，讲求经济效益，付出最小的成本，取得最佳的合同利益。在实际履行合同的过程当中，当事人选择最经济合理的方式履行合同义务，变更合同，对违约进行补救等约定都体现此原则。

4. 诚实信用原则

合同的履行是《合同法》的核心内容，当事人应当遵循诚实信用原则，根据合同的性质、目的和交易习惯履行通知、协助、保密等义务，以按照合同的约定全面履行自己的义务。

(三)合同履行中抗辩权

抗辩权是指在双务合同的履行中，双方都应当履行自己的债务，一方不履行或者有可能不履行时，另一方可以据此拒绝对方的履行要求。

1. 同时履行抗辩权

同时履行抗辩权是指当事人互负债务，没有先后履行顺序的，应当同时履行。同时履行抗辩权包括：一方在对方履行之前有权拒绝其履行要求；一方在对方履行债务不符合约定时，有权拒绝其相应的履行要求。

例如，施工合同中期付款时，对承包人施工质量不合格部分，发包人有权拒付该部分的工程款；如果发包人拖欠工程款，则承包人可以放慢施工进度，甚至停止施工，产生的后果，由违约方承担。

同时履行抗辩权的适用条件有以下几项：

(1)由同一双务合同产生互负的对价给付债务。

(2)合同中未约定履行的顺序。

(3)对方当事人没有履行债务或者没有正确履行债务。

(4)对方的对价给付是可能履行的义务。

所谓对价给付，是指一方履行的义务和对方履行的义务之间具有互为条件、互为牵连的关系并且在价格上基本相等。

2. 先履行抗辩权

先履行抗辩权又称为不安抗辩权，其是指合同中约定了履行的顺序，合同成立后发生了应当后履行合同一方财务状况恶化的情况，应当先履行合同一方在对方未履行或提供担保前有权拒绝先为履行。

应当先履行债务的当事人，有确切证据证明对方有下列情形之一的，可以中止履行：

(1)经营状况严重恶化。

(2)转移财产、抽逃资金，以逃避债务。

(3)丧失商业信誉。

(4)有丧失或者可能丧失履行债务能力的其他情形。

当事人中止履行合同时，应当及时通知对方。对方提供适当的担保时，应当恢复履行。中止履行后，对方在合理的期限内未恢复履行能力并且未提供适当的担保，中止履行的一方可解除合同。当事人没有确切证据中止履行的，应当承担违约责任。

3. 后履行抗辩权

后履行抗辩权包括以下两种情况：

(1)当事人互负债务，有先后履行顺序的，应当先履行的一方未履行时，后履行的一方有权拒绝对方的履行要求。

(2)当事人互负债务，有先后履行顺序的，应当先履行的一方履行债务不符合规定的，后履行的一方有权拒绝对方的履行要求。

例如，材料供应合同按照约定，应由供货方先行交付订购的材料后，采购方再行付款结算，若合同履行过程中供货方交付的材料质量不符合约定的标准，采购方有权拒付货款。

后履行抗辩权应满足的条件有以下几项：

(1)由同一双务合同产生互负的对价给付债务。

(2)合同中约定了履行的顺序。

(3)应当先履行的合同当事人没有履行债务或者没有正确履行债务。

(4)应当先履行的对价给付是可能履行的义务。

(四)合同不当履行的处理

1. 因债权人致使债务人履行困难的处理

合同生效后，当事人不得因姓名、名称的变更或法定代表人、负责人、承办人的变动而不履行合同义务。债权人分立、合并或者变更住所应及时通知债务人，如果没有通知债务人，致使履行债务发生困难的，债务人可以中止履行或者将标的物提存。

2. 提前或者部分履行的处理

提前履行是指债务人在合同规定的履行期限到来之前就开始履行自己的义务。部分履行是指债务人没有按照合同约定履行全部义务而只履行了自己的一部分义务。提前或者部分履行会给债权人行使权利带来困难或者增加费用。

债权人可以拒绝债务人提前或部分履行债务，但提前或部分履行不损害债权人利益的除外。债务人提前或部分履行债务给债权人增加的费用，由债务人负担。

3. 合同不当履行中的保全措施

保全措施是指在合同履行过程中，为了保护债权人的合法利益，预防因债务人的财产不当减少，而危害债权人的债权时，法律允许债权人为保全其债权的实现而采取法律保障措施。

(1)代位权。代位权是指因债务人怠于行使其到期债权，对债权人造成损害的，债权人可以向人民法院请求以自己的名义行使债务人的债权，但该债权专属于债务自身的除外。代位权的行使范围以债权人的债权为限。债权人行使代位权的必要费用，由债务人负担。

(2)撤销权。撤销权是指因债务人放弃其到期债权或者无偿转让财产，对债权人造成损害的，债权人可以请求人民法院撤销债务人的行为。债务人以明显不合理的低价转让财产，对债权人造成损害，并且受让人知道该情形的，债权人也可以请求人民法院撤销债务人的行为。撤销权的行使范围以债权人的债权为限。债权人行使撤销权的必要费用，由债务人负担。

撤销权自债权人知道或者应当知道撤销事由之日起 1 年内行使。自债务人的行为发生之日起 5 年内没有行使撤销权的，该撤销权消灭。

【案例分析 5-4】

［背景］ A 公司将新办公大楼工程承包给了 B 公司。双方在建筑工程承包合同中约定：工程款为 2 000 万元，工期为 1 年，工程完工后结清全部工程款。合同签订后，B 公司雇请工人甲、乙等 70 人开始施工。工程按期完工，B 公司将新办公大楼交给 A 公司使用，但 B 公司还欠工人甲、乙等工资合计 56 万元。甲、乙等人多次向 B 公司催要未果，于是向法院起诉了 B 公司，要求给付所欠工资。法院判决 B 公司败诉。但在判决执行过程中，B 公司的所有员工，包括其法定代表人均不见踪影。在查找 B 公司的财产过程中，甲、乙等人发现，A 公司还欠 B 公司工程款 180 万元未付。A 公司称，之所以未付清工程款，是因为新办公大楼的工程质量存在问题。A 公司同时称，工程完工后双方只进行一次结算，此后一年多，B 公司一直未向其主张过这笔工程款。甲、乙等人就 B 公司所欠的工程款向法院起

诉了A公司。

［问题］

1. 甲、乙等人起诉A公司所依据的是什么权利？

2. 甲、乙等人提起诉讼时，应当以谁的名义提出？

3. 甲、乙等人在诉讼中提出，要求A公司支付其欠B公司的全部180万元工程款。这种要求能否得到法院支持？请说明理由。

【参考答案】

［问题1］

甲、乙等人起诉A公司所依据是代位权诉讼。

［问题2］

甲、乙等人提起诉讼时，应当以甲、乙等人自己的名义提出。

［问题3］

甲、乙等人要求A公司偿还B公司欠款180万元得不到法院支持，最高限额为56万元及行使权利的费用之和。

二、合同的变更和转让

(一)合同的变更

合同变更是指当事人对已经发生法律效力，但尚未履行或者尚未完全履行的合同，进行修改或补充所达成的协议。《合同法》规定，当事人协商一致可以变更合同。

例如，标的数量的增减、价款的变化、履行时间、地点、方式的变化等，是合同的内容的变更。

(二)合同的权利转让

合同的权利转让也称为债权转让，其是指债权人通过协议将合同的权利全部或者部分的转让给第三人，但有下列情形之一的除外：

(1)根据合同性质不得转让。

(2)按照当事人约定不得转让。

(3)依照法律规定不得转让。

合同权利转让须通知债务人，未经通知的，该转让对债务人不发生效力。

(三)合同的义务转让

合同义务转让又称为债务转移，是指基于当事人协议或法律规定，由债务人转移全部或部分债务给第三人，第三人就转移的债务而成为新债务人的现象。广义的债务承担应包括免责的债务承担和并存的债务承担。所谓并存的债务承担，指原债务人并没有脱离债务的关系，而第三人加入债务的关系，并与债务人共同向同一债权人承担债务。

例如，在建设工程合同中，分包合同应当属于债务人与第三人，或者债权人、债务人与第三人之间共同约定，由第三人加入原有之债的情形。此处债权人即发包人，债务人即(总)承包人，第三人即分包人。如果在合同未明确约定的情况下，债务人与第三人承担连带责任。债务人也可以将合同义务的全部或者部分转让给第三人，但是应当经债权人同意。

债务转让的构成和效果与债权转让基本一致，但须注意的是，因为债权转让中不增加债务人的负担。故债权转让只要通知债务人，就可以对债务人发生效力。而在债务转移中，因为债务人履行能力本身存在差别，为合理保护债权的履行，故债务转让必须经过债权人同意才能够发生效力。

(四)合同权利义务的概括转让

合同权利义务的概括转让是指合同当事人一方在不改变合同的内容的前提下将其全部的合同权利义务一并转让给第三人。**《合同法》规定，当事人一方经对方同意，可以将自己在合同中的权利和义务一并转让给第三人。**合同权利义务的概括转让应当符合下列条件。

1. 合同权利义务的概括转让须以合法有效的合同存在为前提

合同尚未订立或合同关系已经解除，合同转让失去前提而不能成立；合同无效，依合同产生的权利义务自始无效，也不存在合同权利义务的概括转让；如果合同是可撤销合同，虽然在被撤销前合同权利义务可概括转让，但转让后，原合同当事人的撤销权应当视为已被放弃。

2. 合同权利义务的概括转让必须经对方同意

合同权利义务的概括转让必须经对方同意，在转让合同债权的同时也有债务的转让，为保护当事人的合法权益，不因合同权利义务的转让而使另一方受到损失，所以法律规定，必须经另一方当事人的同意，否则不产生法律效力。

3. 合同权利义务的概括转让包括合同一切权利义务的转移

合同一切权利义务的转移包括主权利和从权利、主义务和从义务的转移。但专属于债权人或债务人自身的权利义务除外。

4. 合同权利义务的概括转让达成协议

原合同当事人一方与第三人必须就合同权利义务的概括转让达成协议，且该协议应符合民事法律行为有效要件。

5. 合同权利义务的概括转移应当符合法律规定

例如，根据《合同法》的规定，当事人订立合同后合并的，由合并后的法人或者其他组织行使合同权利，履行合同义务。当事人订立合同后分立的，除债权人和债务人另有约定的以外，由分立的法人或者其他组织对合同的权利和义务享有连带债权，承担连带债务。关于合同中权利和义务概括转让不得违反法律规定，必须依法经有关批准方能成立的合同，合同权利义务的转让必须经原批准机关批准。

6. 合同权利义务的概括转让，还须遵循《合同法》相关规定

(1)《合同法》第 81 条规定，债权人转让权利的，受让人取得与债权有关的从权利，但该从权利专属于债权人自身的除外。

(2)《合同法》第 82 条规定，债务人接到债权转让通知后，债务人对让与人的抗辩，可以向受让人主张。

(3)《合同法》第 83 条规定，债务人接到债权转让通知时，债务人对让与人享有债权，并且债务人的债权先于转让的债权到期或者同时到期的，债务人可以向受让人主张抵销。

债务人将合同的义务全部或者部分转移给第三人的，应当经债权人同意；债务人转移义务的，新债务人可以主张原债务人对债权人的抗辩；债务人转移义务的，新债务人应当承担与主债务有关的从债务，但该从债务专属于原债务人自身的除外；法律、行政法规规定转让权利或者转移义务应当办理批准、登记等手续的，应依照其规定办理。

三、合同权利义务终止

(一)合同终止的概念和效力

合同权利义务终止又称合同的终止或合同的消灭，是指依法生效的合同，因具备法定的或者当事人约定的情形，造成合同权利义务的消灭。合同终止后，债权人不再享有合同权利，债务人也不必再履行合同义务。

根据《合同法》第 91 条的规定，有下列情形之一的，合同的权利义务终止：

(1)债务已经按照约定履行。

(2)合同解除。

(3)债务相互抵销。

(4)债务人依法将标的物提存。

(5)债权人免除债务。

(6)债权债务同归于一人。

(7)法律规定或者当事人约定终止的其他情形。

合同的终止并不是合同责任的终止。如果一方当事人严重违约而引起另一方当事人行使解除权，此时因解除而终止合同的并不能免除违约方的违约责任，也不应影响权利人行使请求损害赔偿的权利。

合同终止后，合同债权债务关系因此而消灭，这种债权债务关系是合同直接规定的，因此，合同终止后合同条款也相应地失去其效力，但仅是合同的履行效力终止，即为一方当事人请求另一方当事人履行合同义务的效力终止。但在实际中，合同终止后仍会产生遗留，当事人在缔约时一般应对此类情况作出约定。为实际满足合同权利义务双方之间的关系，《合同法》第 98 条规定，合同的权利义务终止，不影响合同中结算和清理条款的效力。

同时，根据《合同法》第 92 条规定，合同的权利义务终止后，当事人应当遵循诚实信用原则，根据交易习惯履行通知、协助、保密等义务。

(二)合同的解除

1. 合同解除的概念

合同的解除，是指合同成立生效后，当具备法律规定的合同解除条件或者当事人通过行使约定的解除权，因其一方或各方的意思表示而使合同关系归于消灭的行为。合同的解除可以概括分为法定解除和约定解除。

2. 法定解除和约定解除

(1)法定解除。法定解除是解除条件直接由法律规定的合同解除。当法律规定的解除条件具备时，当事人可以解除合同。《合同法》第 94 条规定，有下列情形之一的，当事人可以解除合同：

1)因不可抗力致使不能实现合同目的。

2)在履行期限届满之前，当事人一方明确表示或者以自己的行为表明不履行主要债务。

3)当事人一方迟延履行主要债务，经催告后在合理期限内仍未履行。

4)当事人一方迟延履行债务或者有其他违约行为致使不能实现合同目的。

5)法律规定的其他情形。

(2)约定解除。约定解除是当事人通过行使约定的解除权或者双方协商决定而进行的合

同解除。当事人协商一致可以解除合同，即合同的协商解除。当事人也可以约定一方解除合同的条件，解除合同条件成就时，解除权人可以解除合同，即合同约定解除权的解除。

研讨与练习

1.［背景］ 甲、乙订立一棉花购销合同，约定甲收购乙农场秋收后收获的全部棉花。不料，乙农场逢夏季洪水之灾，棉苗全被冲走，寸棉未收。

［问题］ 可否解除合同？请说明理由。

2.［背景］ 甲、乙于某年7月订立一买卖合同，标的是甲祖传一宋代钧窑瓷瓶，约定甲于当年9月1日交货。当年8月8日，甲约乙看瓶，并当乙之面掷瓶于地，当场摔坏。

［问题］ 乙可否解除合同？请说明理由。

任务三　认知违约责任与争议解决

一、违约责任的概念及构成要件

（一）违约责任的概念

违约责任是指合同当事人任何一方不履行合同义务或者履行合同义务不符合约定而应当承担的法律责任。

（二）违约责任的构成要件

违约责任的构成要件有违约行为和无免责事由两个方面。前者称为违约责任的积极要件；后者为违约责任的消极要件。

违约行为是指合同当事人违反合同义务的行为。违约行为据其形态大致可分为以下四类。

1. 不履行

不履行是指当事人不能履行或者拒绝履行合同义务。

2. 履行迟延

履行迟延是指合同当事人在合同履行时间上的不当履行。其分为以下三种情况：

（1）因可归责于债务人原因的债务人的迟延履行。例如在建筑材料买卖合同之中基于供货关系而存在卖方未按时履行合同而迟延交货的情形。

（2）因可归责于债权人原因的债权人的迟延履行。这又可分为两种情况，一种情况是债权人负有配合债务人履行的义务而不积极配合造成合同履行迟延；另一种情况是债权人无故拒绝接受债务人到期的履行。

（3）因不可归责于双方当事人的原因导致履行迟延。注意，此种情况下的履行迟延不构成违约。

3. 不完全履行

不完全履行分为瑕疵给付与加害给付。瑕疵给付主要是指给付在数量上不安全、不符

合质量要求、履行时间与履行地点不当、履行方法不符合约定；加害给付是引起履行有瑕疵而造成了债权人的人身或财产的损失。加害给付将有可能导致违约责任与侵权责任的竞合。

4. 预期违约

预期违约是指在合同履行期限到来之前，一方无正当理由而明确表示在履行期到来后将不履行合同，或者以其行为表明在履行期到来后将不可能履行合同。包括明示和默示两种情况。

违约责任的另一构成要件是在履行过程中不存在法定和约定的免责事由。法定的免责事由是指存在不可抗力。约定的免责事由是指当事人在不违背法律强制性规定的前提下，事先在合同中约定免除合同责任的事由。

(三)严格责任原则

严格责任原则是指在违约行为发生以后，确定违约当事人的责任，应当主要考虑违约的结果是否因违约方违反合同约定所致，而不考虑违约方的主观态度是故意或者是过失。

《合同法》第 107 条规定，当事人一方不履行合同义务或者履行合同义务不符合约定的，应当承担继续履行、采取补救措施或者赔偿损失等违约责任。该规定即是关于合同责任归责原则的规定。严格责任原则实际上否定了违约方的主观因素在合同责任判定过程中的前提作用，仅考虑客观要素的存在。

二、违约责任的承担方式

在合同履行过程中，一方构成违约，相对方可以请求继续履行合同债务、停止违约行为、赔偿损失、支付违约金、执行定金罚则及其他补救措施。

(1)继续履行。继续履行又称实际履行或强制履行，其是指当事人一方违约的，对方有权请求人民法院或仲裁机构作出判断或裁决，强迫违约人按照合同履行义务。

(2)停止违约行为。停止违约行为是指当事人一方违约的，对方可以要求其停止违约行为，违约人也应当主动停止违约行为，人民法院有权责令违约人停止违约行为。

(3)赔偿损失。赔偿损失是指当事人一方的违约行为给对方造成财产损失的，违约人应依法向对方作出经济赔偿。

(4)支付违约金。支付违约金是指当事人一方违约时，向对方支付一定数额的金钱。根据性质不同，违约金可分为惩罚性违约金和赔偿性违约金；根据来源不同，违约金又可分为约定违约金和法定违约金。

(5)定金罚则。定金罚则是一种违约责任承担方式。定金是指当事人一方向对方给付一定数额的金钱作为债权的担保。定金对于债权的担保作用主要体现为定金罚则，给付定金的一方不履行约定的债务的，无权要求返还定金；收受定金的一方不履行约定的债务的，应当双倍返还定金。

(6)采取一些其他补救措施。其包括防止损失扩大、暂时中止合同、要求适当履行、解除合同以及行使担保债权等。

三、合同争议的解决

合同争议也称合同纠纷，其是指合同当事人之间对合同履行的情况和不履行或者不完

全履行合同的后果产生的各种分歧。根据《合同法》规定，合同争议的解决方式有和解、调解、仲裁、诉讼四种。

(一)和解

和解是指合同纠纷当事人在自愿友好的基础上，互相沟通、互相谅解，从而解决纠纷的一种方式。在各类法律纠纷的解决方式当中，和解的成本最低、效率最高。其核心价值就是不破坏缔约方的友情和商业联系的意思自治。

(二)调解

调解是指合同当事人对合同所约定的权利、义务发生争议，不能达成和解协议时，在经济合同管理机关或有关机关、团体等的主持下，通过对当事人进行说明教育，促使双方互相作出适当的让步，平息争端，自愿达成协议，以求解决经济合同纠纷的方法。调解能够较经济、较及时地解决纠纷，有利于消除合同当事人的对立情绪，维护双方的长期合作关系。

(三)仲裁

仲裁是指争议各方依据各方同意的仲裁协议，按照约定选用的仲裁规则由仲裁庭对争议进行裁决公断的争议解决方式。在国内和国际的建设工程合同文本中，仲裁是当事人之间普遍选择的争议解决方式之一，尤其体现在国际工程承包和国家贸易合同中。与诉讼相比，仲裁具有自由开放的解决方式，行业专家裁判、一裁终局、保密性等优点。

(四)诉讼

诉讼作为解决争议的最终手段之一，是在国家司法机关权力的介入下，对民事纠纷通过法定程序进行的解决。诉讼程序经过长时间的发展与不断地改进，并且由于其自身的特点以及法院生效判决的强制性和确定性，在建设工程合同的争议解决中起着极其重要的作用。

学生实训园

实训项目：处理合同履行中出现事件

一、实训目的

1. 掌握和理解《合同法》知识；

2. 学会分析处理合同履行过程中出现的各种问题事件。

二、材料准备

［背景］ 某建筑公司在施工过程中需要混凝土搅拌机10台，同时向A混凝土搅拌机厂和B混凝土搅拌机厂发函，函件中称：如贵厂有××型号混凝土搅拌机现货，每台价格不超过15 000元，请求接到信函10天内发货，货到付款50%，余下款项由建筑公司在半年内付清。在建筑公司向混凝土搅拌机厂未付清设备款之前，混凝土搅拌机厂保留该10台设备的所有权。但在发函后的数日内，发生以下事件。

事件1：A混凝土搅拌机厂先行发货10台，在规定的时间内到达，建筑公司接受了货物。B混凝土搅拌机厂后发货10台，也在规定的时间内到达，但遭到拒绝，拒绝的理由是建筑公司仅需10台混凝土搅拌机，称发函不具有法律约束力，合同不成立。

事件2：由于建筑公司拖欠某分包单位工程款，在混凝土搅拌机款未付清之前，建筑公司与分包单位达成一项转让8台混凝土搅拌机的合同。

［问题］

1. 在事件1中，依照《合同法》，B混凝土搅拌机厂发货10台，遭到拒绝，该责任由谁承担？请说明理由。

2. 在事件1中，是否出现违约？如出现，可以通过何种方式解决？请说明理由。

3. 在事件2中，建筑公司在向分包单位交付8台搅拌机之前，该合同的效力如何？请说明理由。

三、实训步骤

第一步：学生分组，5～6人为一组；

第二步：提供实际合同案例履行情况；

第三步：提出合同履行过程中的各种问题事件；

第四步：学生分组讨论；

第五步：编制合同履行过程中问题事件的处理报告。

四、实训成果要求

1. 在教师指导下独立地完成问题事件处理报告的编写；

2. 在教学规定的实训时间内完成全部内容。

五、实训注意事项

1. 学生角色扮演真实；

2. 充分发挥学生的积极性、主动性与创造性。

练习与思考

一、填空题

1. __________是指要约在发生法律效力之前，欲使其不发生法律效力而取消要约的意思表示。__________是指要约人在要约生效后，取消要约，使之失去法律效力的意思表示。

2. 要约以信件或者电报作出的，承诺期限自__________或者电报交发之日开始计算。信件未载明日期的，自投寄该信件的__________开始计算。要约以电话、传真等快速通讯方式作出的，承诺期限自__________时开始计算。

3. 对格式条款的理解发生争议的，应当按照__________予以解释。对格式条款有两种以上解释的，应当作出不利于__________一方的解释。格式条款和非格式条款不一致的，应当采用__________。

4. __________是指合同在欠缺某生效条件的情况下或者合同适用法律中规定的合同无效情形时，合同当然不产生效力，且绝对无效，自始无效。__________是指合同欠缺一定生效条件，但一方当事人可依照自己的意思使合同的内容变更或者合同的效力归于消灭的合同。

5. 先履行抗辩权，又称为不安抗辩权，是指合同中约定了履行的顺序，合同成立后发生了应当后履行合同一方__________的情况，应当先履行合同一方在对方未履行或提供__________前有权拒绝先为履行。

二、选择题

1. 以下属于《合同法》的基本原则有(　　)。

A. 强迫原则　　B. 平等原则

C. 公平原则　　D. 遵守法律法规和公序良俗原则

E. 诚实信用原则

2. 一般视为要约邀请的有(　　)。

A. 寄送的价目表　　B. 商业广告，但其内容符合要约规定

C. 拍卖公告　　D. 招标公告

E. 招股说明书

3. 要约失效的情形有(　　)。

A. 受要约人对要约的内容作出实质性变更

B. 要约人依法撤销要约

C. 要约人对要约的内容作出非实质性变更

D. 拒绝要约的通知到达要约人

E. 承诺期限届满，受要约人未作出承诺

4. 缔约过失责任的构成要件有(　　)。

A. 缔约一方有损失　　B. 缔约当事人有过错

C. 合同尚未成立　　D. 违背诚实信用

E. 缔约当事人的过错行为与该损失之间有因果关系

5. 以下属于合同无效的情形有(　　)。

A. 一方以欺诈、胁迫的手段订立合同，损害国家利益

B. 以合法形式掩盖非法目的

C. 违反法律、行政法规的非强制性规定

D. 恶意串通，损害国家、集体或者第三人利益

E. 损害社会公共利益

6. 根据《合同法》规定，合同的权利义务终止的情形有(　　)。

A. 债务部分按照约定已履行　　B. 债务相互抵销

C. 债权人免除债务　　D. 合同解除

E. 债务人依法将标的物提存

三、简答题

1. 什么是承诺？承诺有哪些特征？
2. 合同的内容一般包括哪些条款？
3. 什么是同时履行抗辩权？同时履行抗辩权的适用条件有哪些？
4. 合同权利义务的概括转让应当符合哪些条件？
5. 简述违约责任的承担方式。
6. 合同争议的解决方式有哪些？

四、案例分析

案例 1

［背景］ 从事家电销售业务的甲到A商场购物，将每套售价为7 200元的音响看成每套1 200元。该柜台售货员乙参加工作不久，也将售价看成了每套1 200元。于是甲以每套

1 200元的价格购买了两套。A商场发现问题后找到甲，要求甲支付差价或者退货。

[问题]

1. 如果音响尚在甲处且完好无损，应当如何处理？请说明理由。
2. 如果音响已经由甲销售给丙，且无法找到丙，应当如何处理？请说明理由。

案例2

[背景] 中国一公司与加拿大一公司订立买卖一批圣诞礼品的合同，约定中方务必于11月20日前运货至温哥华港。履约过程中中方交货迟延，至温哥华港的时间是12月26日。

[问题] 加拿大公司能否解除合同？请说明理由。

项目六 建设工程施工合同管理

知识目标

1. 熟悉施工合同的类型与谈判、施工合同示范文本的组成。
2. 掌握施工准备阶段合同管理工作要点。
3. 掌握施工阶段合同管理要点。
4. 掌握竣工和缺陷责任期阶段合同管理要点。

能力目标

1. 能结合《建设工程施工合同(示范文本)》(GF—2013—0201)相关知识学习实际工程合同的编写。

2. 能结合《建设工程施工合同(示范文本)》(GF—2013—0201)相关知识学习施工准备阶段合同管理。

3. 能结合《建设工程施工合同(示范文本)》(GF—2013—0201)相关知识学习施工阶段合同管理。

4. 能结合《建设工程施工合同(示范文本)》(GF—2013—0201)相关知识学习竣工和缺陷责任期阶段合同管理。

任务一 认知施工合同的类型与谈判

一、施工合同的类型

建设工程施工合同是指发包人与承包人就完成具体工程项目的建筑施工、设备安装、设备调试、工程保修等工作内容，确定双方权利和义务的协议。

施工合同根据可选择的计价方式分为固定价格合同、可调价格合同和成本加酬金合同。

(一)固定价格合同

固定价格合同是指在约定的风险范围内价款不再调整的合同。这种合同的价款并不是绝对不可调整，而是约定范围内的风险由承包人承担。固定价格合同可分为固定总价合同

和固定单价合同两种。固定总价合同和固定单价合同适用范围见表 6-1。

表 6-1　固定总价合同和固定单价合同适用范围

序号	项目名称	适用范围	
1	固定总价合同	1.1	工程量少、工期短、估计在施工过程中环境因素变化少、工程条件稳定并合理
		1.2	工程设计详细，图纸完整、清楚，工程任务和范围明确
		1.3	工程结构和技术简单，风险少
		1.4	投标期相对宽裕，承包人可以有充足的时间详细考察现场、复核工程量、分析招标文件、拟定施工计划
2	固定单价合同	工期较短、工程量变化幅度不会太大的项目	

(二)可调价格合同

可调价格合同是针对固定价格而言，通常适用于工期较长(如 1 年以上)的施工合同。例如，工期在 18 个月以上的合同，发包人和承包人在招投标阶段和签订合同时，不可能合理预见到一年半以后物价浮动和后续法规变化对合同价款的影响，为了合理分担外界因素影响的风险，应采用可调价合同。

对于工期较短的合同，专用条款内也要约定因外部条件变化对施工产生成本影响可以调整合同价款的内容。可调价合同的计价方式与固定价格合同基本相同，只是增加可调价的条款，因此，在专用条款内应明确约定调价的计算方法。

(三)成本加酬金合同

1. 成本加酬金合同的概念

成本加酬金合同又称成本补偿合同，其是指将工程项目的实际造价划分为直接成本费和承包商完成工作后应得酬金两部分。工程实施过程中发生的直接成本费由业主实报实销，另按合同约定的方式付给承包商相应报酬。

成本加酬金合同通常用于以下情况：

(1)工程特别复杂，工程技术、结构方案不能预先确定，或者虽然可以确定工程技术和结构方案，但是不可能进行竞争性的招标活动并以总价或单价合同的形式确定承包人，如研究开发性质的工程项目。

(2)时间特别紧迫，如紧急抢险、救灾，来不及进行详细计划和商谈。

2. 成本加酬金合同分类

按照酬金的计算方式不同，成本加酬金合同又分为以下几种形式：

(1)成本加固定百分数酬金。采用这种合同计价方式，承包方的实际成本实报实销，同时，按照实际成本的固定百分数付给承包方一笔酬金。工程的合同总价表达式为

$$C = C_d + C_d \times P$$

式中　C——合同价；

C_d——实际发生的成本；

P——双方事先商定的酬金的固定百分数。

这种合同计价方式，工程总价及付给承包方的酬金随工程成本而水涨船高，这不利于鼓励承包方降低成本，正是由于这种弊病所在，使得这种合同计价方式很少被采用。

(2)成本加固定金额酬金。采用这种合同计价方式与成本加固定百分数酬金合同相似。

其不同之处仅在于在成本上所增加的费用是一笔固定金额的酬金。酬金一般是按估算工程成本的一定百分比确定，数额是固定不变的。其计算表达式为

$$C=C_d+F$$

式中　F——双方约定的酬金具体数额。

这种计价方式的合同虽然也不能鼓励承包商关心和降低成本，但从尽快获得全部酬金减少管理投入出发，会有利于缩短工期。

采用上述两种合同计价方式时，为了避免承包方企图获得更多的酬金而对工程成本不加控制，往往在承包合同中规定一些补充条款，以鼓励承包方节约工程费用的开支，降低成本。

(3)**成本加奖罚**。采用成本加奖罚合同，在签订合同时双方事先约定该工程的预期成本或称目标成本和固定酬金，以及实际发生的成本与预期成本比较后的奖罚计算办法。在合同实施后，根据工程实际成本的发生情况，确定奖惩的额度，当实际成本低于预期成本时，承包方除可获得实际成本补偿和酬金外，还可根据成本降低额得到一笔奖金。当实际成本大于预期成本时，承包方仅可得到实际成本补偿和酬金，并视实际成本高于预期成本的情况，被处以一笔罚金。成本加奖罚合同的计算表达式为

$$C=C_d+F(C_d=C_0)$$

$$C=C_d+F+\Delta F(C_d<C_0)$$

$$C=C_d+F-\Delta F(C_d>C_0)$$

式中　C_0——签订合同时双方约定的预期成本；

　　ΔF——奖罚金额(可以是百分数，也可以是绝对数，而且奖与罚可以是不同计算标准)。

这种合同计价方式可以促使承包方关心和降低成本，缩短工期，而且目标成本可以随着设计的进展而加以调整，所以，发承包双方都不会承担太大的风险，故这种合同计价方式应用较多。

(4)**最高限额成本加固定最大酬金**。在这种计价方式的合同中，首先要确定最高限额成本、报价成本和最低成本，当实际成本没有超过最低成本时，承包方花费的成本费用及应得酬金等都可得到发包方的支付，并与发包方分享节约额；如果实际工程成本在最低成本和报价成本之间，承包方只有成本和酬金可以得到支付；如果实际工程成本在报价成本与最高限额成本之间，则只有全部成本可以得到支付；实际工程成本超过最高限额成本，则超过部分，发包方不予支付。

这种合同计价方式有利于控制工程投资，并能鼓励承包方最大限度地降低工程成本。

【案例分析 6-1】

［**背景**］ 2010 年 4 月，某市受台风的影响，遭受了 60 年一遇的特大暴雨袭击，造成了一些民用房屋的倒塌。为了对倒塌房屋、重度危房户实行集中安置重建，确保灾后重建顺利开展，市政府及有关部门组成领导小组，决定利用各级财政以及慈善补助专款，进行统一规划、统一设计、统一征地、统一建设 3 栋住宅楼，投资概算为 3 000 万。为了确保灾后房屋倒塌户在春节前住进新房，该重建工程计划从 8 月 1 日起施工，要求主体工程在 12 月底全部完工。因情况紧急，建设单位邀请本市 3 家有施工经验的一级施工资质企业进行竞标，考虑到该项目的设计与施工必须马上同时进行，采用了成本加酬金的合同形式，通过了商务谈判，选定一家施工单位签订了施工合同。

[问题]

(1)本工程采用成本加酬金合同是否合适?请说明理由。

(2)采用成本加酬金合同有何不足之处。

【参考答案】

[问题 1]

该工程采用成本加酬金合同是合适的。

理由:该项目工程非常紧迫,设计图纸未完成,来不及确定工程造价。

[问题 2]

采用成本加酬金合同的不足之处有:

(1)工程造价不易控制,业主承担了项目的全部风险;

(2)承包人往往不注意降低成本;

(3)承包人的报酬比较低。

二、施工合同类型的选择

建设工程施工合同的形式繁多、特点各异,业主应综合考虑以下因素选择不同计价模式的合同。

(一)工程项目的复杂程度

规模大且技术复杂的工程项目,承包风险较大,各项费用不易准确估算,因而不宜采用固定总价合同。最好是有把握的部分采用总价合同,估算不准的部分采用单价合同或成本加酬金合同。有时,在同一工程项目中采用不同的合同形式,是业主和承包商合理分担施工风险因素的有效办法。

(二)工程项目的设计深度

施工招标时所依据的工程项目设计深度,经常是选择合同类型的重要因素。招标图纸和工程量清单的详细程度能否使投标人进行合理报价,取决于已完成的设计深度。

(三)工程施工技术的先进程度

如果工程施工中有较大部分采用新技术和新工艺,当业主和承包商在这方面过去都没有经验,且在国家颁布的标准、规范、定额中又没有可作为依据时,为了避免投标人盲目地提高承包价款,或由于对施工难度估计不足而导致承包亏损,不宜采用固定价合同,而应选用成本加酬金合同。

(四)工程施工工期的紧迫程度

有些紧急工程(如灾后恢复工程等)要求尽快开工且工期较紧时,可能仅有实施方案,没有施工图纸。因此,承包商不可能报出合理的价格,宜采用成本加酬金合同。

对于一个建设工程项目而言,采用何种合同形式不是固定的。即使在同一个工程项目中,各个不同的工程部分或不同阶段,也可采用不同类型的合同。在划分标段、进行合同策划时,应根据实际情况,综合考虑各种因素后再作出决策。

一般而言,合同工期在 1 年以内且施工图设计文件已通过审查的建设工程,可选择总价合同;紧急抢修、救援、救灾等建设工程,可选择成本加酬金合同;其他情形的建设工程,均宜选择单价合同。

三、施工合同的谈判

常见的施工合同谈判策略有以下几种。

(一)平等协商

在合同谈判中，双方应对每个条款作具体的商讨，争取修改对自己不利的苛刻的条款，增加承包商权益的保护条款。对重大问题不能客气和让步，要针锋相对。承包商切不可在观念上把自己放在被动地位上，有处处“依附于人”的感觉。

(二)积极地争取自己的正当权益

合同法和其他经济法规赋予合同双方以平等的法律地位和权力。但在实际经济活动中，这个地位和权力还要靠承包商自己争取。而且在合同中，这个“平等”常常难以具体地衡量。如果合同一方自己放弃这个权力，盲目地、草率地签订合同，致使自己处于不利地位，受到损失，常常法律对他也难以提供帮助和保护。所以，在合同签订过程中放弃自己的正当权益，草率地签订合同相当于“自杀”行为。

(三)标前谈判

在决标前，即承包商还要与几个对手竞争时，必须慎重，处于守势，尽量少提出对合同文本做大的修改，否则容易引起业主的反感。在中标后，即业主已选定承包商作为中标人，则承包商应积极争取修改风险型条款和过于苛刻的条款，对原则问题不能退让和客气。

(四)标后谈判

由于这时已经确定承包商中标，其他的投标人已被排除在外，所以承包商应积极主动，争取对自己有利的妥协方案。

(1)应与业主商讨，争取一个合理的施工准备期。这对整个工程施工有很大的好处。一般业主希望或要求承包商“毫不拖延”地开工。承包商如果无条件答应，则会很被动，因为人员、设备、材料进场，临时设施的搭设需要一定的时间。

(2)确定自己的目标。对准备谈什么，达到什么目的，要有准备。

(3)研究对方的目标和兴趣所在，在此基础上准备让步方案、平衡方案。由于标后谈判是双方对合同条件的进一步完善，双方必须都作让步，才能被双方接受。所以要考虑到多方案的妥协，争取主动。

(4)以真诚合作的态度进行谈判。由于合同已经成立，准备工作必须紧锣密鼓地进行。千万不能让对方认为承包商在找借口不开工，或中标了，又要提高价格。即使对方不让步，也不要争执，否则会形成一个很不好的氛围。紧张的开端，会影响整个工程的实施。在整个标后谈判中应防止自己违约，防止业主找到理由扣除承包商的投标保函。

任务二　认知建设工程施工合同的订立

一、施工合同示范文本的组成

住房和城乡建设部、国家工商行政管理总局对《建设工程施工合同(示范文本)》(GF—1999—0201)进行了修订，制定了《建设工程施工合同(示范文本)》(GF—2013—0201)(以下

简称《示范文本》)。《示范文本》为非强制性使用文本。《示范文本》适用于房屋建筑工程、土木工程、线路管道和设备安装工程、装修工程等建设工程的施工承发包活动，合同当事人可结合建设工程具体情况，根据《示范文本》订立合同，并按照法律法规规定和合同约定承担相应的法律责任及合同权利义务。

《示范文本》由“合同协议书”“通用合同条款”“专用合同条款”三部分组成，并附有 11 个附件。

(一)合同协议书

合同协议书是施工合同的总纲性法律文件，经过双方当事人签字盖章后合同即成立。标准化的协议书格式文字量不大，需要结合承包工程特点进行填写。

1. 组成内容

(1)工程概况。工程概况主要包括工程名称、工程地点、工程立项批准文号、资金来源、工程内容、工程承包范围。

(2)合同工期。合同工期包括计划开工日期、计划竣工日期、工期总日历天数。

(3)质量标准。

(4)签约合同价与合同价格形式。

(5)项目经理。

(6)合同文件构成。

(7)承诺。

(8)词语含义。

(9)签订时间。

(10)签订地点。

(11)补充协议。

(12)合同生效。

(13)合同份数。

2. 格式

《示范文本》中“合同协议书”格式如下：

合 同 协 议 书

发包人(全称)：____

承包人(全称)：____

根据《中华人民共和国合同法》《中华人民共和国建筑法》及有关法律规定，遵循平等、自愿、公平和诚实信用的原则，双方就__________工程施工及有关事项协商一致，共同达成如下协议：

一、工程概况

1. 工程名称：____。

2. 工程地点：____。

3. 工程立项批准文号：________________________________。
4. 资金来源：____。
5. 工程内容：____。
群体工程应附《承包人承揽工程项目一览表》(附件 1)。
6. 工程承包范围：
____。
二、合同工期
计划开工日期：____年____月____日。
计划竣工日期：____年____月____日。
工期总日历天数：____天。工期总日历天数与根据前述计划开竣工日期计算的工期天数不一致的，以工期总日历天数为准。
三、质量标准
工程质量符合____________________标准。
四、签约合同价与合同价格形式
1. 签约合同价为：
人民币(大写)__________(￥__________元)；
其中：
(1)安全文明施工费：
人民币(大写)__________(￥__________元)；
(2)材料和工程设备暂估价金额：
人民币(大写)__________(￥__________元)；
(3)专业工程暂估价金额：
人民币(大写)__________(￥__________元)；
(4)暂列金额：
人民币(大写)__________(￥__________元)；
2. 合同价格形式：____________________。
五、项目经理
承包人项目经理：____________________。
六、合同文件构成
本协议书与下列文件一起构成合同文件：
(1)中标通知书(如果有)；
(2)投标函及其附录(如果有)；
(3)专用合同条款及其附件；
(4)通用合同条款；
(5)技术标准和要求；
(6)图纸；
(7)已标价工程量清单或预算书；
(8)其他合同文件。
在合同订立及履行过程中形成的与合同有关的文件均构成合同文件组成部分。
上述各项合同文件包括合同当事人就该项合同文件所作出的补充和修改，属于同一类内容的文件，应以最新签署的为准。专用合同条款及其附件须经合同当事人签字或盖章。

七、承诺

1. 发包人承诺按照法律规定履行项目审批手续、筹集工程建设资金并按照合同约定的期限和方式支付合同价款。

2. 承包人承诺按照法律规定及合同约定组织完成工程施工，确保工程质量和安全，不进行转包及违法分包，并在缺陷责任期及保修期内承担相应的工程维修责任。

3. 发包人和承包人通过招投标形式签订合同的，双方理解并承诺不再就同一工程另行签订与合同实质性内容相背离的协议。

八、词语含义

本协议书中词语含义与第二部分通用合同条款中赋予的含义相同。

九、签订时间

本合同于____年____月____日签订。

十、签订地点

本合同在____________________签订。

十一、补充协议

合同未尽事宜，合同当事人另行签订补充协议，补充协议是合同的组成部分。

十二、合同生效

本合同自____________________生效。

十三、合同份数

本合同一式____份，均具有同等法律效力，发包人执____份，承包人执____份。

发包人：　　（公章）	承包人：　　（公章）
法定代表人或其委托代理人： （签字）	法定代表人或其委托代理人： （签字）
组织机构代码：________________	组织机构代码：________________
地　　　　址：________________	地　　　　址：________________
邮 政 编 码：________________	邮 政 编 码：________________
法 定 代 表 人：________________	法 定 代 表 人：________________
委 托 代 理 人：________________	委 托 代 理 人：________________
电　　　　话：________________	电　　　　话：________________
传　　　　真：________________	传　　　　真：________________
电 子 信 箱：________________	电 子 信 箱：________________
开 户 银 行：________________	开 户 银 行：________________
账　　　　号：________________	账　　　　号：________________

(二)通用合同条款

“通用”的含义是，所列条款的约定不区分具体工程的行业、地域、规模等特点，只要属于建筑安装工程均可适用。“通用合同条款”共计 20 条。

通用合同条款具体包括：一般约定、发包人、承包人、监理人、工程质量、安全文明

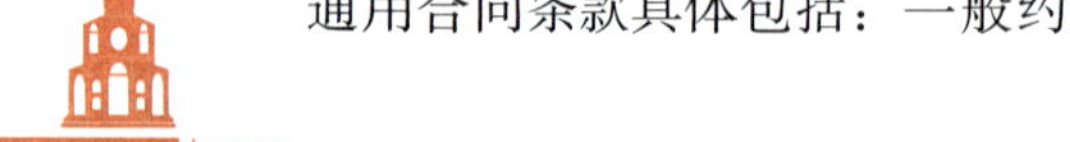

施工与环境保护、工期和进度、材料与设备、试验与检验、变更、价格调整、合同价格、计量与支付、验收和工程试车、竣工结算、缺陷责任与保修、违约、不可抗力、保险、索赔和争议解决。

(三)专用合同条款

专用合同条款是对通用合同条款原则性约定的细化、完善、补充、修改或另行约定的条款。合同当事人可以根据不同建设工程的特点及具体情况，通过双方的谈判、协商对相应的专用合同条款进行修改补充。在使用专用合同条款时，应注意以下事项：

(1)专用合同条款的编号应与相应的通用合同条款的编号一致。

(2)合同当事人可以通过对专用合同条款的修改，满足具体建设工程的特殊要求，避免直接修改通用合同条款。

(3)在专用合同条款中有横道线的地方，合同当事人可针对相应的通用合同条款进行细化、完善、补充、修改或另行约定；如无细化、完善、补充、修改或另行约定，则填写“无”或画“/”。

(四)附件

《示范文本》中为使用者提供11个附件，分别为：

附件1：承包人承揽工程项目一览表

附件2：发包人供应材料设备一览表

附件3：工程质量保修书

附件4：主要建设工程文件目录

附件5：承包人用于本工程施工的机械设备表

附件6：承包人主要施工管理人员表

附件7：分包人主要施工管理人员表

附件8：履约担保格式

附件9：预付款担保格式

附件10：支付担保格式

附件11：暂估价一览表

二、施工合同文件的组成及优先解释顺序

(一)组成内容

《示范文本》规定了施工合同文件的组成和解释顺序，组成建设工程施工合同的文件包括：

(1)合同协议书。

(2)中标通知书(如果有)。

(3)投标函及其附录(如果有)。

(4)专用合同条款及其附件。

(5)通用合同条款。

(6)技术标准和要求。

(7)图纸。

(8)已标价工程量清单或预算书。

(9)其他合同文件。

双方有关工程的洽商、变更等书面协议或文件视为本合同的组成部分。

(二)优先解释顺序

组成施工合同文件之间应能互相解释、互相说明。当合同文件中出现含糊不清或不一致时，上述提到的各文件序号就是合同的优先解释顺序。由于履行合同时双方达成一致的洽商、变更等书面协议发生时间在后，且经过当事人签署，因此作为协议书的组成部分，排序放在第一位。如果双方不同意这种次序安排，可以在专用条款内约定本合同的文件组成和解释次序。

三、施工合同管理涉及的有关各方

(一)合同当事人

合同当事人是指发包人和(或)承包人。

发包人是指与承包人签订合同协议书的当事人及取得该当事人资格的合法继承人。承包人是指与发包人签订合同协议书的，具有相应工程施工承包资质的当事人及取得该当事人资格的合法继承人。

(二)监理人

监理人是指在专用合同条款中指明的，受发包人委托按照法律规定进行工程监督管理的法人或其他组织。

(三)设计人

设计人是指在专用合同条款中指明的，受发包人委托负责工程设计并具备相应工程设计资质的法人或其他组织。

(四)分包人

分包人是指按照法律规定和合同约定，分包部分工程或工作，并与承包人签订分包合同的具有相应资质的法人。

四、订立合同时需要明确的内容

针对具体施工项目或标段的合同需要明确约定的内容较多，有些招标时已在招标文件的专用条款中做出了规定，另有一些还需要在签订合同时具体细化相应内容。

(一)施工现场范围和施工临时占地

发包人应明确说明施工现场永久工程的占地范围并提供征地图纸，以及属于发包人施工前期配合义务的有关事项，如从现场外部接至现场的施工用水、用电、用气的位置等，以便承包人进行合理的施工组织。

项目施工如果需要临时用地(招标文件中已说明或承包人投标书内提出要求)，也需明确占地范围和临时用地移交承包人的时间。

(二)图纸的提供和交底

发包人应按照专用合同条款约定的期限、数量和内容向承包人免费提供图纸，并组织承包人、监理人和设计人进行图纸会审和设计交底。发包人最迟不得晚于开工日期前 14 天向承包人提供图纸。

(三)承包人文件

承包人应按照专用合同条款的约定提供应当由其编制的与工程施工有关的文件，并按照专用合同条款约定的期限、数量和形式提交监理人，并由监理人报送发包人。

除专用合同条款另有约定外，监理人应在收到承包人文件后 7 天内审查完毕，监理人对承包人文件有异议的，承包人应予以修改，并重新报送监理人。监理人的审查并不减轻或免除承包人根据合同约定应当承担的责任。

(四)异常恶劣的气候条件范围

施工过程中遇到不利于施工的气候条件直接影响施工效率，甚至被迫停工。气候条件对施工的影响是合同管理中一个比较复杂的问题，“异常恶劣的气候条件”属于发包人的责任，“不利气候条件 ”对施工的影响则属于承包人应承担的风险，因此，应当根据项目所在地的气候特点，在专用条款中明确界定不利于施工的气候和异常恶劣的气候条件之间的界限。如多少毫米以上的降水；多少级以上的大风；多少温度以上的超高温或超低温天气等，以明确合同双方对气候变化影响施工的风险责任。

(五)价格调整

1. 市场价格波动引起的调整

除专用合同条款另有约定外，市场价格波动超过合同当事人约定的范围，合同价格应当调整。合同当事人可以在专用合同条款中约定选择以下三种方式中任意一种方式对合同价格进行调整：

第一种方式：采用价格指数进行价格调整。

(1)价格调整公式。因人工、材料和设备等价格波动影响合同价格时，根据专用合同条款中约定的数据，按以下公式计算差额并调整合同价格：

$$\Delta P=P_0\left[A+\left(B_1\times\frac{F_{t1}}{F_{01}}+B_2\times\frac{F_{t2}}{F_{02}}+B_3\times\frac{F_{t3}}{F_{03}}+\cdots+B_n\times\frac{F_{tn}}{F_{0n}}\right)-1\right]$$

式中 ΔP——需调整的价格差额；

P_0——约定的付款证书中承包人应得到的已完成工程量的金额。此项金额应不包括价格调整、不计质量保证金的扣留和支付、预付款的支付和扣回。约定的变更及其他金额已按现行价格计价的，也不计在内；

A——定值权重(即不调部分的权重)；

B_1，B_2，B_3，……，B_n——各可调因子的变值权重(即可调部分的权重)，为各可调因子在签约合同价中所占的比例；

F_{t1}，F_{t2}，F_{t3}，……，F_{tn}——各可调因子的现行价格指数，指约定的付款证书相关周期最后一天的前 42 天的各可调因子的价格指数；

F_{01}，F_{02}，F_{03}，……，F_{0n}——各可调因子的基本价格指数，指基准日期的各可调因子的价格指数。

以上价格调整公式中的各可调因子、定值和变值权重，以及基本价格指数及其来源在投标函附录价格指数和权重表中约定，非招标订立的合同，由合同当事人在专用合同条款中约定。价格指数应首先采用工程造价管理机构发布的价格指数，无前述价格指数时，可采用工程造价管理机构发布的价格代替。

(2)暂时确定调整差额。在计算调整差额时无现行价格指数的，合同当事人同意暂用前

次价格指数计算。实际价格指数有调整的，合同当事人进行相应调整。

(3)权重的调整。因变更导致合同约定的权重不合理时，按照合同约定执行。

(4)因承包人原因工期延误后的价格调整。因承包人原因未按期竣工的，对合同约定的竣工日期后继续施工的工程，在使用价格调整公式时，应采用计划竣工日期与实际竣工日期的两个价格指数中较低的一个作为现行价格指数。

第二种方式：采用造价信息进行价格调整。

合同履行期间，因人工、材料、工程设备和机械台班价格波动影响合同价格时，人工、机械使用费按照国家或省、自治区、直辖市建设行政管理部门、行业建设管理部门或其授权的工程造价管理机构发布的人工、机械使用费系数进行调整；需要进行价格调整的材料，其单价和采购数量应由发包人审批，发包人确认需调整的材料单价及数量，作为调整合同价格的依据。

第三种方式：专用合同条款约定的其他方式。

上述物价波动引起的价格调整中的第一种方式适用于使用的材料品种较少，但每种材料使用量较大的土木工程，如公路、水坝等工程。第二种方式适用于使用的材料品种较多，但相对而言，每种材料使用量较小的房屋建筑与装饰工程。

【案例分析 6-2】

［背景］ 某工程合同总价为 1 000 万元。其组成为：土方工程费 100 万元，占 10%；砌体工程费 400 万元，占 40%；钢筋混凝土工程费 500 万元，占 50%。这三个组成部分的人工费和材料费占工程价款 85%，人工、材料费中各项费用比例如下：

(1)土方工程：人工费 50%，机具折旧费 26%，柴油 24%；

(2)砌体工程：人工费 53%，钢材 5%，水泥 20%，集料 5%，空心砖 12%，柴油 5%；

(3)钢筋混凝土工程，人工费 53%，钢材 22%，水泥 10%，集料 7%，木材 4%，柴油 4%。

假定该合同的基准日期为 2012 年 1 月 4 日，2012 年 9 月完成的工程价款占合同总价的 10%，有关月报的工资、材料物价指数见表 6-2(注：F_{t1}、F_{t2}、F_{t3}、……、F_{tn} 等应采用 8 月份的物价指数)。

表 6-2　工资、材料物价指数表

费用名称	代号	2012 年 1 月指数	代号	2012 年 8 月指数
人工费	F_{01}	100.0	F_{t1}	116.0
钢材	F_{02}	153.4	F_{t2}	187.6
水泥	F_{03}	154.8	F_{t3}	175.0
集料	F_{04}	132.6	F_{t4}	169.3
柴油	F_{05}	178.3	F_{t5}	192.8
机具折旧	F_{06}	154.4	F_{t6}	162.5
空心砖	F_{07}	160.1	F_{t7}	162.0
木材	F_{08}	142.7	F_{t8}	159.5

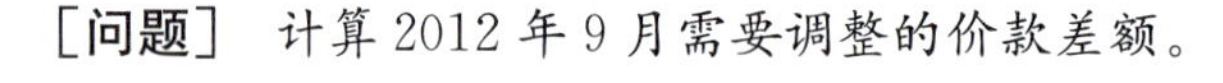

［问题］ 计算 2012 年 9 月需要调整的价款差额。

【参考答案】

该工程其他费用，即不调值的费用占工程价款的15%，计算出各项参加调值的费用占工程价款比例如下：

人工费：(50%×10%+53%×40%+53%×50%)×85%≈45%

钢材：(5%×40%+22%×50%)×85%≈11%

水泥：(20%×40% + 10%×50%)×85%≈11%

集料：(5%×40% + 7%×50%)×85%≈5%

柴油：(24%×10%+5%×40%+4%×50%)×85%≈5%

机具折旧：26%×10%×85%≈2%

空心砖：12%×40%×85%≈4%

木材：4%×50%×85%≈2%

不调值费用占工程价款的比例为：15%

根据价格指数调整价格差额公式，得

$$\Delta P=10\%\times 1\,000\times\left[0.15+\left(0.45\times\frac{116}{100}+0.11\times\frac{187.6}{153.4}+0.11\times\frac{175.0}{154.8}+0.05\times\frac{169.3}{132.6}+0.05\times\frac{192.8}{178.3}+0.02\times\frac{162.5}{154.4}+0.04\times\frac{162.0}{160.1}+0.02\times\frac{159.5}{142.7}\right)-1\right]=13.27(\text{万元})$$

通过调值，2012年9月需要调整的价款差额为13.27万元，即实得工程款比原价款多13.27万元。

2. 法律变化引起的调整

基准日期后，法律变化导致承包人在合同履行过程中所需要的费用发生除合同约定以外的增加时，由发包人承担由此增加的费用；减少时，应从合同价格中予以扣减。基准日期后，因法律变化造成工期延误时，工期应予以顺延。

因法律变化引起的合同价格和工期调整，合同当事人无法达成一致的，由总监理工程师按合同约定处理。

因承包人原因导致工期延误，在工期延误期间出现法律变化的，由此增加的费用和(或)延误的工期由承包人承担。

(六)明确保险责任

1. 工程保险

除专用合同条款另有约定外，发包人应投保建筑工程一切险或安装工程一切险；发包人委托承包人投保的，因投保产生的保险费和其他相关费用由发包人承担。

2. 工伤保险

(1)发包人应依照法律规定参加工伤保险，并为在施工现场的全部员工办理工伤保险，缴纳工伤保险费，并要求监理人及由发包人为履行合同聘请的第三方依法参加工伤保险。

(2)承包人应依照法律规定参加工伤保险，并为其履行合同的全部员工办理工伤保险，缴纳工伤保险费，并要求分包人及由承包人为履行合同聘请的第三方依法参加工伤保险。

3. 其他保险

发包人和承包人可以为其施工现场的全部人员办理意外伤害保险并支付保险费，包括其员工及为履行合同聘请的第三方的人员，具体事项由合同当事人在专用合同条款中约定。

除专用合同条款另有约定外，承包人应为其施工设备等办理财产保险。

4. 持续保险

合同当事人应与保险人保持联系，使保险人能够随时了解工程实施中的变动，并确保按保险合同条款要求持续保险。

5. 保险凭证

合同当事人应及时向另一方当事人提交其已投保的各项保险的凭证和保险单复印件。

6. 未按约定投保的补救

(1)发包人未按合同约定办理保险，或未能使保险持续有效的，则承包人可代为办理，所需费用由发包人承担。发包人未按合同约定办理保险，导致未能得到足额赔偿的，由发包人负责补足。

(2)承包人未按合同约定办理保险，或未能使保险持续有效的，则发包人可代为办理，所需费用由承包人承担。承包人未按合同约定办理保险，导致未能得到足额赔偿的，由承包人负责补足。

7. 通知义务

除专用合同条款另有约定外，发包人变更除工伤保险外的保险合同时，应事先征得承包人同意，并通知监理人；承包人变更除工伤保险之外的保险合同时，应事先征得发包人同意，并通知监理人。

保险事故发生时，投保人应按照保险合同规定的条件和期限及时向保险人报告。发包人和承包人应当在知道保险事故发生后及时通知对方。

任务三　学习施工准备阶段合同管理

一、施工准备阶段发包人的工作

为了保障承包人按约定的时间顺利开工，发包人应按合同约定的责任完成满足开工的准备工作。

(一)许可或批准

发包人应遵守法律，并办理法律规定由其办理的许可、批准或备案，包括但不限于建设用地规划许可证、建设工程规划许可证、建设工程施工许可证、施工所需临时用水、临时用电、中断道路交通、临时占用土地等许可和批准。发包人应协助承包人办理法律规定的有关施工证件和批件。

因发包人原因未能及时办理完毕前述许可、批准或备案，由发包人承担由此增加的费用和(或)延误的工期，并支付承包人合理的利润。

(二)施工现场、施工条件和基础资料的提供

1. 提供施工现场

除专用合同条款另有约定外，发包人应最迟于开工日期 7 天前向承包人移交施工现场。

2. 提供施工条件

除专用合同条款另有约定外，发包人应负责提供施工所需要的条件，包括以下几项：

(1)将施工用水、电力、通讯线路等施工所必需的条件接至施工现场内。

(2)保证向承包人提供正常施工所需要的进入施工现场的交通条件。

(3)协调处理施工现场周围地下管线和邻近建筑物、构筑物、古树名木的保护工作，并承担相关费用。

(4)按照专用合同条款约定应提供的其他设施和条件。

3. 提供基础资料

发包人应当在移交施工现场前向承包人提供施工现场及工程施工所必需的毗邻区域内供水、排水、供电、供气、供热、通信、广播电视等地下管线资料，气象和水文观测资料，地质勘察资料，相邻建筑物、构筑物和地下工程等有关基础资料，并对所提供资料的真实性、准确性和完整性负责。

按照法律规定确需在开工后方能提供的基础资料，发包人应尽其努力及时地在相应工程施工前的合理期限内提供，其合理期限应以不影响承包人的正常施工为限。

(三)组织设计交底

发包人应根据合同进度计划，组织设计单位向承包人和监理人对提供的施工图纸和设计文件进行交底，以便承包人制定施工方案和编制施工组织设计。

(四)约定开工时间

可根据实际情况在合同协议书或专用条款中约定。

二、施工准备阶段承包人的工作

承包人应按合同的约定做好以下几项施工准备工作。

(一)现场查勘

承包人在投标阶段仅依据招标文件中提供的资料和较概略的图纸编制了供评标的施工组织设计或施工方案。签订合同协议书后，承包人应对施工场地和周围环境进行查勘，核对发包人提供的有关资料，并进一步收集相关的地质、水文、气象条件、交通条件、风俗习惯以及其他为完成合同工作有关的当地资料，以便编制施工组织设计和专项施工方案。

在全部合同施工过程中，应视为承包人已充分估计了应承担的责任和风险，不得再以不了解现场情况为理由而推脱合同责任。对现场查勘中发现的实际情况与发包人所提供资料有重大差异之处，应及时通知监理人，由其作出相应的指示或说明，以便明确合同责任。

(二)编制施工实施计划

1. 施工组织设计

承包人应按合同约定的工作内容和施工进度要求，编制施工组织设计和施工进度计划，并对所有施工作业和施工方法的完备性、安全性、可靠性负责。对于危险性较大的分部分项工程，施工前承包人应当编制专项施工方案；对于超过一定规模、危险性较大的分部分项工程，承包人应当组织专家对专项方案进行论证。

施工组织设计完成后，按专用条款的约定，将施工进度计划和施工方案说明报送监理人审批。

2. 质量管理体系

承包人应在施工场地设置专门的质量检查机构，配备专职质量检查人员，建立完善的

质量检查制度。在合同约定的期限内，提交工程质量保证措施文件，包括质量检查机构的组织和岗位责任、质检人员的组成、质量检查程序和实施细则等，报送监理人审批。

3. 环境保护措施计划

承包人在施工过程中，应遵守有关环境保护的法律和法规，履行合同约定的环境保护义务，按合同约定的环保工作内容，编制施工环保措施计划，报送监理人审批。

(三)施工现场内的交通道路和临时工程

承包人应负责修建、维修、养护和管理施工所需的临时道路，以及为开始施工所需的临时工程和必要的设施，满足开工的要求。

(四)施工控制网

承包人依据监理人提供的测量基准点、基准线和水准点及其书面资料，根据国家测绘基准、测绘系统和工程测量技术规范以及合同中对工程精度的要求，测设施工控制网，并将施工控制网点的资料报送监理人审批。

承包人在施工过程中负责管理施工控制网点，对丢失或损坏的施工控制网点应及时修复，并在工程竣工后将施工控制网点移交发包人。

(五)提出开工申请

承包人的施工前期准备工作满足开工条件后，向监理人提交工程开工报审表。开工报审表应详细说明按合同进度计划正常施工所需的施工道路、临时设施、材料设备、施工人员等施工组织措施的落实情况以及工程的进度安排。

任务四　学习施工阶段合同管理

一、施工质量管理

(一)质量责任

1. 发包人责任

因发包人原因造成工程质量未达到合同约定标准的，由发包人承担由此增加的费用和(或)延误的工期，并支付承包人合理的利润。

2. 承包人质量责任

因承包人原因造成工程质量未达到合同约定标准的，发包人有权要求承包人返工直至工程质量达到合同约定的标准为止，并由承包人承担由此增加的费用和(或)延误的工期。

(二)承包人的管理

1. 项目部的人员管理

(1)质量检查制度。承包人应在施工场地设置专门的质量检查机构，配备专职质量检查人员，建立完善的质量检查制度。

(2)规范施工作业的操作程序。承包人应加强对施工人员的质量教育和技术培训，定期考核施工人员的劳动技能，严格执行施工规范和操作规程。

(3)撤换不称职的人员。当监理人要求撤换不能胜任本职工作、行为不端或玩忽职守的

承包人项目经理和其他人员时，承包人应予以撤换。

2. 质量检查

(1)**材料和设备的检验**。承包人应对使用的材料和设备进行进场检验和使用前的检验，不允许使用不合格的材料和有缺陷的设备。

承包人应按合同约定进行材料、工程设备和工程的试验和检验，并为监理人对材料、工程设备和工程的质量检查提供必要的试验资料和原始记录。按合同约定由监理人与承包人共同进行试验和检验的，承包人负责提供必要的试验资料和原始记录。

(2)**施工部位的检查**。承包人应对施工工艺进行全过程的质量检查和检验，认真执行自检、互检和工序交叉检验制度，尤其要做好隐蔽工程的质量检查。

1)**承包人自检**。承包人自检确认的工程隐蔽部位具备覆盖条件后，通知监理人在约定的期限内检查，通知中应载明隐蔽检查的内容、时间和地点，并应附有自检记录和必要的检查资料。经监理人检查确认质量符合隐蔽要求，并在验收记录上签字后，承包人才能进行覆盖。监理人检查确认质量不合格的，承包人应在监理人指示的时间内修整或返工后，由监理人重新检查。

2)**重新检查**。承包人覆盖工程隐蔽部位后，发包人或监理人对质量有疑问的，可要求承包人对已覆盖的部位进行钻孔探测或揭开重新检查，承包人应遵照执行，并在检查后对该部位重新覆盖恢复原状。经检查证明工程质量符合合同要求的，由发包人承担由此增加的费用和(或)延误的工期，并支付承包人合理的利润；经检查证明工程质量不符合合同要求的，由此增加的费用和(或)延误的工期由承包人承担。

3)**承包人私自覆盖**。承包人未通知监理人到场检查，私自将工程隐蔽部位覆盖的，监理人有权指示承包人钻孔探测或揭开检查，无论工程隐蔽部位质量是否合格，由此增加的费用和(或)延误的工期均由承包人承担。

(3)**现场工艺试验**。承包人应按合同约定或监理人指示进行现场工艺试验。对大型的现场工艺试验，监理人认为必要时，应由承包人根据监理人提出的工艺试验要求，编制工艺试验措施计划，报送监理人审批。

3. 材料与设备供应的质量控制

(1)**发包人供应材料与工程设备**。发包人自行供应材料、工程设备的，应按专用合同条款的附件《发包人供应材料设备一览表》约定的内容提供材料和工程设备，并向承包人提供产品合格证明及出厂证明，对其质量负责。发包人应提前24小时以书面形式通知承包人、监理人材料和工程设备到货时间，承包人负责材料和工程设备的清点、检验和接收。

发包人提供的材料和工程设备的规格、数量或质量不符合合同约定的，或因发包人原因导致交货日期延误或交货地点变更等情况的，按照合同约定办理。

发包人供应的材料和工程设备使用前，由承包人负责检验，检验费用由发包人承担，不合格的不得使用。

(2)**承包人采购材料与工程设备**。承包人采购的材料和工程设备，应保证产品质量合格，承包人应在材料和工程设备到货前24小时通知监理人检验。承包人进行永久设备、材料的制造和生产的，应符合相关质量标准，并向监理人提交材料的样本以及有关资料，应在使用该材料或工程设备之前获得监理人同意。

承包人采购的材料和工程设备不符合设计或有关标准要求时，承包人应在监理人要求的合理期限内将不符合设计或有关标准要求的材料、工程设备运出施工现场，并重新采购

符合要求的材料、工程设备，由此增加的费用和(或)延误的工期，由承包人承担。

法律规定材料和工程设备使用前必须进行检验或试验的，承包人应按监理人的要求进行检验或试验，检验或试验费用由承包人承担，不合格的不得使用。

(3)**禁止使用不合格的材料和工程设备。**

1)监理人有权拒绝承包人提供的不合格材料或工程设备，并要求承包人立即进行更换。监理人应在更换后再次进行检查和检验，由此增加的费用和(或)延误的工期由承包人承担。

2)监理人发现承包人使用了不合格的材料和工程设备，承包人应按照监理人的指示立即改正，并禁止在工程中继续使用不合格的材料和工程设备。

3)发包人提供的材料或工程设备不符合合同要求的，承包人有权拒绝，并可要求发包人更换，由此增加的费用和(或)延误的工期由发包人承担，并支付承包人合理的利润。

4. 施工设备和临时设施

(1)**承包人提供的施工设备和临时设施。**承包人应按合同进度计划的要求，及时配置施工设备和修建临时设施。进入施工场地的承包人设备需经监理人核查后才能投入使用。承包人更换合同约定的承包人设备的，应报监理人批准。

除专用合同条款另有约定外，承包人应自行承担修建临时设施的费用，需要临时占地的，应由发包人办理申请手续并承担相应费用。

(2)**发包人提供的施工设备和临时设施。**发包人提供的施工设备或临时设施在专用合同条款中约定。

(3)**要求承包人增加或更换施工设备。**承包人使用的施工设备不能满足合同进度计划和(或)质量要求时，监理人有权要求承包人增加或更换施工设备，承包人应及时增加或更换，由此增加的费用和(或)延误的工期由承包人承担。

5. 材料与设备专用要求

承包人运入施工现场的材料、工程设备、施工设备以及在施工场地建设的临时设施，包括备品备件、安装工具与资料，必须专用于工程。未经发包人批准，承包人不得运出施工现场或挪作他用。经发包人批准，承包人可以根据施工进度计划撤走闲置的施工设备和其他物品。

二、工程款支付管理

(一)通用条款中涉及支付管理的几个概念

《示范文本》的通用条款对涉及支付管理的几个涉及价格的用词作出了明确的规定。

1. 签约合同价

签约合同价是指发包人和承包人在合同协议书中确定的总金额，其包括安全文明施工费、暂估价及暂列金额等，即中标价。

2. 合同价格

合同价格是指发包人用于支付承包人按照合同约定完成承包范围内全部工作的金额，包括合同履行过程中按合同约定发生的价格变化。合同价格即承包人完成施工、竣工、保修全部义务后的工程结算总价，包括履行合同过程中按合同约定进行的变更、价款调整、通过索赔应予补偿的金额。

3. 质量保证金

质量保证金(保留金)是指将承包人的部分应得款扣留在发包人手中，用于保证承包人在缺陷责任期内履行缺陷修补义务的担保。发包人和承包人需在专用条款内约定两个值：一是每次支付工程进度款时应扣质量保证金的比例(如 10%)；二是质量保证金总额，可以采用某一金额或签约合同价的某一百分比(通常为 5%)。

质量保证金从第一次支付工程进度款时开始起扣，从承包人本期应获得的工程进度付款中，扣除预付款的支付、扣回以及因物价浮动对合同价格的调整三项金额后的款额为基数，按专用条款约定的比例扣留本期的质量保证金。累计扣留达到约定的总额为止。

4. 工程预付款

工程预付款又称材料备料款或材料预付款，其是指施工企业承包工程，一般实行包工包料，需要有一定数量的备料周转金，由建设单位在开工前拨给施工企业一定数额的预付备料款，构成施工企业为该承包工程储备和准备主要材料、结构件所需的流动资金。

(1)工程预付款的结算。根据《建设工程价款结算暂行办法》(财建[2004]369 号)的通知第 12 条规定：

1)**包工包料工程的预付款按合同约定拨付，原则上预付比例不低于合同金额的 10%，不高于合同金额的 30%，对重大工程项目，按年度工程计划逐年预付。**

2)**预付的工程款必须在合同中约定抵扣方式，并在工程进度款中进行抵扣。**

3)**凡是没有签订合同或不具备施工条件的工程，发包人不得预付工程款，不得以预付款为名转移资金。**

(2)工程预付款的支付。预付款的支付按照专用合同条款约定执行，但最迟应在开工通知载明的开工日期 7 天前支付。预付款应当用于材料、工程设备、施工设备的采购及修建临时工程、组织施工队伍进场等。

除专用合同条款另有约定外，预付款在进度付款中同比例扣回。在颁发工程接收证书前，提前解除合同的，尚未扣完的预付款应与合同价款一并结算。

发包人逾期支付预付款超过 7 天的，承包人有权向发包人发出要求预付的催告通知，发包人收到通知后 7 天内仍未支付的，承包人有权暂停施工，发包人应从约定应付之日起向承包人支付应付款的贷款利息，并承担违约责任。

(3)工程预付款的扣还。

1)按公式计算起扣点：

$$T=P-M/N$$

式中　T——起扣点，即预付备料款开始扣回的累计完成工作基金额；

P——承包合同总合同额；

M——工程预付款数额；

N——主要材料和构件所占总价款的比重。

2)按合同规定办法扣还备料款。例如，规定工程进度达到 60%，开始抵扣备料款，扣回的比例是按每完成 10%进度，扣预付备料款总额的 25%。

3)工程最后一次抵扣备料款。适合于造价低、工期短的简单工程。备料款在施工前一次拨付，施工过程中不作抵扣，当备料款加已付工程款达到 95%合同价款(即留 5%尾款)之时，停止支付工程款。

【案例分析 6-3】

某工程合同价款为 300 万元，主要材料和结构件费用为合同价款的 62.5%。合同规定预付备料款为合同价款的 25%。则：

预付备料款＝300×25%＝75(万元)

起扣点＝300－75÷62.5%＝180(万元)

当累计结算工程价款为 180 万元时，应开始抵扣备料款。此时，未完工程价值为 120 万元，所需主要材料费为 120×62.5%＝75(万元)，与预付备料款相等。

(二)工程进度款的支付

1. 允许调整合同价款的情况

(1)可以调整合同价款因素包括：

1)法律、行政法规和国家有关政策变化影响合同价款。

2)工程造价管理机构的价格调整。

3)经批准的设计变更。

4)发包人更改经审定批准的施工组织设计(修正错误除外)造成费用增加。

5)双方约定的其他因素。

(2)工程价款的调整的管理程序。《建设工程价款结算暂行办法》第 9 条规定，承包人应当在合同规定的调整情况发生后 14 天内，将调整原因、金额以书面形式通知发包人，发包人确认调整金额后将其作为追加合同价款，与工程进度款同期支付。发包人收到承包人通知后 14 天内不予确认也不提出修改意见，视为已经同意该项调整。

当合同规定的调整合同价款的调整情况发生后，承包人未在规定时间内通知发包人，或者未在规定时间内提出调整报告，发包人可以根据有关资料，决定是否调整和调整的金额，并书面通知承包人。

2. 工程量计量

已完成合格工程量计量的数据，是工程进度款支付的依据。除专用合同条款另有约定外，单价合同(或总价合同)以月计量按照以下约定执行：

(1)承包人提交工程量报告。承包人应于每月 25 日向监理人报送上月 20 日至当月 19 日已完成的工程量报告，并附具进度付款申请单、已完成工程量报表和有关资料。

(2)工程量计量。

1)监理人应在收到承包人提交的工程量报告后 7 天内完成对承包人提交的工程量报表的审核并报送发包人，以确定当月实际完成的工程量。监理人对工程量有异议的，有权要求承包人进行共同复核或抽样复测。承包人应协助监理人进行复核或抽样复测，并按监理人要求提供补充计量资料。承包人未按监理人要求参加复核或抽样复测的，监理人复核或修正的工程量视为承包人实际完成的工程量。

2)监理人未在收到承包人提交的工程量报表后的 7 天内完成审核的，承包人报送的工程量报告中的工程量视为承包人实际完成的工程量，据此计算工程价款。

(3)工程量计量原则。监理人对照设计图纸，只对承包人完成的永久工程合格工程量进行计量。属于承包人超出设计图纸范围(包括超挖、涨线)的工程量不予计量。因承包人原因造成返工的工程量不予计量。

3. 工程进度款的支付

(1)进度付款申请单的编制。承包人应在每个付款周期末，按监理人批准的格式和专用

条款约定的份数，向监理人提交进度付款申请单，并附相应的支持性证明文件。通用条款中要求进度付款申请单的内容包括以下几项：

1)截至本次付款周期已完成工作对应的金额。

2)变更金额。

3)本次应支付的预付款和扣减的返还预付款。

4)本次应扣减的质量保证金。

5)索赔金额。

6)对已签发的进度款支付证书中出现错误的修正，应在本次进度付款中支付或扣除的金额。

7)根据合同应增加和扣减的其他金额。

(2)签发进度款支付证书。

1)除专用合同条款另有约定外，监理人应在收到承包人进度付款申请单以及相关资料后7天内完成审查并报送发包人，发包人应在收到后7天内完成审批并签发进度款支付证书。发包人逾期未完成审批且未提出异议的，视为已签发进度款支付证书。

2)发包人和监理人对承包人的进度付款申请单有异议的，有权要求承包人修正和提供补充资料，承包人应提交修正后的进度付款申请单。监理人应在收到承包人修正后的进度付款申请单及相关资料后7天内完成审查并报送发包人，发包人应在收到监理人报送的进度付款申请单及相关资料后7天内，向承包人签发无异议部分的临时进度款支付证书。存在争议的部分，按照合同约定处理。

(3)进度款的支付。

1)除专用合同条款另有约定外，发包人应在进度款支付证书或临时进度款支付证书签发后14天内完成支付。发包人逾期支付进度款的，应按照中国人民银行发布的同期同类贷款基准利率支付违约金。

2)发包人签发进度款支付证书或临时进度款支付证书，不表明发包人已同意、批准或接受了承包人完成的相应部分的工作。

【案例分析 6-4】

［背景］ 某建筑工程承包合同总额为600万元，主要材料及结构构件金额占合同总额的62.5%，预付备料款额度为25%，预付款扣款的方法是以未施工工程尚需的主要材料及构件的价值相当于预付款数额时起扣，从每次中间结算工程价款中，按材料及构件比重抵扣工程价款。保留金为合同金额的5%在竣工时扣除。2010年上半年各月实际完成合同价值见表6-3。

表 6-3 2010 年上半年各月实际完成合同价值 万元

二月	三月	四月	五月(竣工)
100	140	180	180

［问题］ 如何按月结算工程款？

【参考答案】

(1)预付备料款＝600×25%＝150(万元)

(2)预付备料款的起扣点

$T=P-M/N=600-150\div62.5\%=600-240=360$(万元)

当累计完成合同价值为360万元后，开始扣预付款。

(3)二月完成合同价值100万元，结算100万元。

(4)三月完成合同价值140万元，结算140万元，累计结算工程款240万元。

(5)四月完成合同价值180万元，到四月份累计完成合同价值420万元，超过了预付备料款的起扣点。

四月份应扣回的预付备料款＝(420－360)×62.5％＝37.5(万元)

四月份结算工程款＝180－37.5＝142.5(万元)，累计结算工程款382.5万元。

(6)五月份完成合同价值180万元，应扣回预付备料款＝180×62.5＝112.5(万元)；应扣5％的预留款＝600×5％＝30(万元)

五月份结算工程款＝180－112.5－30＝37.5(万元)，累计结算工程款420万元，加上预付备料款150万元，共结算570万元。预留合同总额的5％作为保留金。

三、施工进度管理

(一)合同进度计划的动态管理

为了保证实际施工过程中承包人能够按计划施工，监理人通过协调，保障承包人的施工不受到外部或其他承包人的干扰，对已确定的施工计划要进行动态管理。无论何种原因造成工程的实际进度与合同进度计划不符，包括实际进度超前或滞后于计划进度，均应修订合同进度计划，以使进度计划具有实际的管理和控制作用。

承包人可以主动向监理人提交修订合同进度计划的申请报告，并附有关措施和相关资料，报监理人审批；监理人也可以向承包人发出修订合同进度计划的指示，承包人应按该指示修订合同进度计划后报监理人审批。

监理人应在专用合同条款约定的期限内予以批复。如果修订的合同进度计划对竣工时间有较大影响或需要补偿额超过监理人独立确定的范围时，在批复前应取得发包人同意。

(二)工期延误

1. 因发包人原因导致工期延误

在合同履行过程中，因下列情况导致工期延误和(或)费用增加的，由发包人承担由此延误的工期和(或)增加的费用，且发包人应支付承包人合理的利润：

(1)发包人未能按合同约定提供图纸或所提供图纸不符合合同约定的。

(2)发包人未能按合同约定提供施工现场、施工条件、基础资料、许可、批准等开工条件的。

(3)发包人提供的测量基准点、基准线和水准点及其书面资料存在错误或疏漏的。

(4)发包人未能在计划开工日期之日起7天内同意下达开工通知的。

(5)发包人未能按合同约定日期支付工程预付款、进度款或竣工结算款的。

(6)监理人未按合同约定发出指示、批准等文件的。

(7)专用合同条款中约定的其他情形。

因发包人原因未按计划开工日期开工的，发包人应按实际开工日期顺延竣工日期，确保实际工期不低于合同约定的工期总日历天数。因发包人原因导致工期延误需要修订施工进度计划的，按照合同约定相关专用条款执行。

2. 异常恶劣的气候条件

按照通用条款的规定，出现专用合同条款约定的异常恶劣气候条件导致工期延误，承

包人有权要求发包人延长工期。监理人处理气候条件对施工进度造成不利影响的事件时，应注意以下两条基本原则：

(1)正确区分气候条件对施工进度影响的责任。判明因气候条件对施工进度产生影响的持续期间内，属于异常恶劣气候条件有多少天。如土方填筑工程的施工中，因连续降雨导致停工 15 天，其中 6 天的降雨强度超过专用条款约定的标准构成延长合同工期的条件，而其余 9 天的停工或施工效率降低的损失，属于承包人应承担的不利气候条件风险。

(2)异常恶劣气候条件的停工是否影响总工期。异常恶劣气候条件导致的停工是进度计划中的关键工作，则承包人有权获得合同工期的顺延。如果被迫暂停施工的工作不在关键线路上且总时差多于停工天数，仍然不必顺延合同工期，但对施工成本的增加可以获得补偿。

(三)因承包人原因导致工期延误

因承包人原因导致工期延误的，可以在专用合同条款中约定逾期竣工违约金的计算方法和逾期竣工违约金的上限。承包人支付逾期竣工违约金后，不免除承包人继续完成工程及修补缺陷的义务。

(四)暂停施工

1. 暂停施工的责任

施工过程中发生被迫暂停施工的原因，可能源于发包人的责任，也可能属于承包人的责任。

(1)承包人责任的暂停施工：

1)承包人违约引起的暂停施工。

2)由于承包人原因为工程合理施工和安全保障所必需的暂停施工。

3)承包人擅自暂停施工。

4)承包人其他原因引起的暂停施工、

5)专用合同条款约定由承包人承担的其他暂停施工。

(2)发包人责任的暂停施工。发包人承担合同履行的风险较大，造成暂停施工的原因可能来自于未能履行合同的行为责任，也可能源于自身无法控制但应承担风险的责任。大体可以分为以下几类原因致使施工暂停：

1)发包人未履行合同规定的义务。此类原因较为复杂，包括自身未能尽到管理责任，如发包人采购的材料未能按时到货致使停工待料等；也可能源于第三者责任原因，如施工过程中出现设计缺陷导致停工等待变更的图纸等。

2)不可抗力。不可抗力的停工损失属于发包人应承担的风险，如施工期间发生地震、泥石流等自然灾害导致暂停施工。

3)协调管理原因。同时，在现场的两个承包人发生施工干扰，监理人从整体协调考虑，指示某一承包人暂停施工。

4)行政管理部门的指令。某些特殊情况下可能执行政府行政管理部门的指示，暂停一段时间的施工。如奥运会和世博会期间，为了环境保护的需要，某些在建工程按照政府文件要求暂停施工。

2. 暂停施工程序

(1)停工。监理人根据施工现场的实际情况，认为必要时可向承包人发出暂停施工的指

示，承包人应按监理人指示暂停施工。

无论由于何种原因引起的暂停施工，监理人应与发包人和承包人协商，采取有效措施积极消除暂停施工的影响。暂停施工期间由承包人负责妥善保护工程并提供安全保障。

(2)复工。当工程具备复工条件时，监理人应立即向承包人发出复工通知，承包人收到复工通知后，应在指示的期限内复工。承包人无故拖延和拒绝复工，由此增加的费用和工期延误由承包人承担。

因发包人原因无法按时复工时，承包人有权要求延长工期和(或)增加费用，以及合理利润。

3. 紧急情况下的暂停施工

因紧急情况需暂停施工，且监理人未及时下达暂停施工指示的，承包人可先暂停施工，并及时通知监理人。监理人应在接到通知后 24 小时内发出指示，逾期未发出指示，视为同意承包人暂停施工。监理人不同意承包人暂停施工的，应说明理由。如承包人对监理人的答复有异议，应按照合同约定相应条款进行处理。

(五)发包人要求提前竣工

(1)发包人要求承包人提前竣工的，发包人应通过监理人向承包人下达提前竣工指示，承包人应向发包人和监理人提交提前竣工建议书，提前竣工建议书应包括实施的方案、缩短的时间、增加的合同价格等内容。

(2)发包人接受该提前竣工建议书的，监理人应与发包人和承包人协商采取加快工程进度的措施，并修订施工进度计划，由此增加的费用由发包人承担。

(3)承包人认为提前竣工指示无法执行的，应向监理人和发包人提出书面异议，发包人和监理人应在收到异议后 7 天内予以答复。任何情况下，发包人不得压缩合理工期。

(4)发包人要求承包人提前竣工，或承包人提出提前竣工的建议能够给发包人带来效益的，合同当事人可以在专用合同条款中约定提前竣工的奖励。

四、施工安全管理与环境保护

(一)发包人的施工安全责任

发包人应负责赔偿以下各种情况造成的损失：

(1)工程或工程的任何部分对土地的占用所造成的第三者财产损失。

(2)由于发包人原因在施工场地及其毗邻地带造成的第三者人身伤亡和财产损失。

(3)由于发包人原因对承包人、监理人的人员造成人身伤亡和财产损失。

(4)由于发包人原因造成的发包人自身人员的人身伤害以及财产损失。

(二)承包人的施工安全责任

承包人应按合同约定的安全工作内容，编制施工安全措施计划报送监理人审批，按监理人的指示制定应对灾害的紧急预案，报送监理人审批。承包人还应按预案做好安全检查，配置必要的救助物资和器材，切实保护好有关人员的人身和财产安全。

施工过程中负责施工作业安全管理，特别应加强易燃易爆材料、火工器材、有毒与有腐蚀性的材料和其他危险品的管理，加强爆破作业和地下工程施工等危险作业的管理。严格按照国家安全标准制定施工安全操作规程，配备必要的安全生产和劳动保护设施，加强对承包人人员的安全教育，并发放安全工作手册和劳动保护用具。合同约定的安全作业环

境及安全施工措施所需费用已包括在相关工作的合同价格中。因采取合同未约定的安全作业环境及安全施工措施增加的费用，由监理人按商定或确定方式予以补偿。

承包人对其履行合同所雇用的全部人员，包括分包人人员的工伤事故承担责任，但由于发包人原因造成承包人人员的工伤事故，应由发包人承担责任。由于承包人原因在施工场地内及其毗邻地带造成的第三者人员伤亡和财产损失，由承包人负责赔偿。

(三)安全事故处理程序

1. 通知

施工过程中发生安全事故时，承包人应立即通知监理人，监理人应立即通知发包人。

2. 及时采取减损措施

发生工程事故后，发包人和承包人应立即组织人员和设备进行紧急抢救和抢修，减少人员伤亡和财产损失，防止事故扩大并保护事故现场。需要移动现场物品时，应做出标记和书面记录，妥善保管有关证据。

3. 报告

工程事故发生后，发包人和承包人应按国家有关规定，及时如实地向有关部门报告事故发生的情况，以及正在采取的紧急措施。

(四)环境保护

承包人应在施工组织设计中列明环境保护的具体措施。在合同履行期间，承包人应采取合理措施保护施工现场环境。对施工作业过程中可能引起的大气、水、噪声以及固体废物污染采取具体可行的防范措施。

承包人应当承担因其原因引起的环境污染侵权损害赔偿责任。因上述环境污染引起纠纷而导致暂停施工的，由此增加的费用和(或)延误的工期由承包人承担。

五、工程变更管理

(一)变更的范围

《示范文本》通用条款规定的变更范围包括以下几项：

(1)增加或减少合同中任何工作，或追加额外的工作。

(2)取消合同中任何工作，但转由他人实施的工作除外。

(3)改变合同中任何工作的质量标准或其他特性。

(4)改变工程的基线、标高、位置和尺寸。

(5)改变工程的时间安排或实施顺序。

(二)变更权

发包人和监理人均可以提出变更。变更指示均通过监理人发出，监理人发出变更指示前应征得发包人同意。承包人收到经发包人签认的变更指示后，方可实施变更。未经许可，承包人不得擅自对工程的任何部分进行变更。

涉及设计变更的，应由设计人提供变更后的图纸和说明。如变更超过原设计标准或批准的建设规模时，发包人应及时办理规划、设计变更等审批手续。

(三)变更程序

1. 发包人提出变更

发包人提出变更的，应通过监理人向承包人发出变更指示，变更指示应说明计划变更的工程范围和变更的内容。

2. 监理人提出变更建议

监理人提出变更建议的，需要向发包人以书面形式提出变更计划，说明计划变更工程范围和变更的内容、理由，以及实施该变更对合同价格和工期的影响。发包人同意变更的，由监理人向承包人发出变更指示；发包人不同意变更的，监理人无权擅自发出变更指示。

3. 变更执行

承包人收到监理人下达的变更指示后，认为不能执行，应立即提出不能执行该变更指示的理由。承包人认为可以执行变更的，应当书面说明实施该变更指示对合同价格和工期的影响，且合同当事人应当按照合同约定确定变更估价。

(四)变更估价

1. 变更估价原则

(1)已标价工程量清单或预算书有相同项目的，按照相同项目单价认定。

(2)已标价工程量清单或预算书中无相同项目，但有类似项目的，参照类似项目的单价认定。

(3)变更导致实际完成的变更工程量与已标价工程量清单或预算书中列明的该项目工程量的变化幅度超过15%的，或已标价工程量清单或预算书中无相同项目及类似项目单价的，按照合理的成本与利润构成的原则，由合同当事人按照合同约定确定变更工作的单价。

【案例分析 6-5】

[背景] 某独立土方工程，招标文件中估计工程量为100万m^3，合同中规定：土方工程单价为5元/m^3，当实际工程量超过工程量15%时，调整单价为4元/m^3。

[问题] 工程结束时完成土方工程量为130万m^3，土方工程款为多少万元？

【参考答案】

合同约定范围内(15%以内)的工程款为

100×(1+15%)×5=115×5=575(万元)

超过15%之后部分工程量的工程款为

(130－115)×4=60(万元)

土方工程款合计=575+60=635(万元)

2. 变更估价程序

承包人应在收到变更指示后14天内，向监理人提交变更估价申请。监理人应在收到承包人提交的变更估价申请后7天内审查完毕并报送发包人，监理人对变更估价申请有异议的，应通知承包人修改后重新提交。发包人应在承包人提交变更估价申请后14天内审批完毕。发包人逾期未完成审批或未提出异议的，视为认可承包人提交的变更估价申请。

因变更引起的价格调整应计入最近一期的进度款中支付。

(五)承包人的合理化建议

承包人提出合理化建议的，应向监理人提交合理化建议说明，说明建议的内容和理由，以及实施该建议对合同价格和工期的影响。

监理人应在收到承包人提交的合理化建议后7天内审查完毕并报送发包人，发现其中存在技术上的缺陷，应通知承包人修改。发包人应在收到监理人报送的合理化建议后7天内审批完毕。合理化建议经发包人批准的，监理人应及时发出变更指示，由此引起的合同价格调整为合同约定相关条款执行。发包人不同意变更的，监理人应书面通知承包人。

合理化建议降低了合同价格或者提高了工程经济效益的，发包人可对承包人给予奖励，奖励的方法和金额在专用合同条款中约定。

六、不可抗力

(一)不可抗力事件

不可抗力是指承包人和发包人在签订合同时不可预见，在合同履行过程中不可避免且不能克服的自然灾害和社会性突发事件，如地震、海啸、瘟疫、骚乱、戒严、暴动、战争和专用合同条款中约定的其他情形。

(二)不可抗力发生后的管理

1. 通知并采取措施

当合同一方当事人遇到不可抗力事件，使其履行合同义务受到阻碍时，应立即通知合同另一方当事人和监理人，书面说明不可抗力和受阻碍的详细情况，并提供必要的证明。不可抗力发生后，发包人和承包人均应采取措施尽量避免和减少损失的扩大，任何一方没有采取有效措施导致损失扩大的，应对扩大的损失承担责任。

如果不可抗力的影响持续时间较长，合同一方当事人应及时向合同另一方当事人和监理人提交中间报告，说明不可抗力和履行合同受阻的情况，并于不可抗力事件结束后28天内提交最终报告及有关资料。

2. 不可抗力造成的损失

通用条款规定，不可抗力导致的人员伤亡、财产损失、费用增加和(或)工期延误等后果，由发包人和承包人按以下原则承担：

(1)永久工程、已运至施工现场的材料和工程设备的损坏，以及因工程损坏造成的第三人人员伤亡和财产损失由发包人承担。

(2)承包人施工设备的损坏由承包人承担。

(3)发包人和承包人承担各自人员伤亡和财产的损失。

(4)因不可抗力影响承包人履行合同约定的义务，已经引起或将引起工期延误的，应当顺延工期，由此导致承包人停工的费用损失由发包人和承包人合理分担，停工期间必须支付的工人工资由发包人承担。

(5)因不可抗力引起或将引起工期延误，发包人要求赶工的，由此增加的赶工费用由发包人承担。

(6)承包人在停工期间按照发包人要求照管、清理和修复工程的费用由发包人承担。

(三)因不可抗力解除合同

因不可抗力导致合同无法履行连续超过84天或累计超过140天的，发包人和承包人均有权解除合同。合同解除后，由双方当事人按照合同约定来商定或确定发包人应支付的款项，该款项包括以下几项：

(1)合同解除前承包人已完成工作的价款。

（2）承包人为工程订购的并已交付给承包人，或承包人有责任接受交付的材料、工程设备和其他物品的价款。

（3）发包人要求承包人退货或解除订货合同而产生的费用，或因不能退货或解除合同而产生的损失。

（4）承包人撤离施工现场以及遣散承包人人员的费用。

（5）按照合同约定在合同解除前应支付给承包人的其他款项。

（6）扣减承包人按照合同约定应向发包人支付的款项。

（7）双方商定或确定的其他款项。

除专用合同条款另有约定外，合同解除后，发包人应在商定或确定上述款项后 28 天内完成上述款项的支付。

七、违约责任

通用条款对发包人和承包人违约的情况及处理分别做了明确的规定。

（一）承包人的违约

1. 违约情况

（1）承包人违反合同约定进行转包或违法分包的。

（2）承包人违反合同约定采购和使用不合格的材料及工程设备的。

（3）因承包人原因导致工程质量不符合合同要求的。

（4）未经批准，私自将已按照合同约定进入施工现场的材料或设备撤离施工现场的。

（5）承包人未能按施工进度计划及时完成合同约定的工作，造成工期延误的。

（6）承包人在缺陷责任期及保修期内，未能在合理期限对工程缺陷进行修复，或拒绝按发包人要求进行修复的。

（7）承包人明确表示或者以其行为表明不履行合同主要义务的。

（8）承包人未能按照合同约定履行其他义务的。

2. 承包人违约的处理

（1）当发生承包人不履行或无力履行合同义务的情况时，发包人可通知承包人立即解除合同。

（2）对于承包人违反合同规定的情况，监理人发出整改通知后，承包人在指定的合理期限内仍不纠正违约行为并致使合同目的不能实现的，发包人有权解除合同。承包人应承担因其违约行为而增加的费用和（或）延误的工期。

3. 因承包人违约解除合同

（1）发包人进驻施工现场。合同解除后，发包人可派人员进驻施工场地，另行组织人员或委托其他承包人施工。发包人因继续完成工程的需要，发包人有权使用承包人在施工现场的材料、设备、临时工程、承包人文件和由承包人或以其名义编制的其他文件。发包人继续使用的行为不免除或减轻承包人应承担的违约责任。

（2）合同解除后的结算。

1）合同解除后，按合同约定来商定或确定承包人实际完成工作对应的合同价款，以及承包人已提供的材料、工程设备、施工设备和临时工程等的价值。

2）合同解除后，承包人应支付的违约金。

3)合同解除后，因解除合同给发包人造成的损失。

4)合同解除后，承包人应按照发包人的要求和监理人的指示完成现场的清理与撤离。

5)发包人和承包人应在合同解除后进行清算，出具最终结清付款证书，结清全部款项。

因承包人违约解除合同的，发包人有权暂停对承包人的付款，查清各项付款和已扣款项。发包人和承包人未能就合同解除后的清算和款项支付达成一致的，应按照合同约定相关条款处理。

(3)采购合同权益转让。因承包人违约解除合同的，发包人有权要求承包人将其为实施合同而签订的材料和设备的采购合同的权益转让给发包人。承包人应在收到解除合同通知后 14 天内，协助发包人与采购合同的供应商达成相关的转让协议。

(二)发包人的违约

1. 违约情况

(1)因发包人原因未能在计划开工日期前 7 天内下达开工通知的。

(2)因发包人原因未能按合同约定支付合同价款的。

(3)发包人自行实施被取消的工作或转由他人实施的。

(4)发包人提供的材料、工程设备的规格、数量或质量不符合合同约定，或因发包人原因导致交货日期延误或交货地点变更等情况的。

(5)因发包人违反合同约定造成暂停施工的。

(6)发包人无正当理由没有在约定期限内发出复工指示，导致承包人无法复工的。

(7)发包人明确表示或者以其行为表明不履行合同主要义务的。

(8)发包人未能按照合同约定履行其他义务的。

2. 发包人违约的处理

(1)承包人有权暂停施工。除发包人明确表示或者以其行为表明不履行合同主要义务的情况外，承包人可向发包人发出通知，要求发包人采取有效措施纠正违约行为。发包人收到承包人通知后 28 天内仍不纠正违约行为的，承包人有权暂停相应部位工程施工，并通知监理人。发包人应承担因其违约给承包人增加的费用和(或)延误的工期，并支付承包人合理的利润。

承包人暂停施工 28 天后，发包人仍不纠正其违约行为并致使合同目的不能实现的，承包人有权解除合同，发包人应承担由此增加的费用，并支付承包人合理的利润。

(2)违约解除合同。属于发包人不履行或无力履行义务的情况，承包人可书面通知发包人解除合同。

(3)因发包人违约解除合同。

1)解除合同后的结算。发包人应在解除合同后的 28 天内向承包人支付下列金额：

①合同解除前所完成工作的价款。

②承包人为工程施工订购并已付款的材料、工程设备和其他物品的价款。

③承包人撤离施工现场以及遣散承包人人员的款项。

④按照合同约定在合同解除前应支付的违约金。

⑤按照合同约定应当支付给承包人的其他款项。

⑥按照合同约定应退还的质量保证金。

⑦因解除合同给承包人造成的损失。

2)承包人撤离施工现场。因发包人违约而解除合同后，承包人应尽快完成施工现场的清理工作，妥善做好已完工程和与工程有关的已购材料、工程设备的保护和移交工作，并将施工设备和人员撤出施工现场，发包人应为承包人撤出提供必要的条件。

八、工程分包管理

(一)分包的一般约定

承包人不得将其承包的全部工程转包给第三人，或将其承包的全部工程肢解后以分包的名义转包给第三人。承包人不得将工程主体结构、关键性工作及专用合同条款中禁止分包的专业工程分包给第三人，主体结构、关键性工作的范围由合同当事人按照法律规定在专用合同条款中予以明确。

承包人不得以劳务分包的名义转包或违法分包工程。

(二)分包的确定

承包人应按专用合同条款的约定进行分包，确定分包人。按照合同约定进行分包的，承包人应确保分包人具有相应的资质和能力。工程分包不减轻或免除承包人的责任和义务，承包人和分包人就分包工程向发包人承担连带责任。除合同另有约定外，承包人应在分包合同签订后7天内向发包人和监理人提交分包合同副本。

(三)分包管理

承包人应向监理人提交分包人的主要施工管理人员表，并对分包人的施工人员进行实名制管理，包括但不限于进出场管理、登记造册以及各种证照的办理。

(四)分包合同价款

(1)除专用合同条款另有约定外，分包合同价款由承包人与分包人结算，未经承包人同意，发包人不得向分包人支付分包工程价款。

(2)生效法律文书要求发包人向分包人支付分包合同价款的，发包人有权从应付承包人工程款中扣除该部分款项。

(五)分包合同权益的转让

分包人在分包合同项下的义务持续到缺陷责任期届满以后的，发包人有权在缺陷责任期届满前，要求承包人将其在分包合同项下的权益转让给发包人，承包人应当转让。除转让合同另有约定外，转让合同生效后，由分包人向发包人履行义务。

任务五　学习竣工和缺陷责任期阶段合同管理

一、工程试车

工程试车是指在工程竣工对设备、电路、管线等系统的试运行，要对设备运行的性能进行检验。

(一)无负荷试车

无负荷试车可分为单机无负荷试车和联动无负荷试车两种。工程需要试车的，除专用

合同条款另有约定外，试车内容应与承包人承包范围相一致，试车费用由承包人承担。

1. 试车程序

(1)单机无负荷试车。具备单机无负荷试车条件，承包人组织试车，并在试车前48小时书面通知监理人，通知中应载明试车内容、时间、地点。承包人准备试车记录，发包人根据承包人要求为试车提供必要条件。试车合格的，监理人在试车记录上签字。若在试车合格后监理人不在试车记录上签字，自试车结束满24小时后视为监理人已经认可试车记录，承包人可继续施工或办理竣工验收手续。

监理人不能按时参加试车，应在试车前24小时以书面形式向承包人提出延期要求，但延期不能超过48小时，由此导致工期延误的，工期应予以顺延。监理人未能在前述期限内提出延期要求，又不参加试车的，视为其认可试车记录。

(2)联动无负荷试车。具备无负荷联动试车条件，发包人组织试车，并在试车前48小时以书面形式通知承包人。通知中应载明试车内容、时间、地点和对承包人的要求，承包人按要求做好试车准备工作。试车合格的，合同当事人在试车记录上签字。承包人无正当理由不参加试车的，视为认可试车记录。

2. 试车中的双方责任

(1)设计原因。因设计原因导致试车达不到验收要求，发包人应要求设计人修改设计，承包人按修改后的设计重新安装。发包人承担修改设计、拆除及重新安装的全部费用，工期相应顺延。

(2)承包人原因。因承包人原因导致试车达不到验收要求，承包人按监理人要求重新安装和试车，并承担重新安装和试车的费用，工期不予顺延。

(3)制造原因。因工程设备制造原因导致试车达不到验收要求，由采购该工程设备的合同当事人负责重新购置或修理，承包人负责拆除和重新安装。由此增加的修理、重新购置、拆除与重新安装的费用及延误的工期由采购该工程设备的合同当事人承担。

(二)投料试车

如需进行投料试车的，发包人应在工程竣工验收后组织投料试车。发包人要求在工程竣工验收前进行或需要承包人配合时，应征得承包人同意，并在专用合同条款中约定有关事项。

投料试车合格的，费用由发包人承担；因承包人原因导致投料试车不合格的，承包人应按照发包人要求进行整改，由此产生的整改费用由承包人承担；非因承包人原因导致投料试车不合格的，如发包人要求承包人进行整改的，由此产生的费用由发包人承担。

二、竣工验收管理

(一)单位工程验收

1. 单位工程验收的情况

合同工程全部完工前进行单位工程验收和移交，可能涉及三种情况：一是专用条款内约定了某些单位工程分部移交；二是发包人在全部工程竣工前希望使用已经竣工的单位工程，提出单位工程提前移交的要求，以便获得部分工程的运行收益；三是承包人从后续施工管理的角度出发而提出单位工程提前验收的建议，并经发包人同意。

2. 单位工程验收后的管理

验收合格后，由监理人向承包人出具经发包人签认的单位工程接收证书。单位工程的验收成果和结论作为全部工程竣工验收申请报告的附件。移交后的单位工程由发包人负责照管。

除合同约定的单位工程分部移交的情况外，如果发包人在全部工程竣工前，使用已接收的单位工程运行影响了承包人的后续施工，发包人应承担由此增加的费用和(或)工期延误，并支付承包人合理利润。

(二)施工期运行

施工期运行是指合同工程还未全部竣工，其中某项或某几项单位工程已竣工或工程设备安装完毕，需要投入施工期的运行时，须经检验合格能确保安全后，才能在施工期投入运行。

除专用条款约定由发包人负责试运行的情况外，承包人应负责提供试运行所需的人员、器材和必要的条件，并承担全部试运行费用。施工期运行中发现工程或工程设备损坏或存在缺陷时，由承包人进行修复，并按照缺陷原因由责任方承担相应的费用。

(三)合同工程的竣工验收

1. 竣工验收工作程序

(1)**承包人提交竣工验收申请报告。**当工程具备以下条件时，承包人可向监理人报送竣工验收申请报告：

1)除发包人同意的甩项工作和缺陷修补工作外，合同范围内的全部工程以及有关工作，包括合同要求的试验、试运行以及检验均已完成，并符合合同要求。

2)已按合同约定编制了甩项工作和缺陷修补工作清单以及相应的施工计划。

3)已按合同约定的内容和份数备齐竣工资料。

(2)**监理人审查竣工验收申请报告。**

1)承包人向监理人报送竣工验收申请报告，监理人应在收到竣工验收申请报告后 14 天内完成审查并报送发包人。

2)监理人审查后认为还不具备验收条件的，应通知承包人在竣工验收前承包人还需完成的工作内容，承包人应在完成监理人通知的全部工作内容后，再次提交竣工验收申请报告。

3)监理人审查后认为已具备竣工验收条件的，应将竣工验收申请报告提交发包人，发包人应在收到经监理人审核的竣工验收申请报告后 28 天内审批完毕并组织监理人、承包人、设计人等相关单位完成竣工验收。

(3)**竣工验收。**

1)竣工验收合格的，发包人应在验收合格后 14 天内向承包人签发工程接收证书。发包人无正当理由逾期不颁发工程接收证书的，自验收合格后第 15 天起视为已颁发工程接收证书。

2)竣工验收不合格的，监理人应按照验收意见发出指示，要求承包人对不合格工程返工、修复或采取其他补救措施，由此增加的费用和(或)延误的工期由承包人承担。承包人在完成不合格工程的返工、修复或采取其他补救措施后，应重新提交竣工验收申请报告，并按合同约定的程序重新进行验收。

3)工程未经验收或验收不合格，发包人擅自使用的，应在转移占有工程后 7 天内向承

包人颁发工程接收证书；发包人无正当理由逾期不颁发工程接收证书的，自转移占有后第15天起视为已颁发工程接收证书。

4)除专用合同条款另有约定外，发包人不按照合同约定组织竣工验收、颁发工程接收证书的，每逾期一天，应以签约合同价为基数，按照中国人民银行发布的同期同类贷款基准利率支付违约金。

2. 竣工日期

(1)工程经竣工验收合格的，以承包人提交竣工验收申请报告之日为实际竣工日期，并在工程接收证书中载明。

(2)因发包人原因未在监理人收到承包人提交的竣工验收申请报告42天内完成竣工验收，或完成竣工验收不予签发工程接收证书的，以提交竣工验收申请报告的日期为实际竣工日期。

(3)工程未经竣工验收，发包人擅自使用的，以转移占有工程之日为实际竣工日期。

3. 拒绝接收全部或部分工程

对于竣工验收不合格的工程，承包人完成整改后，应当重新进行竣工验收，经重新组织验收仍不合格的且无法采取措施补救的，则发包人可以拒绝接收不合格工程。因不合格工程导致其他工程不能正常使用的，承包人应采取措施确保相关工程的正常使用，由此增加的费用和(或)延误的工期由承包人承担。

三、竣工结算

1. 承包人提交竣工结算申请单

承包人应在工程竣工验收合格后28天内向发包人或监理人提交竣工结算申请单，并提交完整的结算资料，有关竣工结算申请单的资料清单和份数等要求由合同当事人在专用合同条款中约定。

除专用合同条款另有约定外，竣工结算申请单应包括以下内容：

(1)竣工结算合同价格。

(2)发包人已支付承包人的款项。

(3)应扣留的质量保证金。

(4)发包人应支付承包人的合同价款。

2. 竣工结算申请单审查

监理人或发包人对竣工结算申请单进行审查，如果有异议，有权要求承包人进行修正和提供补充资料，承包人应提交修正后的竣工结算申请单。

3. 签发竣工付款证书

监理人应在收到竣工结算申请单后14天内完成核查并报送发包人。发包人应在收到监理人提交的经审核的竣工结算申请单后14天内完成审批，并由监理人向承包人签发经发包人签认的竣工付款证书。

发包人在收到承包人提交竣工结算申请书后28天内未完成审批且未提出异议的，视为发包人认可承包人提交的竣工结算申请单，并自发包人收到承包人提交的竣工结算申请单后第29天起视为已签发竣工付款证书。

4. 支付

发包人应在签发竣工付款证书后的 14 天内，完成对承包人的竣工付款。发包人逾期支付的，按照中国人民银行发布的同期同类贷款基准利率支付违约金；逾期支付超过 56 天的，按照中国人民银行发布的同期同类贷款基准利率的两倍支付违约金。

四、竣工退场

（一）承包人的清场义务

颁发工程接收证书后，承包人应按以下要求对施工现场进行清理：

(1)施工现场内残留的垃圾已全部清除出场。

(2)临时工程已拆除，场地已进行清理、平整或复原。

(3)按合同约定应撤离的人员、承包人施工设备和剩余的材料，包括废弃的施工设备和材料，已按计划撤离施工现场。

(4)施工现场周边及其附近道路、河道的施工堆积物，已全部清理。

(5)施工现场其他场地清理工作已全部完成。

施工现场的竣工退场费用由承包人承担。承包人应在专用合同条款约定的期限内完成竣工退场。逾期未完成的，发包人有权出售或另行处理承包人遗留的物品，由此支出的费用由承包人承担，发包人出售承包人遗留物品所得款项在扣除必要费用后应返还承包人。

（二）地表还原

承包人应按发包人要求恢复临时占地及清理场地，承包人未按发包人的要求恢复临时占地，或者场地清理未达到合同约定要求的，发包人有权委托其他人恢复或清理，所发生的费用由承包人承担。

五、保修

（一）保修责任

工程保修期从工程竣工验收合格之日起算，具体分部分项工程的保修期由合同当事人在专用合同条款中约定，但不得低于法定最低保修年限。在工程保修期内，承包人应当根据有关法律规定以及合同约定承担保修责任。

发包人未经竣工验收擅自使用工程的，保修期自转移占有之日起算。

（二）保修年限

国务院颁布的《建设工程质量管理条例》第 40 条规定，在正常使用条件下建设工程的最低保修年限为：

(1)基础设施工程、房屋建筑的地基基础工程和主体结构工程，为设计文件规定的该工程的合理使用年限。

(2)屋面防水工程、有防水要求的卫生间、房间和外墙面的防渗漏，保修年限为 5 年。

(3)供热与供冷系统，保修年限为 2 个采暖期、2 个供冷期。

(4)电气管线、给水排水管道、设备安装和装修工程，保修年限为 2 年。

其他项目的保修期限由发包方与承包方约定。建设工程的保修期，自竣工验收合格之日起计算。

(三)修复费用

保修期内，修复的费用按照以下约定处理：

(1)保修期内，因承包人原因导致工程的缺陷、损坏，承包人应负责修复，并承担修复的费用以及因工程的缺陷、损坏造成的人身伤害和财产损失。

(2)保修期内，因发包人使用不当导致工程的缺陷、损坏，可以委托承包人修复，但发包人应承担修复的费用，并支付承包人合理利润。

(3)因其他原因导致工程的缺陷、损坏，可以委托承包人修复，发包人应承担修复的费用并支付承包人合理的利润。因工程的缺陷、损坏造成的人身伤害和财产损失，由责任方承担。

(四)修复通知

在保修期内，发包人在使用过程中，发现已接收的工程存在缺陷或损坏的，应书面通知承包人予以修复，但情况紧急必须立即修复缺陷或损坏的，发包人可以口头通知承包人并在口头通知后48小时内书面确认，承包人应在专用合同条款约定的合理期限内到达工程现场并修复缺陷或损坏。

(五)未能修复

因承包人原因导致工程的缺陷或损坏，承包人拒绝维修或未能在合理期限内修复缺陷或损坏，且经发包人书面催告后仍未修复的，发包人有权自行修复或委托第三方修复，所需费用由承包人承担。但修复范围超出缺陷或损坏范围的，超出范围部分的修复费用由发包人承担。

(六)承包人出入权

在保修期内，为了修复缺陷或损坏，承包人有权出入工程现场，除情况紧急必须立即修复缺陷或损坏外，承包人应提前24小时通知发包人进场修复的时间。承包人进入工程现场前应获得发包人同意，且不应影响发包人正常的生产经营，并应遵守发包人有关保安和保密等规定。

课堂活动

根据以下提供的背景资料，分组讨论并回答施工单位是否承担无偿修理并赔偿损失的责任，并说明理由。

[背景] A建设单位与B建筑公司签订一施工合同，修建某住宅工程。工程完工后，经验收质量合格。工程使用3年后，发现楼房屋顶漏水，建设单位要求建筑公司负责无偿修理并赔偿损失，建筑公司则以施工合同中并未规定质量保证期限，且工程已经验收合格为由，拒绝无偿修理要求。建设单位起诉至法院。法院判决施工合同有效，认为合同中虽然并没有约定工程质量保证期限，但依据《建设工程质量管理办法》的规定，屋面防水工程保修期限为5年，因此，工程使用3年出现的质量问题，应由施工单位承担无偿修理并赔偿损失的责任。

六、质量保证金

(一)承包人提供质量保证金的方式

经合同当事人协商一致扣留质量保证金的，应在专用合同条款中予以明确。承包人所

提供的质量保证金有以下三种方式：

(1)质量保证金保函。

(2)相应比例的工程款。

(3)双方约定的其他方式。

除专用合同条款另有约定外，质量保证金原则上采用上述第(1)种方式。

(二)质量保证金的扣留

质量保证金的扣留有以下三种方式：

(1)在支付工程进度款时逐次扣留，在此情形下，质量保证金的计算基数不包括预付款的支付、扣回以及价格调整的金额。

(2)工程竣工结算时一次性扣留质量保证金。

(3)双方约定的其他扣留方式。

除专用合同条款另有约定外，质量保证金的扣留原则上采用上述第(1)种方式。

发包人累计扣留的质量保证金不得超过结算合同价格的5%，如承包人在发包人签发竣工付款证书后28天内提交质量保证金保函，发包人应同时退还扣留的作为质量保证金的工程价款。

(三)质量保证金的退还

发包人应按照合同约定相关条款退还质量保证金。

七、缺陷责任期管理

(一)缺陷责任

缺陷责任期自实际竣工日期起计算，合同当事人应在专用合同条款约定缺陷责任期的具体期限，但该期限最长不超过24个月。

1. 缺陷责任期的计算存在的情况

(1)单位工程先于全部工程进行验收，经验收合格并交付使用的，该单位工程缺陷责任期自单位工程验收合格之日起算。

(2)因发包人原因导致工程无法按合同约定期限进行竣工验收的，缺陷责任期自承包人提交竣工验收申请报告之日起开始计算。

(3)发包人未经竣工验收擅自使用工程的，缺陷责任期自工程转移占有之日起开始计算。

2. 责任划分

(1)工程竣工验收合格后，因承包人原因导致的缺陷或损坏，致使工程、单位工程或某项主要设备不能按原定目的使用的，则发包人有权要求承包人延长缺陷责任期，并应在原缺陷责任期届满前发出延期通知，但缺陷责任期最长不能超过24个月。

(2)任何一项缺陷或损坏修复后，经检查证明其影响了工程或工程设备的使用性能，承包人应重新进行合同约定的试验和试运行，试验和试运行的全部费用应由责任方承担。

(二)监理人颁发缺陷责任终止证书

缺陷责任期满，包括延长的期限终止后14天内，由监理人向承包人出具经发包人签认的缺陷责任期终止证书，并退还剩余的质量保证金。颁发缺陷责任期终止证书，意味着承

包人已按合同约定完成了施工、竣工和缺陷修复责任的义务。

(三)最终结清

缺陷责任期终止证书签发后，发包人与承包人进行合同付款的最终结清。结清的内容涉及质量保证金的返还、缺陷责任期内修复非承包人缺陷责任的工作、缺陷责任期内涉及的索赔等。

1. 承包人提交最终结清申请单

(1)承包人应在缺陷责任期终止证书颁发后 7 天内，按专用合同条款约定的份数向发包人提交最终结清申请单，并提供相关证明材料。除专用合同条款另有约定外，最终结清申请单应列明质量保证金、应扣除的质量保证金及缺陷责任期内发生的增减费用。

(2)发包人对最终结清申请单内容有异议的，有权要求承包人进行修正和提供补充资料，承包人应向发包人提交修正后的最终结清申请单。

2. 签发最终结清证书

发包人应在收到承包人提交的最终结清申请单后 14 天内，完成审批并向承包人颁发最终结清证书。

发包人逾期未完成审批又未提出修改意见的，视为发包人同意承包人提交的最终结清申请单，且自发包人收到承包人提交的最终结清申请单后 15 天起视为已颁发最终结清证书。

3. 最终支付

发包人应在颁发最终结清证书后 7 天内完成支付。发包人逾期支付的，按照中国人民银行发布的同期同类贷款基准利率支付违约金；逾期支付超过 56 天的，按照中国人民银行发布的同期同类贷款基准利率的两倍支付违约金。

4. 结清单生效

承包人收到发包人最终支付款后结清单生效。结清单生效即表明合同终止，承包人不再拥有索赔的权利。

八、争议解决

(一)和解

合同当事人可以就争议自行和解，自行和解达成协议的经双方签字并盖章后作为合同补充文件，双方均应遵照执行。

(二)调解

合同当事人可以就争议请求建设行政主管部门、行业协会或其他第三方进行调解。调解达成协议的，经双方签字并盖章后作为合同补充文件，双方均应遵照执行。

(三)争议评审

合同当事人在专用合同条款中约定采取争议评审方式解决争议以及评审规则，并按下列约定执行。

1. 争议评审小组的确定

合同当事人可以共同选择一名或三名争议评审员，组成争议评审小组。除专用合同条款另有约定外，合同当事人应当自合同签订后 28 天内，或者争议发生后 14 天内，选定争

议评审员。

选择一名争议评审员的，由合同当事人共同确定；选择三名争议评审员的，各自选定一名，第三名成员为首席争议评审员，由合同当事人共同确定或由合同当事人委托已选定的争议评审员共同确定，或由专用合同条款约定的评审机构指定第三名首席争议评审员。

除专用合同条款另有约定外，评审员报酬由发包人和承包人各承担一半。

2. 争议评审小组的决定

合同当事人可在任何时间将与合同有关的任何争议共同提请争议评审小组进行评审。争议评审小组应秉持客观、公正原则，充分听取合同当事人的意见，依据相关法律、规范、标准、案例经验及商业惯例等，自收到争议评审申请报告后14天内作出书面决定，并说明理由。合同当事人可以在专用合同条款中对本项事项另行约定。

3. 争议评审小组决定的效力

争议评审小组作出的书面决定经合同当事人签字确认后，对双方具有约束力，双方应遵照执行。

任何一方当事人不接受争议评审小组决定或不履行争议评审小组决定的，双方可选择采用其他争议解决方式。

(四)仲裁或诉讼

因合同及合同有关事项产生的争议，合同当事人可以在专用合同条款中约定以下一种方式解决争议：

(1)向约定的仲裁委员会申请仲裁。

(2)向有管辖权的人民法院起诉。

【案例分析 6-6】

[背景] 某项目法人(以下称甲方)与某施工企业(以下称乙方)于2006年6月5日签订了合同协议书，合同条款部分内容如下：

1. 合同协议书中的部分条款

(1)工程概况。

工程名称：商品住宅楼；　　　　　　工程地点：市区；

工程内容：五栋框架结构办公楼，每栋建筑面积为3 150 m^2。

(2)工程承包范围。

某建筑设计院设计的施工图所包括的土建、装饰、水暖电工程。

(3)合同工期。

开工日期：2008年5月15日；　竣工日期：2008年10月15日；

合同工期总日历天数：147日。

(4)质量标准。工程质量标准：达到甲方规定的质量标准。

(5)合同总价。人民币为伍佰陆拾万捌仟元整(￥566.8万元)。

(6)乙方承诺的质量保修。

在该项目设计规定的使用年限(50年)内，乙方承担全部保修责任。

2. 补充协议条款

(1)甲方向乙方提供施工场地的工程地质和地下主要管网线路资料，供乙方参考使用。

(2)乙方不能将工程转包，但允许分包，也允许分包单位将分包的工程再次分包给其他

施工单位。

［问题］

(1)该施工合同文件的组成内容有哪些？解释顺序如何？

(2)该合同拟订的条款有哪些不妥之处，应如何修改？

【参考答案】

［问题1］

施工合同文件的组成内容主要有：①合同协议书；②中标通知书；③投标函及其附录；④专用合同条款及其附件；⑤通用合同条款；⑥技术标准和要求；⑦图纸；⑧已标价工程量清单或预算书；⑨其他合同文件。

上述文件的排列顺序即为合同文件的优先解释顺序，排在前面的文件具有优先的解释效力。双方有关工程的洽商、变更等书面协议或文件，也视为合同的组成部分。

［问题2］

该合同条款存在的不妥之处及其修改：

(1)竣工日期为2008年10月15日不妥，应调整为2008年10月9日。

(2)以甲方规定的质量标准作为该工程的质量标准不妥，而应符合我国现行工程建设标准作为该工程的质量标准。

(3)合同总价应为￥566.8万元不妥，应改为￥560.8万元。在合同文件中，用数字表示的数额与文字表示的数额不一致时，应遵守以文字数额为准的解释惯例。

(4)质量保修条款不妥。应按《建设工程质量管理条例》的有关规定执行。

(5)补充条款第(1)条中，“供乙方参考使用”提法不妥，应修订为保证资料(数据)事实、准确，作为乙方现场施工的依据。

(6)补充条款第(2)条“也允许分包单位将分包的工程再次分包给其他施工单位”不妥，修改为不允许分包单位再次分包。

学生实训园

实训项目：处理施工合同履行中出现事件

一、实训目的

1. 掌握和理解建设工程施工合同知识；

2. 学会分析处理施工合同履行过程中出现的各种事件。

二、材料准备

［背景］ A承包商与B大学签订了一栋教学楼建设工程施工合同，明确承包人包工、包料、包工期、包质量、包安全、包文明施工。工程竣工后，A承包人向发包人提交了竣工报告，发包人认为工程质量合格，为了不影响学生上课，发包人没有组织竣工验收，提前便直接使用。使用2个月后，发现教学楼第2层砖墙出现深度裂缝，于是要求A承包商采取措施处理。A承包商则认为工程未经验收，提前使用，出现质量问题，承包人不再承担责任。

［问题］

1. 依照有关法律法规，该质量问题的责任由谁承担？请说明理由。

2. 工程未经验收，发包人提前使用，可否视为工程已交付，承包人不再承担责任？请说明理由。

3. 如果工程现场有业主聘任的监理工程师，出现上述问题应如何处理，是否承担一定责任？请说明理由。

4. 发生上述问题，承包人的保修责任应如何履行？请说明理由。

5. 上述纠纷，发包人和承包人可以通过何种方式解决？

三、实训步骤

第一步：学生分组，5～6人为一组；

第二步：提供某工程施工合同履行情况；

第三步：提出施工合同履行过程中的各种问题事件；

第四步：学生分组讨论；

第五步：编制施工合同履行过程中问题事件的处理报告。

四、实训成果要求

1. 在教师指导下独立地完成问题事件处理报告的编写；

2. 在教学规定的实训时间内完成全部内容。

五、实训注意事项

1. 学生角色扮演真实；

2. 充分发挥学生的积极性、主动性与创造性。

练习与思考

一、填空题

1. 施工合同根据可选择的计价方式分为__________合同、__________合同和__________合同。

2.《建设工程施工合同(示范文本)》(GF—2013—0201)由__________、__________、__________三部分组成，并附有11个附件。

3. 承包人应对施工工艺进行全过程的质量检查和检验，认真执行__________、__________和工序交叉检验制度，尤其要做好__________的质量检查。

4. 发包人供应的材料和工程设备使用前，由__________负责检验，检验费用由__________承担，不合格的不得使用。

5. 监理人对照设计图纸，只对承包人完成的永久工程__________工程量进行计量。属于承包人__________设计图纸范围(包括超挖、涨线)的工程量不予计量；因承包人原因造成__________的工程量不予计量。

二、选择题

1. 关于施工部位质量检查的描述，下列表述正确的选项有(　　)。

A. 经监理人检查确认质量符合隐蔽要求，并在验收记录上签字后，承包人才能进行覆盖

B. 监理人对质量有疑问的，可要求承包人对已覆盖的部位进行钻孔探测或揭开重新检查，承包人应遵照执行

C. 覆盖后的隐蔽工程，经重新检查证明工程质量不符合合同要求的，由发包人承担由此增加的费用和(或)延误的工期

D. 承包人未通知监理人到场检查，私自将工程隐蔽部位覆盖的，监理人有权指示承包人钻孔探测或揭开检查，无论质量是否合格，由此增加的费用由承包人承担

E. 承包人应对施工工艺进行全过程的质量检查和检验，认真执行自检、互检和工序交叉检验制度

2. 可以调整合同价款因素包括(　　)。

A. 法律、行政法规和国家有关政策变化影响合同价款

B. 工程造价管理机构的价格调整

C. 经批准的设计变更

D. 发包人更改经审定批准的施工组织设计(修正错误除外)造成费用增加

E. 评为省优质工程

3. 以下属于承包人责任的暂停施工情形有(　　)。

A. 发包人采购的材料未能按时到货致使停工待料

B. 由于承包人原因为工程合理施工和安全保障所必需的暂停施工

C. 承包人擅自暂停施工

D. 承包人其他原因引起的暂停施工

E. 承包人违约引起的暂停施工

4. 对于不可抗力造成的损失由承包人承担的有(　　)。

A. 永久工程、已运至施工现场的材料和工程设备的损坏，以及因工程损坏造成的第三人人员伤亡和财产损失

B. 承包人施工设备的损坏

C. 承包人人员伤亡和财产的损失

D. 承包人在停工期间按照发包人要求照管、清理和修复工程的费用

E. 因不可抗力引起或将引起工期延误，发包人要求赶工的，由此增加的赶工费用

5. 在《建设工程施工合同(示范文本)》(GF—2013—0201)中，关于争议解决的办法有(　　)。

A. 和解　　B. 调解

C. 争议评审　　D. 仲裁或诉讼

E. 行政复议

三、简答题

1. 简述施工合同示范文本的结构。
2. 施工准备阶段发包人和承包人的工作各有哪些？
3. 简述变更估价程序。
4. 常见承包人和发包人违约情况各有哪些？
5. 简述竣工验收工作程序。

四、案例分析

[背景]　某房地产开发公司(以下称甲方)与某施工单位(以下称乙方)签订了施工合同协议书，合同条款部分内容如下：

1. 合同协议书中的部分条款

(1)工程概况。

工程名称：某商住楼；　　　　　　工程地点：某市；

工程内容：建筑面积为 8 000 m^2 的框架结构商住楼。

(2)工程承包范围。

承包范围：某建筑设计院设计的施工图所包括的土建、装饰、水暖电工程。

(3)合同工期。

开工工期：2005 年 2 月 21 日。　　竣工日期：2006 年 8 月 31 日。

合同工期总日历天数：444 天(扣除法定节假日 13 天)。

(4)质量标准。

工程质量标准：达到甲方规定的质量标准。

(5)合同总价。

合同总价为：壹仟叁佰陆拾万肆仟元人民币(￥1 360.4 万元)

…

(8)乙方承诺的质量保修责任。

在该项目设计规定的使用年限(50 年)内，乙方承担全部保修责任。

(9)甲方承诺的合同价款支付期限与方式。

1)工程预付款：于工程开工前 7 日支付合同总价的 10%作为预付备料款。预付款不予扣回，直接抵作工程款。

2)工程进度款：基础工程完工后，支付合同总价的 15%；主体结构 5 层完成后，支付合同总价的 20%；主体结构全部封顶后，支付合同总价的 20%；工程基本竣工时，支付合同总价的 30%。为确保工程如期竣工，乙方不得因甲方资金的暂时不到位而停工和拖延工期。

2. 补充协议条款

(1)乙方按总监工程师批准的施工组织设计组织施工，乙方不应承担因此引起的工期延误和费用增加的责任。

(2)甲方向乙方提供施工场地的工程地质和地下主要管网线路资料，供乙方参考使用。

(3)乙方不得将工程转包，但允许分包，也允许分包单位将分包的工程再分包给其他专业承包人。

[问题]　该合同拟订的条款有哪些不妥之处，应如何修改？

项目七
建设工程监理合同管理

知识目标

1. 熟悉监理合同的概念、特征及监理合同示范文本的组成。
2. 掌握监理合同订立的工作要点。
3. 掌握监理合同管理要点。

能力目标

1. 能结合《建设工程监理合同(示范文本)》(GF—2012—0202)相关知识学习实际工程监理合同的编写。
2. 能结合《建设工程监理合同(示范文本)》(GF—2012—0202)相关知识学习监理合同的订立。
3. 能结合《建设工程监理合同(示范文本)》(GF—2012—0202)相关知识学习监理合同在实际工程中的管理。

任务一　认知建设工程监理合同

一、建设工程监理合同的概念

建设工程监理合同简称监理合同，其是指委托人与监理人就委托的工程项目管理内容签订的明确双方权利、义务的协议。

二、监理合同的特征

监理合同是委托合同的一种，除具有委托合同的共同特点外，其还具有以下特点：

(1)监理合同的当事人双方应当是具有民事权力能力和民事行为能力、取得法人资格的企事业单位、其他社会组织。个人在法律允许的范围内也可以成为合同当事人。

委托人必须是具有国家批准的建设项目和落实投资计划的企事业单位、其他社会组织及个人。作为受托人必须是依法成立具有法人资格的监理企业，并且其所承担的工程监理

业务应与企业资质等级和业务范围相符合。

(2)监理合同委托的工作内容必须符合工程项目建设程序，遵守有关法律、行政法规。监理合同是以对建设工程项目实施控制和管理为主要内容，因此，监理合同必须符合建设工程项目的程序，符合国家和建设行政主管部门颁发的有关建设工程的法律、行政法规、部门规章和各种标准、规范要求。

(3)委托监理合同的标的是服务。建设工程实施阶段所签订的其他合同，如勘察设计合同、施工承包合同、物资采购合同、加工承揽合同的标的是产生新的物质成果或信息成果，而监理合同的标的是服务，即监理工程师凭据自己的知识、经验、技能受业主委托为其签订其他合同的履行实施监督和管理。

三、建设工程监理合同的示范文本

《建设工程监理合同(示范文本)》(GF—2012—0202)(以下简称《监理合同》)由“协议书”“通用条件”“专用条件”组成，并附有两个附件，即“附录A相关服务的范围和内容”和“附录B委托人派遣的人员和提供的房屋、资料、设备”。

(一)协议书

“协议书”是一个总的协议，是纲领性的法律文件。虽然其文字量并不大，但它规定了合同当事人双方最主要的权利义务，规定了组成合同的档及合同当事人对履行合同义务的承诺，合同当事人要在这份档上签字盖章，因此，其具有很强的法律效力。“协议书”的内容包括工程概况、词语限定、组成本合同的文件、总监理工程师、签约酬金、期限、双方承诺、合同订立。

(二)通用条件

建设工程监理合同通用条件，其内容涵盖了合同中所用定义与解释、监理人的义务、委托人的义务、违约责任、支付、合同生效、变更、暂停、解除与终止、争议解决以及其他一些情况。其适用于各类建设工程项目监理。各个委托人、监理人都应遵守。

(三)专用条件

由于通用条件适用于各种行业和专业项目的建设工程监理，因此其中的某些条款规定得比较笼统，需要在签订具体工程项目监理合同时，结合地域特点、专业特点和委托监理项目的工程特点，对通用条件中的某些条款进行补充、修正。

所谓“补充”，是指通用条件中的条款明确规定，在该条款确定的原则下，专用条件的条款中进一步明确具体内容，使两个条件中相同序号的条款共同组成一条内容完备的条款。

所谓“修正”，是指通用条件中规定的程序方面的内容，如果双方认为不合适，可以协议修正。

四、监理合同的订立

(一)委托的监理工作范围

监理合同的范围是监理工程师为委托人提供服务的范围和工作量。委托人委托监理业务的范围非常广泛，其中施工阶段监理工作可包括以下几项：

(1)协助委托人选择承包人，组织设计、施工、设备采购等招标。

(2)技术监督和检查。检查工程设计、材料和设备质量。对操作或施工质量的监理和检查。

(3)施工管理。其包括质量控制、成本控制、计划和进度控制等。通常，施工监理合同中“监理工作范围”条款，一般应与工程项目中概算、单位工程概算所涵盖的工程范围相一致，或与工程总承包合同、单项工程承包所涵盖的范围相一致。

(二)监理合同的履行期限、地点和方式

订立监理合同时，约定的履行期限、地点和方式是指合同中规定的当事人履行自己的义务完成工作的时间、地点以及结算酬金。在签订《建设工程监理合同》时双方必须商定监理期限，标明何时开始，何时完成。合同中注明的监理工作开始实施和完成日期是根据工程情况估算的时间，合同约定的监理酬金是根据这个时间估算的。如果委托人根据实际需要增加委托工作范围或内容，导致需要延长合同期限，双方可以通过协商，另行签订补充协议。

监理酬金支付方式也必须明确：首期支付多少，是每月等额支付还是根据工程形象进度支付，支付货币的币种等。

(三)双方的权利

委托人与监理人签订合同，其根本目的是为实现合同的标的，明确双方的权利和义务。在合同中的每一条款当中，都反映了这种关系。

1. 委托人权利

(1)授予监理人权限的权利。

1)在监理合同内除需明确委托的监理任务外，还应规定监理人的权限。在委托人授权范围内，监理人可对所监理的合同自主地采取各种措施进行监督、管理和协调，如果超越权限时，应首先征得委托人同意后方可发布有关指令。

2)委托人授予监理人权限的大小，要根据自身的管理能力、建设工程项目的特点及需要等因素考虑。

3)监理合同内授予监理人的权限，在执行过程中可随时通过书面附件协议予以扩大或减少。

(2)对其他合同承包人的选定权。

1)委托人是建设资金的持有者和建筑产品的所有人，因此，对设计合同、施工合同、加工制造合同等的承包单位有选定权和订立合同的签字权。

2)监理人在选定其他合同承包人过程中仅有建议权而无决定权。监理人协助委托人选择承包人的工作可能包括：邀请招标时提供有资格和能力的承包人名录；帮助起草招标文件；组织现场考察；参与评标，以及接受委托代理招标等。

3)通用条件中规定，监理人对设计和施工等总包单位所选定的分包单位，拥有批准权或否决权。

(3)委托监理工程重大事项的决定权。委托人有对工程规模、规划设计、生产工艺设计、设计标准和使用功能等要求的认定权；工程设计变更审批权。

(4)对监理人履行合同的监督控制权。委托人对监理人履行合同的监督权利体现在以下三个方面：

1)对监理合同转让和分包的监督。除支付款的转让外，监理人不得将所涉及的利益或规定义务转让给第三方。监理人所选择的监理工作分包单位必须事先征得委托人的认可。在没有取得委托人的书面同意前，监理人不得开始实行、更改或终止全部或部分服务的任何分包合同。

2)对监理人员的控制监督。合同专用条款或监理人的投标书内，应明确总监理工程师人选，监理机构派驻人员计划。合同开始履行时，监理人应向委托人报送委派的总监理工程师及其监理机构主要成员名单，以保证完成监理合同专用条件中约定监理工作范围的任务。当监理人调换总监理工程师时，须经委托人同意。

3)对合同履行的监督权。监理人有义务按期提交月、季、年度的监理报告，委托人也可以随时要求其对重大问题提交专项报告，这些内容应在专用条款中明确约定。委托人按照合同约定检查监理工作的执行情况，如果发现监理人员不按监理合同履行职责或与承包方串通，给委托人或工程造成损失，有权要求监理人员更换监理人员，直至合同终止，并承担相应赔偿责任。

2. 监理人权利

监理合同中涉及监理人权利的条款可分为两大类，一类是监理人在委托合同中应享有的权利；另一类是监理人履行委托人与第三方签订的承包合同的监理任务时可行使的权利。

(1)**委托监理合同中赋予监理人的权利。**

1)完成监理任务后获得酬金的权利。监理人不仅可获得完成合同内规定的正常监理任务酬金，如果合同履行过程中因主、客观条件的变化，完成附加工作和额外工作后，也有权按照专用条件中约定的计算方法，得到额外工作的酬金。正常酬金的支付程序和金额，以及附加与额外工作酬金的计算办法，应在专用条款内写明。

2)获得奖励的权利。监理人在工作过程中作出了显著成绩，如由于监理人提出的合理化建议，使委托人获得实际经济利益，则应按照合同中规定的奖励办法，得到委托人给予的适当物质奖励。奖励办法通常参照国家颁布的合理化建议奖励办法，写明在专用条件相应的条款内。

3)终止合同的权利。如果由于委托人违约严重拖欠应付监理人的酬金，或由于非监理人责任而使监理暂停的期限超过半年以上，监理人可按照终止合同规定程序，单方面提出终止合同，以保护自己的合法权益。

(2)**监理人执行监理业务可以行使的权力。**按照范本通用条件的规定，监理委托人和第三方签订承包合同时可行使的权利包括：

1)建设工程有关事项和工程设计的建议权，建设工程有关事项包括工程规模、设计标准、规划设计、生产工艺设计和使用功能要求。

在设计标准和使用功能等方面，监理人可向委托人和设计单位行使建议权，工程设计是指按照安全和优化方面的要求，就某些技术问题自主向设计单位提出建议。但如果由于监理人提出的建议提高了工程造价或延长工期，应事先征得委托人的同意。如果发现工程设计不符合建筑工程质量标准或约定的要求，应当报告委托人要求设计单位更改，并向委托人提出书面报告。

2)对实施项目的质量、工期和费用的监督控制权。其主要表现为：对承包人报的工程施工组织设计和技术方案，按照保质量、保工期和降低成本要求，自主进行审批和向承包人提出建议；征得委托人同意，发布开工令、停工令、复工令；对工程上使用的材料和施工质量进行检验；对施工进度进行检查、监督，未经监理工程师签字，建筑材料、建筑构配件和设备不得在工地上使用，施工单位不得进行下一道工序的施工；工程实施竣工日期提前或延误期限的鉴定；在工程承包合同方规定的工程范围内，工程款支付的审核和签认权，以及结算工程款的复核与否定权。未经监理人签字确认，委托人不支付工程款，不进行竣工验收。

3)工程建设有关协作单位组织协调的主持权。

4)在业务紧急情况下，为了工程和人身安全，尽管变更指令已超越了委托人授权而又不能事先得到批准时，也有权发布变更指令，但应尽快通知委托人。

5)审核承包人索赔的权利。

任务二　学习建设工程监理合同管理

建设监理合同的订立只是监理工作的开端，合同双方，特别是受托人一方必须实施有效管理，监理合同才能得以顺利履行，在监理合同履行过程中应注意以下几个方面。

一、监理人应完成的监理工作

虽然监理合同的专用条款注明了委托监理工作的范围和内容，但从工作性质而言属于正常的监理工作。作为监理人必须履行的合同义务，除正常监理工作外，还应包括附加监理工作。附加监理工作属于订立合同时未能或不能合理预见，而合同履行过程中发生需要监理人完成的工作。

(1)“正常工作”是指本合同订立时通用条件和专用条件中约定的监理人的工作。

(2)“附加工作”是指除本合同约定的正常工作以外监理人的工作。附加工作可能包括以下内容：

1)由于委托人、第三方原因，使监理工作受到阻碍或延误，以致增加了工作量或延续时间。

2)增加监理工作的范围和内容等。如由于委托人或承包人的原因，承包合同不能按期竣工而必须延长的监理工作时间；又如委托人要求监理人就施工中采用新工艺施工部分编制质量检测合格标准等都属于附加监理工作。

3)合同生效后，如果实际情况发生变化使得监理人不能完成全部或部分工作时，监理人应立即通知委托人。除不可抗力外，其善后工作以及恢复服务的准备工作应为附加工作，附加工作酬金的确定方法在专用条件中约定。监理人用于恢复服务的准备时间不应超过28天。

二、合同有效期

尽管双方签订《建设工程监理合同》中注明监理期限“自××××年××月××日始，至××××年××月××日止。”但此期限仅指完成监理工作预定的时间，并不就一定是监理合同的有效期。监理合同的有效期即监理人的责任期，不是用约定的日历天数为准，而是以监理人是否完成包括附加和额外工作的义务来判定。

通用条款规定，监理合同的有效期为双方签订合同后，工程准备工作开始，到监理人向委托人办理完竣工验收或工程移交手续，承包人和委托人已签订工程保修责任书，监理收到监理报酬尾款，监理合同才终止。如果保修期间仍需监理人执行相应的监理工作，双方应在专用条款中另行约定。

三、双方的义务

双方的义务包括监理人的义务和委托人的义务两部分。

(一)监理人的义务

1. 关于监理的范围和工作内容方面

(1)监理人收到工程设计文件后编制监理规划，并在第一次工地会议 7 天前报委托人。监理人根据有关规定和监理工作需要，编制监理实施细则。

(2)监理人应熟悉工程设计文件，并参加由委托人主持的图纸会审和设计交底会议。

(3)监理人应参加由委托人主持的第一次工地会议。主持监理例会并根据工程需要主持或参加专题会议。

(4)监理人应审查施工承包人提交的施工组织设计，重点审查其中的质量安全技术措施、专项施工方案与工程建设强制性标准的符合性。

(5)监理人应检查施工承包人工程质量、安全生产管理制度及组织机构和人员资格。

(6)监理人应检查施工承包人专职安全生产管理人员的配备情况。

(7)监理人应审查施工承包人提交的施工进度计划，核查承包人对施工进度计划的调整。

(8)监理人应检查施工承包人的试验室。

(9)监理人应审核施工分包人资质条件。

(10)监理人应查验施工承包人的施工测量放线成果。

(11)监理人应审查工程开工条件，对条件具备的签发开工令。

(12)监理人应审查施工承包人报送的工程材料、构配件、设备质量证明文件的有效性和符合性，并按规定对用于工程的材料采取平行检验或见证取样方式进行抽检。

(13)监理人应审核施工承包人提交的工程款支付申请，签发或出具工程款支付证书，并报委托人审核、批准。

(14)监理人应在巡视、旁站和检验过程中，发现工程质量、施工安全存在事故隐患的，要求施工承包人整改并报委托人。

(15)监理人应经委托人同意，签发工程暂停令和复工令。

(16)监理人应审查施工承包人提交的采用新材料、新工艺、新技术、新设备的论证材料及相关验收标准。

(17)监理人应验收隐蔽工程、分部分项工程。

(18)监理人应审查施工承包人提交的工程变更申请，协调处理施工进度调整、费用索赔、合同争议等事项。

(19)监理人应审查施工承包人提交的竣工验收申请，编写工程质量评估报告。

(20)监理人应参加工程竣工验收，签署竣工验收意见。

(21)监理人应审查施工承包人提交的竣工结算申请并报委托人。

(22)监理人应编制、整理工程监理归档文件并报委托人。

2. 关于项目监理机构和人员方面

(1)监理人应组建满足工作需要的项目监理机构，配备必要的检测设备。项目监理机构的主要人员应具有相应的资格条件。

(2)本合同履行过程中，总监理工程师及重要岗位监理人员应保持相对稳定，以保证监理工作正常进行。

(3)监理人可根据工程进展和工作需要调整项目监理机构人员。监理人更换总监理工程

师时，应提前 7 天向委托人书面报告，经委托人同意后方可更换；监理人更换项目监理机构其他监理人员，应以相当资格与能力的人员替换，并通知委托人。

(4)监理人应及时更换有下列情形之一的监理人员：

1)有严重过失行为的。

2)有违法行为不能履行职责的。

3)涉嫌犯罪的。

4)不能胜任岗位职责的。

5)严重违反职业道德的。

6)专用条件约定的其他情形。

(5)委托人可要求监理人更换不能胜任本职工作的项目监理机构人员。

3. 关于履行职责方面

监理人应遵循职业道德准则和行为规范，严格按照法律法规、工程建设有关标准及本合同履行职责。

(1)在监理与相关服务范围内，对委托人和承包人提出的意见和要求，监理人应及时提出处置意见。当委托人与承包人之间发生合同争议时，监理人应协助委托人、承包人协商解决。

(2)当委托人与承包人之间的合同争议提交仲裁机构仲裁或人民法院审理时，监理人应提供必要的证明资料。

(3)监理人应在专用条件约定的授权范围内，处理委托人与承包人所签订合同的变更事宜。如果变更超过授权范围，应以书面形式报委托人批准。在紧急情况下，为了保护财产和人身安全，监理人所发出的指令未能事先报委托人批准时，应在发出指令后的 24 小时内以书面形式报委托人。

(4)除专用条件另有约定外，监理人发现承包人的人员不能胜任本职工作的，有权要求承包人予以调换。

4. 关于提交报告方面

监理人应按专用条件约定的种类、时间和份数向委托人提交监理与相关服务的报告。

5. 关于文件资料方面

在本合同履行期内，监理人应在现场保留工作所用的图纸、报告及记录监理工作的相关文件。工程竣工后，其应当按照档案管理规定将监理有关文件归档。

6. 关于使用委托人的财产方面

监理人无偿使用《监理合同》附录 B 中由委托人派遣的人员和提供的房屋、资料、设备。除专用条件另有约定外，委托人提供的房屋、设备属于委托人的财产，监理人应妥善使用和保管。在本合同终止时其应将这些房屋、设备的清单提交委托人，并按专用条件约定的时间和方式移交。

(二)委托人的义务

1. 关于告知方面

委托人应在委托人与承包人签订的合同中明确监理人、总监理工程师和授予项目监理机构的权限。如有变更，其应及时通知承包人。

2. 关于提供资料方面

委托人应按照《监理合同》附录 B 约定，无偿向监理人提供工程有关的资料。在本合同履行过程中，委托人应及时向监理人提供最新的与工程有关的资料。

3. 关于提供工作条件方面

委托人应为监理人完成监理与相关服务提供必要的条件。

(1)委托人应按照《监理合同》附录 B 约定，派遣相应的人员，提供房屋、设备，供监理人无偿使用。

(2)委托人应负责协调工程建设中所有外部关系，为监理人履行本合同提供必要的外部条件。

4. 关于委托人代表方面

委托人应授权一名熟悉工程情况的代表，负责与监理人联系。委托人应在双方签订本合同后 7 天内，将委托人代表的姓名和职责书面告知监理人。当委托人更换委托人代表时，应提前 7 天通知监理人。

5. 关于委托人意见或要求方面

在本合同约定的监理与相关服务工作范围内，委托人对承包人的任何意见或要求应通知监理人，由监理人向承包人发出相应指令。

6. 关于答复方面

委托人应在专用条件约定的时间内，对监理人以书面形式提交并要求作出决定的事宜，给予书面答复。逾期未答复的，视为委托人认可。

7. 关于支付方面

委托人应按本合同约定，向监理人支付酬金。

四、违约责任

(一)监理人的违约责任

(1)因监理人违反本合同约定给委托人造成损失的，监理人应当赔偿委托人损失。赔偿金额的确定方法在专用条件中约定。监理人承担部分赔偿责任的，其承担赔偿金额由双方协商确定。

(2)监理人向委托人的索赔不成立时，监理人应赔偿委托人由此发生的费用。

(二)委托人的违约责任

(1)委托人违反本合同约定造成监理人损失的，委托人应予以赔偿。

(2)委托人向监理人的索赔不成立时，应赔偿监理人由此引起的费用。

(3)委托人超过 28 天未能按期支付酬金，应按专用条件约定支付逾期付款利息。

(三)除外责任

在因非监理人的原因且监理人无过错的情况下，对发生工程质量事故、安全事故、工期延误等造成的损失，监理人不承担赔偿责任。

因不可抗力导致本合同全部或部分不能履行时，双方各自承担其因此而造成的损失、损害。

五、支付

(一)支付货币

除专用条件另有约定外，酬金均以人民币支付。涉及外币支付的，所采用的货币种类、比例和汇率应在专用条件中约定。

(二)支付申请

监理人应在本合同约定的每次应付款时间的 7 天前，向委托人提交支付申请书。支付申请书应当说明当期应付款总额，并列出当期应支付的款项及其金额。

(三)支付酬金

支付的酬金包括正常工作酬金、附加工作酬金、合理化建议奖励金额及费用。

(四)有争议部分的付款

委托人对监理人提交的支付申请书有异议时，应当在收到监理人提交的支付申请书后 7 天内，以书面形式向监理人发出异议通知。无异议部分的款项应按期支付，有异议部分的款项按双方约定办理。

六、合同生效、变更、暂停与解除、终止

(一)生效

除法律另有规定或者专用条件另有约定外，委托人和监理人的法定代表人或其授权代理人在协议书上签字并盖单位章后本合同生效。

(二)变更

任何一方提出变更请求时，双方经协商一致后可进行变更。

除不可抗力外，因非监理人原因导致监理人履行合同期限延长、内容增加时，监理人应当将此情况与可能产生的影响及时通知委托人。增加的监理工作时间、工作内容应视为附加工作。附加工作酬金的确定方法在专用条件中约定。

合同生效后，如果实际情况发生变化使得监理人不能完成全部或部分工作时，监理人应立即通知委托人。除不可抗力外，其善后工作以及恢复服务的准备工作应为附加工作，附加工作酬金的确定方法在专用条件中约定。监理人用于恢复服务的准备时间不应超过 28 天。

合同签订后，遇有与工程相关的法律法规、标准颁布或修订的，双方应遵照执行。由此引起监理与相关服务的范围、时间、酬金变化的，双方应通过协商进行相应调整。

因非监理人原因导致工程概算投资额或建筑安装工程费增加时，正常工作酬金应作相应调整。调整方法在专用条件中约定。

因工程规模、监理范围的变化导致监理人的正常工作量减少时，正常工作酬金应作相应调整。调整方法在专用条件中约定。

(三)暂停与解除

除双方协商一致可以解除本合同外，当一方无正当理由未履行本合同约定的义务时，另一方可以根据本合同约定，暂停履行本合同，直至解除本合同。

(1)在本合同有效期内，因双方无法预见和控制的原因导致本合同全部或部分无法继续

履行或继续履行已无意义，经双方协商一致，可以解除本合同或监理人的部分义务。在解除之前，监理人应作出合理安排，使开支减至最小。

因解除本合同或解除监理人的部分义务导致监理人遭受的损失，除依法可以免除责任的情况外，应由委托人予以补偿，补偿金额由双方协商确定。

解除本合同的协议必须采取书面形式，协议未达成之前，本合同仍然有效。

(2)在本合同有效期内，因非监理人的原因导致工程施工全部或部分暂停，委托人可通知监理人要求暂停全部或部分工作。监理人应立即安排停止工作，并将开支减至最小。除不可抗力外，由此导致监理人遭受的损失应由委托人予以补偿。

暂停部分监理与相关服务时间超过 182 天，监理人可发出解除本合同约定的该部分义务的通知；暂停全部工作时间超过 182 天，监理人可发出解除本合同的通知，本合同自通知到达委托人时解除。委托人应将监理与相关服务的酬金支付至本合同解除日，且应承担合同约定的责任。

(3)当监理人无正当理由未履行本合同约定的义务时，委托人应通知监理人限期改正。若委托人在监理人接到通知后的 7 天内未收到监理人书面形式的合理解释，则可在 7 天内发出解除本合同的通知，自通知到达监理人时本合同解除。委托人应将监理与相关服务的酬金支付至限期改正通知到达监理人之日，但监理人应承担合同约定的责任。

(4)监理人在专用条件中约定的支付之日起 28 天后仍未收到委托人按本合同约定应付的款项，可向委托人发出催付通知。委托人接到通知 14 天后仍未支付或未提出监理人可以接受的延期支付安排，监理人可向委托人发出暂停工作的通知并可自行暂停全部或部分工作。暂停工作后 14 天内监理人仍未获得委托人应付酬金或委托人的合理答复，监理人可向委托人发出解除本合同的通知，自通知到达委托人时本合同解除。委托人应承担合同约定的责任。

(5)因不可抗力致使本合同部分或全部不能履行时，一方应立即通知另一方，可暂停或解除本合同。

(6)本合同解除后，本合同约定的有关结算、清理、争议解决方式的条件仍然有效。

(四)终止

满足以下全部条件时，本合同即告终止：

(1)监理人完成本合同约定的全部工作。

(2)委托人与监理人结清并支付全部酬金。

七、争议解决

(1)**协商**。双方应本着诚信原则协商解决彼此间的争议。

(2)**调解**。如果双方不能在 14 天内或双方商定的其他时间内解决本合同争议，可以将其提交给专用条件约定的或事后达成协议的调解人进行调解。

(3)**仲裁或诉讼**。双方均有权不经调解直接向专用条件约定的仲裁机构申请仲裁，或向有管辖权的人民法院提起诉讼。

八、其他

(1)**外出考察费用**。经委托人同意，监理人员外出考察发生的费用由委托人审核后支付。

(2)**检测费用**。委托人要求监理人进行的材料和设备检测所发生的费用，由委托人支付，支付时间在专用条件中约定。

(3)**咨询费用**。经委托人同意，根据工程需要由监理人组织的相关咨询论证会以及聘请相关专家等发生的费用由委托人支付，支付时间在专用条件中约定。

(4)**奖励**。监理人在服务过程中提出的合理化建议，使委托人获得经济效益的，双方在专用条件中约定奖励金额的确定方法。奖励金额在合理化建议被采纳后，与最近一期的正常工作酬金同期支付。

(5)**守法诚信**。监理人及其工作人员不得从与实施工程有关的第三方处获得任何经济利益。

(6)**保密**。双方不得泄露对方申明的保密资料，也不得泄露与实施工程有关的第三方所提供的保密资料，保密事项在专用条件中约定。

(7)**通知**。本合同涉及的通知均应当采用书面形式，并在送达对方时生效，收件人应书面签收。

(8)**著作权**。监理人对其编制的文件拥有著作权。监理人可单独或与他人联合出版有关监理与相关服务的资料。除专用条件另有约定外，如果监理人在本合同履行期间及本合同终止后两年内出版涉及本工程的有关监理与相关服务的资料，应当征得委托人的同意。

【案例分析 7-1】

[背景] 某建设单位委托了 A 监理单位承担了第二教学楼施工阶段的监理任务，并通过公开招标选定甲施工单位作为施工总承包。工程实施中发生了下列事件：

事件 1：桩基工程开始后，专业监理工程师发现，甲施工单位未经建设单位同意将桩基工程分包给乙施工单位。为此，项目监理机构要求暂停桩基施工。征得建设单位同意分包后，甲施工单位将乙施工单位的相关材料报项目监理机构审查，经审查乙施工单位的资质条件符合要求，可进行桩基施工。

事件 2：项目监理机构在审查土建工程施工组织设计时，认为脚手架工程危险性较大，要求甲施工单位编制脚手架工程专项施工方案。甲施工单位项目经理部编制了专项施工方案，凭以往经验进行了安全估算，认为方案可行，并安排质量检查员兼任施工现场安全员工作，遂将方案报送总监理工程师签认。

事件 3：为赶工期，甲施工单位调整了土方开挖方案，并按规定程序进行了报批。总监理工程师在现场发现甲施工单位未按调整后的土方开挖方案施工并造成围护结构变形超限，立即向甲施工单位签发《工程暂停令》，同时报告了建设单位。甲施工单位未执行指令仍继续施工，总监理工程师及时报告了有关主管部门。后因围护结构变形过大，引发了基坑局部坍塌事故。

事件 4：工程设计中采用隔震抗震新技术，为此，项目监理机构组织了设计技术交底会。针对该项新技术，甲施工单位拟在施工中采用相应的新工艺。

[问题]

1. 事件 1 中，项目监理机构对乙施工单位资质审查的程序和内容是什么？

2. 事件 2 中，指出脚手架工程专项施工方案编制和报审过程中的不妥之处，并写出正确做法。

3. 事件 3 中，分析甲施工单位和监理单位对基坑局部坍塌事故应承担的责任，并说明理由。

4. 事件 4 中，项目监理机构组织设计技术交底会是否妥当？针对甲施工单位拟采用的新工艺，写出项目监理机构的处理程序。

【参考答案】

[问题 1]

(1)审查程序：审查甲施工单位报送的分包单位资格报审表，符合有关规定后，由总监理工程师予以签认。

(2)对乙施工单位资格审查的内容：

1)营业执照、企业资质等级证书。

2)公司业绩。

3)乙施工单位承担的桩基工程范围。

4)专职管理人员和特种作业人员的资格证、上岗证。

[问题 2]

(1)甲施工单位项目经理部凭以往经验进行安全估算不妥。正确做法：应进行安全验算。

(2)甲施工单位项目经理部安排质量检查员兼任施工现场安全员工作不妥。正确做法：应有专职安全生产管理人员进行现场安全监督工作。

(3)甲施工单位项目经理部直接将专项施工方案报送总监理工程师签认不妥。正确做法：专项施工方案应先经甲单位技术负责人签认后报送总监理工程师。

[问题 3]

(1)甲施工单位未按批准的施工方案施工是本次生产安全事故的全部责任方。

(2)监理单位在现场对甲施工单位未按调整后的土方开挖方案施工的行为及时向甲施工单位签发《工程暂停令》，同时报告了建设单位，其已履行了应尽的职责。按照《建设工程安全生产管理条例》和合同约定，监理单位对本次安全生产事故不承担责任。

[问题 4]

(1)项目监理机构组织设计技术交底会不妥，应由建设单位组织召开设计技术交底会，设计单位、施工单位、监理单位参加。

(2)针对甲施工单位在施工中采用新工艺，项目监理机构的处理程序为：要求甲施工单位报送相应的施工工艺措施和证明材料，组织专题论证，经审定后予以签认。

学生实训园

实训项目：模拟监理人处理合同履行中出现事件

一、实训目的

1. 掌握和理解监理合同知识；

2. 学会分析处理监理合同履行过程中出现的各种事件。

二、材料准备

[背景] 某建设单位委托了 A 监理单位承担了商住楼的施工阶段的监理任务，并通过公开招标选定甲施工单位作为施工总承包。工程实施中发生了下列事件：

事件 1：在深基坑开挖工程准备会议上，建设单位要求项目监理机构尽早提交《深基坑

工程监理实施细则》，并要求甲施工单位根据该细则尽快编制《深基坑工程施工方案》。

事件2：桩基施工中，出现断桩事故。经调查分析，此次断桩事故是因为甲施工单位擅自改变施工方案引起的。对此，原设计单位提供事故处理方案，甲施工单位按处理方案实施。

事件3：专业监理工程师在现场巡视时，发现设备安装分包单位违章作业，有可能导致发生重大质量事故。总监理工程师口头要求甲施工单位暂停分包单位施工，但甲施工单位未予执行。总监理工程师随即向甲施工单位下达了《工程暂停令》。甲施工单位在向设备安装分包单位转发《工程暂停令》前，发生了设备安装质量事故。

问题：

1. 事件1中，建设单位的做法是否妥当？请说明理由。

2. 项目监理机构应如何处理事件2中的断桩事故？

3. 事件3中，总监理工程师是否可以口头要求暂停施工？请说明理由。

4. 就事件3中所发生的质量事故，指出建设单位、监理单位、甲施工单位和设备安装分包单位各自应承担的责任，说明理由。

三、实训步骤

第一步：学生分组，5～6人为一组；

第二步：提供某工程监理合同履行情况；

第三步：提出监理合同履行过程中遇到的各种问题事件；

第四步：学生分组讨论；

第五步：编制监理合同履行过程中问题事件的处理报告。

四、实训成果要求

1. 在教师指导下独立地完成问题事件处理报告的编写；

2. 在教学规定的实训时间内完成全部内容。

五、实训注意事项

1. 学生角色扮演真实；

2. 充分发挥学生的积极性、主动性与创造性。

练习与思考

一、填空题

1. 委托人与监理人签订合同，其根本目的就是为实现合同的__________，明确双方的__________。在合同中的每一条款当中，都反映了这种关系。

2. 监理合同的有效期即监理人的__________，不是用约定的日历天数为准，而是以__________是否完成包括附加和额外工作的义务来判定。

3. 监理人更换__________时，应提前__________向委托人书面报告，经委托人同意后方可更换；监理人更换项目监理机构其他监理人员，应以相当资格与能力的人员替换，并通知__________。

4. 监理人应在专用条件约定的授权范围内，处理委托人与承包人所签订合同的变更事宜。如果变更超过__________，应以书面形式报委托人批准。在紧急情况下，为了保护财

产和人身安全，监理人所发出的指令未能事先报__________批准时，应在发出指令后的__________内以书面形式报委托人。

5. 除不可抗力外，因非监理人原因导致__________履行合同期限延长、内容增加时，__________应当将此情况与可能产生的影响及时通知__________。增加的监理工作时间、工作内容应视为__________。

二、选择题

1. 委托人委托监理业务的范围非常广泛，其中施工阶段监理工作一般包括(　　)。

A. 协助委托人选择承包人，组织设计、施工、设备采购等招标

B. 负责施工阶段质量控制、投资控制、进度控制等

C. 技术监督和检查。检查工程设计、材料和设备质量；对操作或施工质量的监理和检查

D. 支付工程款

E. 完成工程设计任务

2. 委托人的权利有(　　)。

A. 委托监理工程重大事项的决定权

B. 授予监理人权限的权利

C. 完成监理任务后获得酬金的权利

D. 对其他合同承包人的选定权

E. 对监理人履行合同的监督控制权

3. 以下属于监理人的义务情形有(　　)。

A. 参加由承包人主持的第一次工地会议

B. 审查施工承包人提交的施工组织设计，重点审查其中的质量安全技术措施、专项施工方案与工程建设强制性标准的符合性

C. 检查施工承包人工程质量、安全生产管理制度及组织机构和人员资格

D. 检查施工承包人专职安全生产管理人员的配备情况

E. 审查施工承包人提交的施工进度计划，核查承包人对施工进度计划的调整

4. 有(　　)情形之一的监理人员，监理人应及时更换。

A. 存在无过失行为的

B. 有违法行为不能履行职责的

C. 涉嫌犯罪的

D. 能胜任岗位职责的

E. 严重违反职业道德的

5. 以下关于除外责任的解释，正确的有(　　)。

A. 委托人违反本合同约定造成监理人损失的，委托人应予以赔偿

B. 委托人向监理人的索赔不成立时，应赔偿监理人由此引起的费用

C. 因不可抗力导致本合同全部或部分不能履行时，双方各自承担其因此而造成的损失、损害

D. 若非监理人的原因，且监理人无过错，发生工程质量事故、安全事故、工期延误等造成的损失，监理人不承担赔偿责任

E. 委托人未能按期支付酬金超过28天，应按专用条件约定支付逾期付款利息

三、简答题

1. 简述监理合同示范文本的结构。

2. 什么是监理合同？监理合同具有哪些特征？

3. 简述监理人的权利。

4. 什么是监理人的附加工作？附加工作具体包括哪些？

5. 简述受托人的义务。

四、案例分析

[背景] 某工程项目建设单位与一家监理公司签订了施工阶段的监理合同。在监理工作中，建设单位向监理公司提出如下意见和要求：

(1)每天对监理人员上下班进行考勤，按缺勤多少，扣发监理费，缺勤1天，扣发2天监理费；监理人员因故不能到现场，必须向建设单位工地代表请假。

(2)要求监理工程师对设计图纸进行审查，并在图纸上签名，加盖监理机构公章，否则施工单位不得进行施工。

总监理工程师根据监理合同及有关规定，对建设单位的上述意见，明确表示不予接受。建设单位驻工地代表则解释说：监理人员是我们花钱雇来的，应该服从我们的安排。双方为此发生争议。

[问题] 请指出上述不妥之处。

项目八

建设工程施工索赔

知识目标

1. 熟悉施工索赔的产生原因、分类、组成及索赔证据的收集。
2. 掌握施工索赔的程序、策略、技巧。

能力目标

1. 能结合工程实际情况进行合理施工索赔。
2. 能运用索赔知识判断索赔问题，进行分析与计算，并能编制施工索赔报告。

任务一　认知施工索赔基础知识

一、施工索赔的概念与产生原因

(一)施工索赔的概念

施工索赔是指施工合同的一方当事人，对在施工合同履行过程中发生的并非由于自己责任的额外工作、额外支出或损失，依据合同和法律的规定要求对方当事人给予费用和(或)工期补偿的合同管理行为。

(二)施工索赔的产生原因

引起施工索赔的原因很多，归纳起来主要有以下几项。

1. 工程项目的特殊性

现代工程规模大、技术性强、投资额大、工期长、材料设备价格变化快。工程项目的**差异性大**、**综合性强**、**风险大**，使工程项目在实施过程中产生许多不确定的变化因素，而合同则必须在工程开始前签订，它不可能对工程项目所有的问题都能作出合理的预见和规定，而且发包人在实施过程中还会有许多新的决策，这一切使得合同变更极为频繁，而合同变更必然导致项目工期和成本的变化。

2. 工程项目内外部环境的复杂性和多变性

工程项目的技术环境、经济环境、社会环境、法律环境的变化，诸如地质条件变化、材料价格上涨、货币贬值、国家政策、法规的变化等，会在工程实施过程中经常发生，使

得工程的计划实施过程与实际情况不一致，这些因素同样导致工程工期和费用的变化。

3. 参与工程建设主体的多元性

由于工程参与单位多，一个工程项目往往会有发包人、总包人、工程师、分包人、指定分包人、材料设备供应商等众多参加单位。各方面的技术、经济关系错综复杂，相互联系又相互影响。只要一方失误，不仅会造成自己的损失，而且会影响其他合作者，造成他人损失，从而导致索赔。

4. 工程合同的复杂性及易出错性

建设工程合同文件多且复杂，经常会出现措辞不当、缺陷、图纸错误，以及合同文件前后自相矛盾或者可作不同解释等问题，容易造成合同双方对合同文件理解不一致，从而出现索赔。

以上这些问题会随着工程的逐步开展而不断暴露出来，必然使工程项目受到影响，导致工程项目成本和工期的变化，这就是索赔形成的根源。因此，索赔的发生，不仅是一个索赔意识或合同观念的问题。从本质上讲，索赔也是一种客观存在。

二、施工索赔的分类

(一)按施工索赔的目的分类

按施工索赔的目的分类，可分为工期索赔和费用索赔。

(二)按施工索赔的处理方式分类

按施工索赔的处理方式分类，可分为单项索赔和一揽子索赔。一揽子索赔也称综合索赔。

(三)按施工索赔的产生原因分类

按施工索赔的产生原因分类，可分为以下几种类型。

1. 工程延误索赔

工程延误索赔是指由于业主的原因使承包商不能按原定计划进行施工所引起的索赔，例如，业主不按时供应材料、图纸和规范有错误或遗漏、建筑法规的改变、业主不能按时提交图纸或各种批准等情况时，承包商向业主提出的索赔。

2. 工程范围变更索赔

工程范围变更索赔是指因合同中规定的工作范围的变化而引起的索赔。发生工程变更索赔的主要情况有：由于业主和设计者主观意志的改变引起的设计变更、设计的错误；遗漏引起的设计变更等。

3. 施工加速索赔

施工加速索赔是指由于业主要求工程提前竣工或提出其他赶工要求而引起的索赔。施工加速往往使承包商的劳动生产率降低，因此，施工加速索赔又称劳动生产率损失索赔。

4. 不利现场条件索赔

不利现场条件索赔是指合同的图纸和技术规范中所描述的现场条件与实际情况有实质性的不同，或者虽然合同中未作描述，但是一个有经验的承包商无法预料的情况。例如，出现不可预见的外部障碍或条件、不可抗力事件。

(四)按施工索赔的合同依据分类

按施工索赔的合同依据分类，可分为以下几种类型。

1. 合同内索赔

合同内索赔是指可以直接引用合同条款作为索赔依据的施工索赔，可分为合同明示的索赔和合同默示的索赔两种。

(1)合同明示的索赔。合同明示的索赔是指承包商的索赔要求在合同中有文字依据，承包商可据此取得经济或工期的补偿。合同文件中有索赔文字规定的条款称为明示条款。

(2)合同默示的索赔。承包商提出的索赔要求，在合同中虽然无明示条款，但可根据合同某些条款的含义推断出承包商有索赔权利。这种索赔请求同样具有法律效力，有补偿含义的条款，在合同管理中称为“默示条款”或“隐含条款”。

2. 合同外索赔

合同外索赔是指索赔内容虽在合同条款中找不到依据，但可从有关法律法规中找到依据的索赔。合同外的索赔通常表现为对违约造成的间接损害和违规担保造成的损害索赔，可在民事侵权行为的法律规范中找到依据。

3. 道义索赔

道义索赔是指承包商既在合同中找不到索赔依据，业主也未违约或触犯民法，但因损失确实太大，自己无法承担而向业主提出的给予优惠性补偿的请求。例如，承包商投标时对标价估计不足投低标，工程施工中发现比原先预计的困难大得多，有可能无法完成合同，某些业主为使工程顺利进行，会同意根据实际情况给予一定的补偿。

(五)按索赔当事人分类

按索赔当事人分类，可分为承包商与发包人间索赔、承包商与分包商间索赔、承包商与供货商间索赔。

课堂活动

1. 以下不属于按施工索赔合同依据分类的是(　　)。
   A. 合同内索赔　　B. 合同外索赔
   C. 道义索赔　　D. 单项索赔

2. 按索赔当事人的不同分类错误的是(　　)。
   A. 发包人与分包人之间的索赔　　B. 承包人与发包人之间的索赔
   C. 承包人与供货人之间的索赔　　D. 承包人与分包人之间的索赔

三、施工索赔文件的组成

索赔文件包括索赔信(意向通知书)、索赔报告和附件。其中，**索赔报告包括总论部分、根据部分、计算部分、证据部分。**

索赔报告书的具体内容，随该索赔事项的性质和特点而有所不同。但一份完整的索赔报告书的必要内容和文字结构方面，必须包括以下几个组成部分。至于每个部分文字的长短，则根据每一索赔事项的具体情况和需要来决定。

(一)总论部分

每个索赔报告书的首页，应该是该索赔事项的一个总述。它概要地叙述发生索赔事项

的日期和过程；说明承包商为了减轻该索赔事项造成的损失而做过的努力；索赔事项给承包商的施工增加的额外费用或工期延长的天数；以及自己的索赔要求。并在上述论述之后附上索赔报告书编写人、审核人的名单，注明各人的职称、职务及施工索赔经验，以表示该索赔报告书的权威性和可信性。

总论部分应简明扼要。对于较大的索赔事项，一般应以3～5页篇幅为限。

(二)合同引证部分

合同引证部分是索赔报告关键部分之一，它的目的是承包商论述自己有索赔权，这是索赔成立的基础。合同引证的主要内容，是该工程项目的合同条件以及有关此项索赔的法律规定，说明自己理应得到费用补偿或工期延长，或二者均应获得。因此，工程索赔人员应通晓合同文件，善于在合同条件、技术规程、工程量表，以及合同函件中寻找索赔的法律依据，使自己的索赔要求建立在合同、法律的基础上。

对于重要的条款引证，如不利的自然条件或人为障碍(施工条件变化)、合同范围以外的额外工程、特殊风险等，应在索赔报告书中作详细的论证叙述，并引用有说服力的证据资料。因为在这些方面经常会有不同的观点，对合同条款的含义有不同的解释，所以往往是工程索赔争议的焦点。

在论述索赔事项的发生、发展、处理和最终解决的过程中，承包商应客观地描述事实，避免采用抱怨或夸张的用词，以免使工程师和业主方面产生反感或怀疑。而且，这样的措辞，往往会使索赔工作复杂化。

综上所述，合同引证部分一般包括以下内容：

(1)概述索赔事项的处理过程。

(2)发出索赔通知书的时间。

(3)引证索赔要求的合同条款，如不利的自然条件、合同范围以外的工程、业主风险和特殊风险、工程变更指令、工期延长、合同价调整等。

(4)指明所附的证据资料。

(三)索赔款额计算部分

在论证索赔权以后，应接着计算索赔款额，具体分析论证合理的经济补偿款额，这也是索赔报告书的主要部分，是经济索赔报告的第三部分。

款额计算的目的，是以具体的计价方法和计算过程说明承包商应得到的经济补偿款额。如果合同论证部分的目的是确立索赔权，则款额计算部分的任务是决定应得的索赔款。

在款额计算部分中，索赔工作人员首先应注意采用合适的计价方法。至于采用何种计价法，应根据索赔事项的特点及自己掌握的证据资料等因素来确定。其次，应注意每项开支的合理性，并指出相应的证据资料的名称及编号(这些资料均列入索赔报告书中)。只要计价方法合适，各项开支合理，则计算出的索赔总款额就有说服力。

索赔款计价的主要组成部分是：由于索赔事项引起的额外开支的人工费、材料费、设备费、工地管理费、总部管理费、投资利息、税收、利润等。每一项费用开支，应附以相应的证据或单据。

款额计算部分在写法结构上，最好首先写出计价的结果，即列出索赔总款额汇总表。然后分项地论述各组成部分的计算过程，并指出所依据的证据资料的名称和编号。

在编写款额计算部分时，切忌采用笼统的计价方法和不实的开支款项。有的承包商对

计价采取不严肃的态度，没有根据地扩大索赔款额，采取漫天要价的策略。这种做法是错误的，是不能成功的，有时甚至增加了索赔工作的难度。

款额计算部分的篇幅可能较大。因为应论述各项计算的合理性，详细写出计算方法，引证相应的证据资料，并在此基础上累计出索赔款总额。通过详细的论证和计算，使业主和工程师对索赔款的合理性有充分的了解，这对索赔工作的顺利完成有很大帮助。

总之，一份成功的索赔报告应注意事实的正确性、论述的逻辑性，善于利用成功的索赔案例来证明此项索赔成立的道理。做到逐项论述，层次分明，文字简练，论理透彻，使阅读者感到清楚明了，合情合理，有根有据。

(四)工期延长论证部分

承包商在施工索赔报告中进行工期论证的目的，首先是为了获得施工期的延长，以免承担因误期损害赔偿费带来的经济损失。其次承包商可在此基础上，探索获得经济补偿的可能性。因为如果承包商投入了更多的资源，承包商就有权要求业主对他的附加开支进行补偿。对于工期索赔报告，工期延长论证是它的第三部分。

在索赔报告中论证工期的方法，主要有**横道图法**、**关键线路法**、**进度评估法**、**顺序作业法**等。

在索赔报告中，应该对工期延长、实际工期、理论工期等工期的长短(天数)进行详细的论述，说明自己要求工期延长(天数)或加速施工费用(款数)的根据。

(五)证据部分

证据部分通常以索赔报告书附件的形式出现，它包括了该索赔事项所涉及的一切有关证据资料以及对这些证据的说明。

证据是索赔文件的必要组成部分，要保证索赔证据的翔实可靠，使索赔取得成功。索赔证据资料的范围甚广，它可能包括工程项目施工过程中所涉及的有关政治、经济、技术、财务等许多方面的资料。合同管理人员应该在整个施工过程中持续不断地搜集整理相关资料，分类储存，最好是存入计算机中，以便随时提出查询、整理或补充。

所搜集的诸项证据资料，并不是都要放入索赔报告书的附件中，而是针对索赔文件中提到的开支项目，有选择、有目的地列入，并进行编号，以便审查核对。

在引用每个证据时，要注意该证据的效力或可信程度。为此，对重要的证据资料最好附以文字说明，或附以确认函件。例如，对一项重要的电话记录，仅附上自己的记录是不够有力的，最好附上经对方签字确认过的电话记录，或附上发给对方的要求确认该电话记录的函件，即使对方当时未复函确认或未予以修改，也说明责任在对方，因为未复函确认或修改，按惯例应理解为他已默认。

除文字报表证据资料外，对于重大的索赔事项，承包商还应提供直观记录资料，如录像、摄影等证据资料。

综合本节的论述，如果把工期索赔和费用索赔分别地编写索赔报告，则它们除包括总论、合同引证和证据三个部分以外，将分别包括工期延长论证或索赔款计算部分。如果把工期索赔和费用索赔合并为一个报告，则应包括上述所有五个部分。

四、施工索赔的证据

(1)合同设计文件。

(2)经工程师批准的承包人施工进度计划、施工方案、施工组织设计和具体的现场实施情况记录。

(3)施工日志及工长工作日志、备忘录。

(4)工程有关施工部位的照片及录像等。

(5)工程各项往来信件。

(6)工程各项会议纪要、协议、签约、谈话资料等。

(7)气象报告和资料。

(8)施工现场记录。

(9)工程各项经业主或工程师签认的签证。

(10)工程结算数据和有关财务报告。

(11)各种检查验收报告和技术鉴定报告。

(12)其他，包括分包合同、官方物价指数等。

任务二　分析施工索赔策略与技巧

一、施工索赔的程序

《建设工程施工合同(示范文本)》(GF—2013—0201)对施工索赔程序作了详细的介绍。

(一)承包人的索赔

承包人的索赔程序如图 8-1 所示，通常可分为以下几个步骤。

1. 承包人提出索赔要求

(1)发出索赔意向通知。承包人应在知道或应当知道索赔事件发生后 28 天内，向监理人递交索赔意向通知书，并说明发生索赔事件的事由；承包人未在前述 28 天内发出索赔意向通知书的，其就会丧失要求追加付款和(或)延长工期的权利。

(2)递交索赔报告。

1)承包人应在发出索赔意向通知书后 28 天内，向监理人正式递交索赔报告；索赔报告应详细说明索赔理由以及要求追加的付款金额和(或)延长的工期，并附必要的记录和证明材料。

2)索赔事件具有持续影响的，承包人应按合理时间间隔继续递交延续索赔通知，说明持续影响的实际情况和记录，列出累计的追加付款金额和(或)工期延长天数。

3)在索赔事件影响结束后 28 天内，承包人应向监理人递交最终索赔报告，说明最终要求索赔的追加付款金额和(或)延长的工期，并附必要的记录和证明材料。

2. 对承包人索赔的处理

(1)监理人应在收到索赔报告后 14 天内完成审查并报送发包人。监理人对索赔报告存在异议的，有权要求承包人提交全部原始记录副本。

(2)发包人应在监理人收到索赔报告或有关索赔的进一步证明材料后的 28 天内，由监理人向承包人出具经发包人签认的索赔处理结果。发包人逾期答复的，则视为认可承包人的索赔要求。

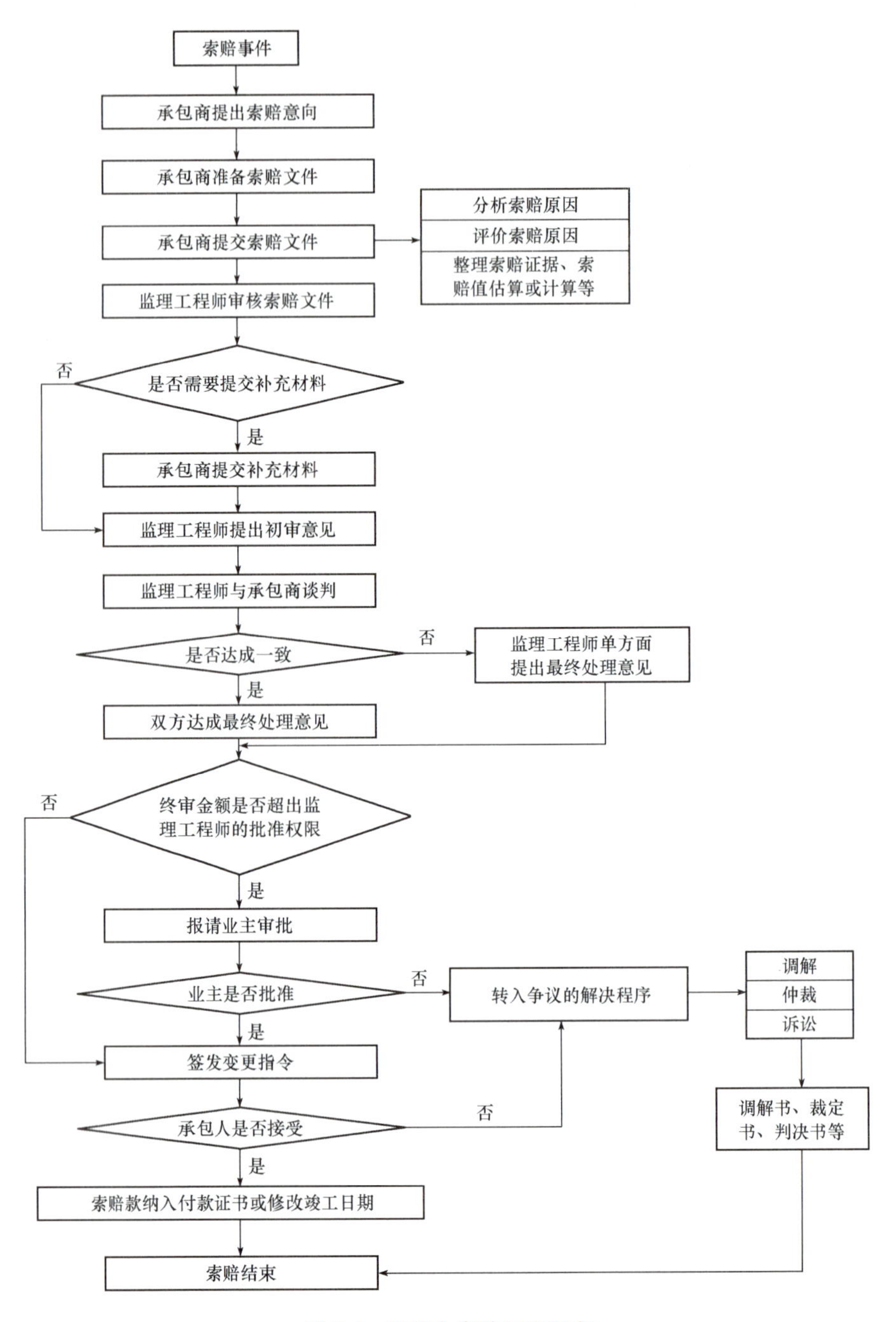

图 8-1 承包人索赔工作程序

(3)承包人接受索赔处理结果的，索赔款项在当期进度款中进行支付；承包人不接受索赔处理结果的，按照合同的约定处理。

3. 提出索赔的期限

(1)承包人按合同约定接收竣工付款证书后，应被视为已无权再提出在工程接收证书颁发前所发生的任何索赔。

(2)承包人按提交的最终结清申请单中，只限于提出工程接收证书颁发后发生的索赔。提出索赔的期限自接受最终结清证书时终止。

课堂活动

1. 依据《建设工程施工合同(示范文本)》(GF—2013—0201)的规定，索赔事件发生后的28天内，承包人首先应向监理工程师递交(　　)。

A. 现场同期记录　　　　B. 索赔意向通知

C. 索赔报告　　　　D. 索赔证据

2. 依据《建设工程施工合同(示范文本)》(GF—2013—0201)的规定，关于承包商索赔的说法，下列正确的有(　　)。

A. 只能向有合同关系的对方提出索赔

B. 监理工程师可以对证据不充分的索赔报告不予理睬

C. 监理工程师的索赔处理决定不具有强制性的约束力

D. 索赔处理应尽可能协商达成一致

E. 索赔要求的提出不需经对方同意

(二)发包人的索赔

1. 发包人提出索赔

根据合同约定，发包人认为有权得到赔付金额和(或)延长缺陷责任期的，监理人应向承包人发出通知并附有详细的证明。

发包人应在知道或应当知道索赔事件发生后28天内通过监理人向承包人提出索赔意向通知书，发包人未在前述28天内发出索赔意向通知书的，其就会丧失要求赔付金额和(或)延长缺陷责任期的权利。发包人应在发出索赔意向通知书后28天内，通过监理人向承包人正式递交索赔报告。

2. 对发包人索赔的处理

对发包人索赔的处理如下：

(1)承包人收到发包人提交的索赔报告后，应及时审查索赔报告的内容、查验发包人证明材料。

(2)承包人应在收到索赔报告或有关索赔的进一步证明材料后28天内，将索赔处理结果答复发包人。如果承包人未在上述期限内作出答复的，则视为其对发包人索赔要求的认可。

(3)承包人接受索赔处理结果的，发包人可从应支付给承包人的合同价款中扣除赔付的金额或延长缺陷责任期；发包人不接受索赔处理结果的，按合同约定处理。

二、施工索赔的策略

对于索赔的战略和策略研究，针对不同的情况，其包含着不同的内容，有不同的侧重点，一般应研究以下几个方面。

(一)确定索赔目标

承包商的索赔目标是指承包商对索赔的基本要求，可对要达到的目标进行分解，按难易程度排队，并大致分析它们各自实现的可能性，从而确定最低、最高目标。

分析实现目标的风险状况，如能否在索赔有效期内及时提出索赔，能否按期完成合同

规定的工程量，按期交付工程，能否保证工程质量等。总之，要注意对索赔风险的防范，否则会影响索赔目标的实现。

(二)对被索赔方的分析

分析对方的兴趣和利益所在，要让索赔在友好、和谐的气氛中进行。处理好单项索赔和一揽子索赔的关系，对于理由充分而重要的单项索赔应力争尽早解决，对于发包人坚持后拖解决的索赔，要按发包人意见认真积累有关资料，为一揽子解决问题准备充分的材料。要根据对方的利益所在，对双方感兴趣的地方，承包商就在不过多损害自己利益的情况下作适当让步，打破问题的僵局。在责任分析和法律分析方面要适当，在对方愿意接受索赔的情况下，就不要得理不让人，否则反而达不到索赔目的。

(三)承包商的经营战略分析

承包商的经营战略直接制约着索赔的策略和计划。在分析发包人情况和工程所在地情况以后，承包商应考虑有无可能与发包人继续进行新的合作，是否在当地继续扩展业务，承包商与发包人之间的关系对在当地开展业务有何影响等。这些问题决定承包商的整个索赔要求和解决的方法。

(四)对外关系分析

利用同监理工程师、设计单位、发包人的上级主管部门对发包人施加影响，往往比同发包人直接谈判更有效。承包商要同这些单位搞好关系，取得他们的同情和支持，并与发包人沟通。这就要求承包商对这些单位的关键人物进行分析，同他们搞好关系，利用他们同发包人的微妙关系从中斡旋、调停，能使索赔达到十分理想的效果。

(五)谈判过程分析

索赔一般都在谈判桌上最终解决，索赔谈判是合同双方面对面的较量，是索赔能否取得成功的关键。一切索赔的计划和策略都要在谈判桌上体现和接受检验，因此，在谈判之前要做好充分准备，对谈判的可能过程要做好分析。

因为索赔谈判是承包商要求业主承认自己的索赔，承包商处于很不利的地位，如果谈判一开始就气氛紧张，情绪对立，有可能导致发包人拒绝谈判，使谈判旷日持久，这是最不利于解决索赔问题的。谈判应从发包人关心的议题入手，从发包人感兴趣的问题开谈，稳扎稳打，并始终注意保持友好、和谐的谈判气氛。

三、施工索赔的计算

施工索赔的计算包括工期索赔的计算和经济索赔的计算。

(一)工期索赔的计算

1. 工期索赔成立的条件

(1)发生了非承包商自身原因的索赔事件。

(2)索赔事件造成了总工期的延误。

2. 工期索赔的计算方法

(1)**网络图分析法**。承包商按网络进度计划组织施工的，工期索赔可采用网络图分析法进行计算，计算方法如下：

1)由于非承包商自身的原因的事件造成关键线路上的工序暂停施工：

工期索赔天数＝关键线路上的工序暂停施工的日历天数

2)由于非承包商自身的原因的事件造成非关键线路上的工序暂停施工，存在两种情况。

第一种情况是，延误超过时限而成为关键线路，工期索赔如下：

工期索赔天数＝工序暂停施工的日历天数－该工序的总时差天数

第二种情况是，如果延误后仍为非关键线路，则不存在工期索赔。

(2)比例计算法。这种方法比较简单，但只是一种粗略的估算，在不能采用其他计算方法时使用。具体的计算方法有两种，按引起误期的事件选用。

1)已知部分工程的拖延时间。

$$工期索赔值=\frac{受干扰部分工程的合同价}{原整个工程合同总价}\times部分工程受干扰工期拖延时间$$

【案例分析 8-1】

［背景］ 某工程施工中，发包人改变办公楼工程基础设计图纸的标准，使该单项工程延期10周，该单项工程合同价为80万美元，而整个工程合同价总价为400万美元。则承包商提出工期索赔额可按上述公式计算：

$$工期索赔值=\frac{80}{400}\times10=2(周)$$

2)已知额外增加工程量的价格。

$$工期索赔值=\frac{额外增加工程量的价格}{原合同总价}\times原合同总工期$$

【案例分析 8-2】

［背景］ 某工程基础施工中，出现了不利的地质障碍，业主指令承包人进行处理，土方工程量由原来的2 760 m^3增至3 280 m^3，原定工期为45天。因此，承包人可提出工期索赔值为

$$工期索赔值=\frac{额外增加工程量}{原工程量}\times原工期$$

$$=45\times\frac{3\,280-2\,760}{2\,760}=8.48\approx8.5(天)$$

若本例中合同规定10%范围内的工程量增加为承包人应承担的风险，则

$$工期索赔值=\frac{3\,280-2\,760\times(1+10\%)}{2\,760}\times45=4(天)$$

(二)经济索赔的计算

1. 总费用法

总费用法又称总成本法，采用这种方法计算索赔值方法简单，但有严格的适用条件。

(1)索赔值计算公式。

索赔额＝该项工程实际开支的总费用－投标报价时的成本费用

(2)适用条件。

1)已开支的实际总费用经审核认为是合理的。

2)承包商的原始报价是比较合理的。

3)费用的增加是由于业主的原因造成的，其中没有承包商管理不善的责任。

4)由于现场记录不足等原因，难以采用更精确的计算方法。

2. 修正总费用法

修正总费用法与总费用法的原理相同，只是把计算的范围缩小，使索赔值的计算更容易、更准确。修正总费用法计算索赔值的方法如下：

费用索赔额＝索赔事件相关单项工程的实际总费用－该单项工程的投标报价

3. 分项法

分项法是指首先应确定每次索赔可以索赔的费用项目，然后按下列方法计算每个项目的索赔值，各项目的索赔值之和即本次索赔的补偿总额。其内容如下：

(1)**人工费索赔**。人工费索赔包括额外增加工人和加班的索赔、人员闲置费用索赔、工资上涨索赔和劳动生产率降低导致的人工费索赔等，根据实际情况择项计算。

1)额外增加工人和加班。

索赔额＝增加的工时(日)×人工单价

2)人员闲置费用索赔。

索赔额＝闲置工时(日)×人工单价×0.75(折算系数)

3)工资上涨索赔。由于工程变更，延期期间工资水平上调而进行的索赔。

$$工资上涨索赔额 = \sum 相关工种计划工时 \times 相关工种工资上调幅度$$

4)劳动生产率降低导致的人工费索赔，一般可用如下方法计算：

①实际成本和预算成本比较法。

索赔额＝实际人工成本－合同中的预算人工成本

适用条件：

A. 有正确合理的估价体系和详细的施工记录。

B. 预算成本和实际成本计算合理。

C. 由于业主的原因增加了成本。

②正常施工期与受影响施工期比较法。

劳动生产率降低值＝正常施工期劳动生产率－受影响施工期劳动生产率

$$劳动生产率降低值索赔值=计划工日数\times\frac{劳动生产率降低值}{预期劳动生产率}\times工日人工平均工资$$

例如，某工程吊装浇筑混凝土，前5天工作正常，第6天起业主架设临时电线，共有6天时间使吊车不能在正常角度下工作，导致吊运混凝土的土方量减少。承包商有未受干扰时正常施工记录和受干扰时施工记录，见表8-1和表8-2。

表8-1　未受干扰时施工记录　　m^3/h

时间/天	1	2	3	4	5	平均值
平均劳动生产率	7	6	6.5	8	6	6.7

表8-2　受干扰时施工记录　　m^3/h

时间/天	1	2	3	4	5	6	平均值
平均劳动生产率	5	5	4	4.5	6	4	4.75

通过以上施工记录比较，劳动生产率降低值为

$$6.7-4.75=1.95(m^3/h)$$

（2）**材料费索赔**。材料费的额外支出或损失包括消耗量增加和单位成本增加两个方面。

1）材料消耗量增加的索赔。追加额外工作、变更工程性质、改变施工方法等，都将导致材料用量增加，其索赔值的计算公式如下：

$$索赔额=\sum 新增的工程量\times 某种材料的预算消耗定额\times 该种材料单价$$

2）材料单位成本增加的索赔。由于业主原因的延期期间材料价格上涨（包括买价、手续费、运输费、保管费等），以及可调价格合同规定的调价因素发生时，或需变更材料品种、规格、型号等，都将导致材料单位成本增加。索赔值计算公式如下：

$$索赔额=材料用量\times(实际材料单位成本-投标材料单位成本)$$

（3）**施工机械费索赔**。施工机械费索赔的费用项目有增加机械台班使用数量索赔、机械闲置索赔、台班费上涨索赔和工作效率降低的索赔等。索赔时根据额外支出或额外损失的实际情况择项按下列方法计算索赔值：

1）增加机械台班使用数量的索赔。

$$索赔额=\sum 增加的某种机械台班的数量\times 该机械的台班费$$

2）机械闲置。

$$索赔额=\sum 某种机械闲置台班数\times 该种机械行业标准台班费\times 折减系数$$

或

$$索赔额=\sum 某种机械闲置台班数\times 该种机械定额标准台班费$$

3）台班费上涨索赔。由于非承包商原因的工期顺延期间，如果遇到机械台班费上涨或采用可调价格合同时，承包商可以提出台班费上涨索赔。其计算公式如下：

$$索赔额=\sum 相关机械计划台班数\times 相关机械台班费上调幅度$$

4）机械效率降低的索赔，其索赔值计算有以下两种。

①实际成本和预算成本比较法。

$$索赔额=实际机械成本-合同中的预算机械成本$$

适用条件：

a. 有正确合理的估价体系和详细的施工记录。

b. 预算成本和实际成本计算合理。

c. 由于业主的原因增加了成本。

②正常施工期与受影响施工期比较法。

$$机械效率降低值=正常施工期机械效率-受影响施工期机械效率$$

$$机械效率降低索赔值=计划台班\times 台班单价\times \frac{机械效率降低值}{预期机械效率}$$

（4）**现场管理费索赔**。这里的现场管理费是指施工项目成本中除人工费、材料费和施工机械使用费外的各费用项目之和，包括项目经理部额外支出或额外损失的现场经费和其他直接费。其计算公式为：

$$现场管理费索赔额=直接成本费用索赔额\times 现场管理费率$$

式中

$$直接成本费用索赔额=人工费索赔额+材料费索赔额+机械费索赔额$$

当事人双方通过协商选用下列方法之一确定现场管理费率：

1）合同百分比法。按签订合同时约定的现场管理费率计算。

2)行业平均水平法。执行公认的行业标准费率，例如，工程造价管理部门制定颁发的取费标准。

3)原始估价法。按投标报价时确定的费率计算。

4)历史数据法。采用历史上类似工程的费率。

(5)**企业管理费索赔**。企业管理费索赔包括企业管理费、财务费用和其他费用的索赔，也可将利润损失计算在内。索赔值的计算方法主要有**企业管理费率计算法**和国际上通用的**埃尺利公式计算法**两种。

1)企业管理费率计算法。

$$企业管理费索赔额=施工项目成本费用索赔额\times企业管理费率$$

式中，企业管理费率可采用确定现场管理费率的四种方法之一确定。

2)延期索赔的埃尺利公式计算法。

$$延期合同分摊的管理费(A)=\frac{被延期合同原价}{同期公司所有合同价之和}\times同期公司计划企业管理费$$

$$单位时间(周或日)应分摊的管理费(B)=\frac{A}{计划和同期(周或日)}$$

$$企业管理费索赔额(C)=B\times延期时间(周或日)$$

说明：由于延期，使承包商的合同直接成本和合同总值减少而损失的管理费应予补偿。

3)工作范围变更索赔的埃尺利公式计算法。

$$索赔合同应分摊的管理费(A_1)=\frac{被索赔合同原计划直接费}{同期所有合同实际直接费}\times同期公司计划企业管理费$$

$$每元直接费用应分摊的管理费(B_1)=\frac{A_1}{被索赔合同原计划直接费}$$

$$工作变更企业管理费索赔额(C_1)=B_1\times工作范围变更索赔的直接费$$

应用埃尺利公式的条件：承包商应证明由于索赔事件的出现，确实引起管理费增加，或在工程停工期间，确实无其他工程可干。对于停工期间短或是索赔额中已包含了管理费的索赔，埃尺利公式不适用。

(6)**融资成本索赔**。融资成本是指为取得和使用资金所需付出的代价，又称资金成本。其中最主要的是需要支付的资金的利息。

$$融资成本索赔额=(施工项目成本索赔额+总部管理费索赔额)\times利率$$

式中的利率可参照金融机构的利率标准或预期的平均投资收益率(机会利润率)确定。

【案例分析 8-3】

［背景］ 某办公楼由主楼和辅楼组成，建设单位(甲方)与施工单位(乙方)签订了施工合同。经甲方批准的施工网络进度计划，如图 8-2 所示。

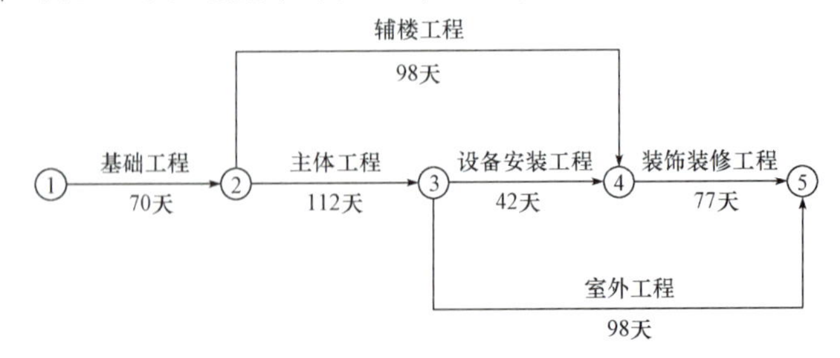

图 8-2　施工网络进度计划

施工过程中发生如下事件：

事件一：在基坑开挖后，因发现局部有软土层，故重新调整了地基处理方案，经批准后组织实施，乙方为此增加费用 5 万元，基础施工工期延长 3 天。

事件二：辅楼施工时，甲方提出修改设计，乙方按设计变更要求拆除了部分已完工程重新施工，造成乙方多支付人工费 1 万元，材料和机械费用 2 万元，辅楼工期因此拖延 7 天。

事件三：主楼施工中，因施工机械故障造成停工，主楼工期拖延 7 天，费用增加 6 万元。

[问题]

1. 原施工网络计划中，关键工作有哪些？计划工期是多少？

2. 针对上述每一事件，乙方如提出工期和费用索赔，索赔是否成立？请简述理由。

3. 乙方共可得到索赔的工期为多少天？费用为多少元？

【参考答案】

[问题 1]

关键工作：基础工程、主楼主体工程、设备安装工程、装饰装修工程。

计划工期：301 天。

[问题 2]

事件一：可以提出工期索赔和费用索赔。

理由：局部软土层情况的出现非施工单位责任，且该工程在关键线路上。

事件二：可以提出费用索赔。

理由：乙方增加费用是由甲方设计变更造成的，但该工程不在关键线路上，且延长 7 天工期不影响整个工期，所以不应提出工期索赔。

事件三：工期和费用均不应提出索赔。

理由：该事件完全是由乙方自身原因造成的。

[问题 3]

工期为 3 天，费用为 8 万元。

四、施工索赔的技巧

索赔的技巧是为索赔的战略和策略目标服务的，因此，在确定了索赔的战略和策略目标之后，索赔技巧就显得格外重要，它是索赔策略的具体体现。索赔技巧应因人、因客观环境条件而异，现提出以下各项供参考。

(一)要及时发现索赔机会

一个有经验的承包商，在投标报价时就应考虑到将来可能要发生索赔的问题，要仔细研究招标文件中的合同条款和规范，仔细查勘施工现场，探索可能索赔的机会，在报价时要考虑索赔的需要。在进行单价分析时，应列入生产效率，把工程成本与投入资源的效率结合起来。这样，在施工过程中论证索赔原因时，可引用效率降低来论证索赔的根据。

在索赔谈判中，如果没有效率降低的资料，则很难说服监理工程师和发包人，索赔无取胜可能。反而可能被认为，生产效率的降低是承包商施工组织不好，没达到投标时的效率，应采取措施提高效率，赶上工期。

要论证效率降低，承包商应做好施工记录，记录好每天使用的设备工时、材料和人工数量，完成的工程量及施工中遇到的问题。

(二)商签好合同协议

在商签合同过程中，承包商应对明显把重大风险转嫁给承包商的合同条件提出修改的要求，对其达成修改的协议应以“谈判纪要”的形式写出，作为该合同文件的有效组成部分。

(三)对口头变更指令要得到确认

工程师常常乐于用口头指令工程变更，如果承包商不对工程师的口头指令予以书面确认，就进行变更工程的施工，此后，有的工程师矢口否认，拒绝承包商的索赔要求，使承包商有苦难言。

(四)及时发出“索赔通知书”

一般合同都规定，索赔事件发生后的一定时间内，承包商必须送出“索赔通知书”，过期无效。

(五)索赔事件论证要充足

承包合同通常规定，承包商在发出“索赔通知书”后，每隔一定时间，应报送一次证据资料，在索赔事件结束后的28日内报送总结性的索赔计算及索赔论证，提交索赔报告。索赔报告一定要令人信服，经得起推敲。

(六)索赔计价方法和款额要适当

索赔计算时采用“附加成本法”容易被对方接受。因为这种方法只计算索赔事件引起的计划外的附加开支，计价项目具体，使经济索赔能较快得到解决。另外，索赔计价不能过高，要价过高容易引起对方反感，使索赔报告束之高阁，长期得不到解决。还有可能让发包人准备周密的反索赔计价，以高额的反索赔对付高额的索赔，使索赔工作更加复杂化。

(七)力争单项索赔，避免一揽子索赔

单项索赔事件简单，容易解决，而且能及时得到支付。一揽子索赔问题复杂、金额大、不易解决，往往到工程结束后还得不到付款。

(八)坚持采用“清理账目法”

承包商往往只注意接受发包人按月结算索赔款，而忽略了索赔款的不足部分，没有以文字的形式保留自己今后应获得不足部分款额的权利，等于同意并承认了发包人对该索赔的付款，以后再无权追索。

因为在索赔支付过程中，承包商和工程师对确定新单价和工程量方面经常存在不同意见。按合同规定，工程师有决定单价的权力，如果承包商认为工程师的决定不尽合理，而坚持自己的要求时，可同意接受工程师决定的“临时单价”，或按“临时价格”付款，先拿到一部分索赔款，对其余不足部分，则书面通知工程师和发包人，作为索赔款的余额，保留自己的索赔权利；否则，该承包商将失去了将来要求付款的权利。

(九)力争友好解决，防止对立情绪

索赔争端是难免的，如果遇到争端不能理智地协商讨论问题，使一些本来可以解决的问题悬而未决。承包商尤其要头脑冷静，防止对立情绪的产生，力争友好解决索赔争端。

(十)注意同工程师搞好关系

工程师是处理解决索赔问题的公正的第三方，注意同工程师搞好关系，争取工程师的公正裁决，竭力避免仲裁或诉讼。

学 生 实 训 园

实训项目：处理施工管理中的索赔事件

一、实训目的

1. 掌握和理解施工索赔管理知识；

2. 学会分析处理施工管理中出现的各种索赔事件。

二、材料准备

[背景] 某大型工程，由于技术难度大，对施工单位的施工设备和同类工程施工经验要求比较高，而且对工期的要求比较紧迫。业主在对有关单位和在建工程考察的基础上，邀请了三家国有一级施工企业投标，通过正规的开标评标后，择优选择了其中一家作为中标单位，并与其签订了工程施工承包合同，承包工作范围包括土建、机电安装和装修工程。该工程共15层，采用框架结构，开工日期2002年4月1日，合同工期为18个月。

在施工过程中，发生了如下几项事件：

事件1：2002年4月，在基础开挖过程中，个别部位实际土质与甲方提供的地质资料不符，造成施工费用增加2.5万元，相应工序持续时间增加了4天。

事件2：2002年5月施工单位为保证施工质量，扩大基础地面，开挖量增加导致费用增加3.0万元，相应工序持续时间增加了3天。

事件3：2002年8月份，进入雨期施工，恰逢20天大雨(50年一遇的特大暴雨)，造成停工损失2.5万元，工期增加了4天。

事件4：2003年2月份，在主体砌筑工程中，因施工图设计有误，实际工程量增加，导致费用增加3.8万元，相应工序持续时间增加了2天。

上述事件中，除第3项外，其他工序均未发生在关键线路上，并对总工期无影响。针对事件1、事件2、事件3、事件4，施工单位及时提出如下索赔要求：

(1)增加合同工期13天。

(2)增加费用11.8万元。

[问题] 施工单位对施工过程中发生的事件1、事件2、事件3、事件4能否索赔？请说明理由？

三、实训步骤

第一步：学生分组，5～6人为一组；

第二步：提供某工程施工管理索赔案例；

第三步：提出施工管理中遇到的各种问题事件；

第四步：学生分组讨论；

第五步：编制施工索赔问题事件的书面报告。

四、实训成果要求

1. 在教师指导下独立地完成问题事件索赔报告的编写；

2. 在教学规定的实训时间内完成全部内容。

五、实训注意事项

1. 学生角色扮演真实；

2. 充分发挥学生的积极性、主动性与创造性。

练习与思考

一、填空题

1. 承包人应在知道或应当知道索赔事件发生后__________内，向监理人递交__________，并说明发生索赔事件的事由；承包人未在前述__________内发出__________的，丧失要求追加付款和(或)延长工期的权利。

2. 监理人应在收到索赔报告后__________内完成审查并报送__________。监理人对索赔报告存在异议的，有权要求承包人提交全部原始记录副本。

3. 工期索赔成立的条件有：①发生了非承包商__________的索赔事件；②索赔事件造成了总工期的__________。

4. __________与总费用法的原理相同，只是把计算的范围缩小，使__________的计算更容易、更准确。

5. 承包人应在收到索赔报告或有关索赔的进一步证明材料后__________内，将索赔处理结果答复__________。如果承包人未在上述期限内作出答复的，则视为对__________索赔要求的认可。

二、选择题

1. 按施工索赔(　　)的分类，施工索赔可分为工期索赔和费用索赔。
   A. 业务性质　　B. 有关当事人　　C. 依据　　D. 目的

2. 按照每个索赔事件导致损失的费用项目分别分析计算索赔的方法是(　　)。
   A. 分项法　　B. 修正总费用法　　C. 总费用法　　D. 总成本法

3. 发包人分别与设计单位和施工企业签订了设计和施工承包合同，由于(　　)原因导致发包人发生额外费用支出时，应向施工承包商提出索赔要求。
   A. 设计图纸错误导致返工　　B. 工程师发布错误指令
   C. 发包人自身的违约行为　　D. 施工承包商的违约行为

4. 下列属于承包人可以向发包人索赔的情况包括(　　)。
   A. 监理工程师对合同文件的错误解释
   B. 业主拨付工程款不及时
   C. 设计变更
   D. 施工机械故障
   E. 施工组织设计不合理

5. 建设工程由承包人索赔的起因包括(　　)。
   A. 发包人不按合同支付工程款
   B. 设计图纸、技术规范错误
   C. 地震
   D. 承包商擅自改变施工组织设计
   E. 承包人没有按合同和有关规范规定进行操作，施工过程中发生人员伤亡

三、简答题

1. 什么是施工索赔？产生施工索赔的原因有哪些？

2. 简述合同内索赔与合同外索赔的区别。

3. 简述施工索赔文件的组成。

4. 常见施工索赔的证据有哪些?

5. 简述施工索赔的程序。

四、案例分析

[背景] 某建设单位通过公开招标选定某施工单位作为施工总承包。工程实施中发生了下列事件:

事件1:基础施工时,建设单位负责供应的钢筋混凝土预制桩供应不及时,使该工作延误4天。

事件2:建设单位因资金困难,在应支付工程月进度款的时间内未支付,导致承包方停工10天。

事件3:在主体施工期间,施工单位与某材料供应商签订了室内隔墙板供销合同,在合同内约定:如供方不能按约定时间供货,每天赔偿订购方合同价万分之五的违约金。供货方因原材料问题未能按时供货,拖延8天。

事件4:施工单位根据合同工期要求,冬期继续施工,在施工过程中,施工单位为保证施工质量,采取了多项技术措施,由此造成额外的费用开支共20万元。

事件5:施工单位进行设备安装时,因业主选定的设备供应商接线错误造成设备损坏,使施工单位安装调试工作延误5天,损失12万元。

[问题]

以上各事件中,某施工单位延误的工期和增加的费用应由谁来承担?请说明理由。

附录A　中华人民共和国招标投标法

（1999年8月30日第九届全国人民代表大会常务委员会第十一次会议通过，1999年8月30日中华人民共和国主席令第21号公布，自2000年1月1日起施行）

第一章　总　则

第一条　为了规范招标投标活动，保护国家利益、社会公共利益和招标投标活动当事人的合法权益，提高经济效益，保证项目质量，制定本法。

第二条　在中华人民共和国境内进行招标投标活动，适用本法。

第三条　在中华人民共和国境内进行下列工程建设项目包括项目的勘察、设计、施工、监理以及与工程建设有关的重要设备、材料等的采购，必须进行招标：

（一）大型基础设施、公用事业等关系社会公共利益、公众安全的项目。

（二）全部或者部分使用国有资金投资或者国家融资的项目。

（三）使用国际组织或者外国政府贷款、援助资金的项目。

前款所列项目的具体范围和规模标准，由国务院发展计划部门会同国务院有关部门制订，报国务院批准。

法律或者国务院对必须进行招标的其他项目的范围有规定的，依照其规定。

第四条　任何单位和个人不得将依法必须进行招标的项目化整为零，或者以其他任何方式规避招标。

第五条　招标投标活动应当遵循公开、公平、公正和诚实信用的原则。

第六条　依法必须进行招标的项目，其招标投标活动不受地区或者部门的限制。任何单位和个人不得违法限制或者排斥本地区、本系统以外的法人或者其他组织参加投标，不得以任何方式非法干涉招标投标活动。

第七条　招标投标活动及其当事人应当接受依法实施的监督。

有关行政监督部门依法对招标投标活动实施监督，依法查处招标投标活动中的违法行为。

对招标投标活动的行政监督及有关部门的具体职权划分，由国务院规定。

第二章　招　标

第八条　招标人是依照本法规定提出招标项目、进行招标的法人或者其他组织。

第九条　招标项目按照国家有关规定需要履行项目审批手续的，应当先履行审批手续，取得批准。

招标人应当有进行招标项目的相应资金或者资金来源已经落实，并应当在招标文件中如实载明。

第十条　招标分为公开招标和邀请招标。

公开招标是指招标人以招标公告的方式邀请不特定的法人或者其他组织投标。

邀请招标是指招标人以投标邀请书的方式邀请特定的法人或者其他组织投标。

第十一条　国务院发展计划部门确定的国家重点项目和省、自治区、直辖市人民政府确定的地方重点项目不适宜公开招标的，经国务院发展计划部门或者省、自治区、直辖市人民政府批准，可以进行邀请招标。

第十二条　招标人有权自行选择招标代理机构，委托其办理招标事宜。任何单位和个人不得以任何方式为招标人指定招标代理机构。

招标人具有编制招标文件和组织评标能力的，可以自行办理招标事宜。任何单位和个人不得强制其委托招标代理机构办理招标事宜。

依法必须进行招标的项目，招标人自行办理招标事宜的，应当向有关行政监督部门备案。

第十三条　招标代理机构是依法设立、从事招标代理业务并提供相关服务的社会中介组织。

招标代理机构应当具备下列条件：

(一)有从事招标代理业务的营业场所和相应资金。

(二)有能够编制招标文件和组织评标的相应专业力量。

(三)有符合本法第三十七条第三款规定条件、可以作为评标委员会成员人选的技术、经济等方面的专家库。

第十四条　从事工程建设项目招标代理业务的招标代理机构，其资格由国务院或者省、自治区、直辖市人民政府的建设行政主管部门认定。具体办法由国务院建设行政主管部门会同国务院有关部门制定。从事其他招标代理业务的招标代理机构，其资格认定的主管部门由国务院规定。

招标代理机构与行政机关和其他国家机关不得存在隶属关系或者其他利益关系。

第十五条　招标代理机构应当在招标人委托的范围内办理招标事宜，并遵守本法关于招标人的规定。

第十六条　招标人采用公开招标方式的，应当发布招标公告。依法必须进行招标的项目的招标公告，应当通过国家指定的报刊、信息网络或者其他媒介发布。

招标公告应当载明招标人的名称和地址、招标项目的性质、数量、实施地点和时间以及获取招标文件的办法等事项。

第十七条　招标人采用邀请招标方式的，应当向三个以上具备承担招标项目的能力、资信良好的特定的法人或者其他组织发出投标邀请书。

投标邀请书应当载明本法第十六条第二款规定的事项。

第十八条　招标人可以根据招标项目本身的要求，在招标公告或者投标邀请书中，要求潜在投标人提供有关资质证明文件和业绩情况，并对潜在投标人进行资格审查；国家对投标人的资格条件有规定的，依照其规定。

招标人不得以不合理的条件限制或者排斥潜在投标人，不得对潜在投标人实行歧视待遇。

第十九条　招标人应当根据招标项目的特点和需要编制招标文件。招标文件应当包括招标项目的技术要求、对投标人资格审查的标准、投标报价要求和评标标准等所有实质性要求和条件以及拟签订合同的主要条款。

国家对招标项目的技术、标准有规定的，招标人应当按照其规定在招标文件中提出相应要求。

招标项目需要划分标段、确定工期的，招标人应当合理划分标段、确定工期，并在招标文件中载明。

第二十条　招标文件不得要求或者标明特定的生产供应者以及含有倾向或者排斥潜在投标人的其他内容。

第二十一条　招标人根据招标项目的具体情况，可以组织潜在投标人踏勘项目现场。

第二十二条　招标人不得向他人透露已获取招标文件的潜在投标人的名称、数量以及可能影响公平竞争的有关招标投标的其他情况。

招标人设有标底的，标底必须保密。

第二十三条　招标人对已发出的招标文件进行必要的澄清或者修改的，应当在招标文件要求提交投标文件截止时间至少十五日前，以书面形式通知所有招标文件收受人。该澄清或者修改的内容为招标文件的组成部分。

第二十四条　招标人应当确定投标人编制投标文件所需要的合理时间；但是，依法必须进行招标的项目，自招标文件开始发出之日起至投标人提交投标文件截止之日止，最短不得少于二十日。

第三章　投　标

第二十五条　投标人是响应招标、参加投标竞争的法人或者其他组织。

依法招标的科研项目允许个人参加投标的，投标的个人适用本法有关投标人的规定。

第二十六条　投标人应当具备承担招标项目的能力；国家有关规定对投标人资格条件或者招标文件对投标人资格条件有规定的，投标人应当具备规定的资格条件。

第二十七条　投标人应当按照招标文件的要求编制投标文件。投标文件应当对招标文件提出的实质性要求和条件作出响应。

招标项目属于建设施工的，投标文件的内容应当包括拟派出的项目负责人与主要技术人员的简历、业绩和拟用于完成招标项目的机械设备等。

第二十八条　投标人应当在招标文件要求提交投标文件的截止时间前，将投标文件送达投标地点。招标人收到投标文件后，应当签收保存，不得开启。投标人少于三个的，招标人应当依照本法重新招标。

在招标文件要求提交投标文件的截止时间后送达的投标文件，招标人应当拒收。

第二十九条　投标人在招标文件要求提交投标文件的截止时间前，可以补充、修改或者撤回已提交的投标文件，并书面通知招标人。补充、修改的内容为投标文件的组成部分。

第三十条　投标人根据招标文件载明的项目实际情况，拟在中标后将中标项目的部分非主体、非关键性工作进行分包的，应当在投标文件中载明。

第三十一条　两个以上法人或者其他组织可以组成一个联合体，以一个投标人的身份共同投标。

联合体各方均应当具备承担招标项目的相应能力；国家有关规定或者招标文件对投标人资格条件有规定的，联合体各方均应当具备规定的相应资格条件。由同一专业的单位组成的联合体，按照资质等级较低的单位确定资质等级。

联合体各方应当签订共同投标协议，明确约定各方拟承担的工作和责任，并将共同投

标协议连同投标文件一并提交招标人。联合体中标的，联合体各方应当共同与招标人签订合同，就中标项目向招标人承担连带责任。

招标人不得强制投标人组成联合体共同投标，不得限制投标人之间的竞争。

第三十二条　投标人不得相互串通投标报价，不得排挤其他投标人的公平竞争，损害招标人或者其他投标人的合法权益。

投标人不得与招标人串通投标，损害国家利益、社会公共利益或者他人的合法权益。

禁止投标人以向招标人或者评标委员会成员行贿的手段谋取中标。

第三十三条　投标人不得以低于成本的报价竞标，也不得以他人名义投标或者以其他方式弄虚作假，骗取中标。

第四章　开标、评标和中标

第三十四条　开标应当在招标文件确定的提交投标文件截止时间的同一时间公开进行；开标地点应当为招标文件中预先确定的地点。

第三十五条　开标由招标人主持，邀请所有投标人参加。

第三十六条　开标时，由投标人或者其推选的代表检查投标文件的密封情况，也可以由招标人委托的公证机构检查并公证；经确认无误后，由工作人员当众拆封，宣读投标人名称、投标价格和投标文件的其他主要内容。

招标人在招标文件要求提交投标文件的截止时间前收到的所有投标文件，开标时都应当当众予以拆封、宣读。

开标过程应当记录，并存档备查。

第三十七条　评标由招标人依法组建的评标委员会负责。

依法必须进行招标的项目，其评标委员会由招标人的代表和有关技术、经济等方面的专家组成，成员人数为五人以上单数，其中技术、经济等方面的专家不得少于成员总数的三分之二。

前款专家应当从事相关领域工作满八年并具有高级职称或者具有同等专业水平，由招标人从国务院有关部门或者省、自治区、直辖市人民政府有关部门提供的专家名册或者招标代理机构的专家库内的相关专业的专家名单中确定；一般招标项目可以采取随机抽取方式，特殊招标项目可以由招标人直接确定。

与投标人有利害关系的人不得进入相关项目的评标委员会；已经进入的应当更换。

评标委员会成员的名单在中标结果确定前应当保密。

第三十八条　招标人应当采取必要的措施，保证评标在严格保密的情况下进行。

任何单位和个人不得非法干预、影响评标的过程和结果。

第三十九条　评标委员会可以要求投标人对投标文件中含义不明确的内容作必要的澄清或者说明，但是澄清或者说明不得超出投标文件的范围或者改变投标文件的实质性内容。

第四十条　评标委员会应当按照招标文件确定的评标标准和方法，对投标文件进行评审和比较；设有标底的，应当参考标底。评标委员会完成评标后，应当向招标人提出书面评标报告，并推荐合格的中标候选人。

招标人根据评标委员会提出的书面评标报告和推荐的中标候选人确定中标人。招标人也可以授权评标委员会直接确定中标人。

国务院对特定招标项目的评标有特别规定的，从其规定。

第四十一条　中标人的投标应当符合下列条件之一：

（一）能够最大限度地满足招标文件中规定的各项综合评价标准。

（二）能够满足招标文件的实质性要求，并且经评审的投标价格最低；但是投标价格低于成本的除外。

第四十二条　评标委员会经评审，认为所有投标都不符合招标文件要求的，可以否决所有投标。

依法必须进行招标的项目的所有投标被否决的，招标人应当依照本法重新招标。

第四十三条　在确定中标人前，招标人不得与投标人就投标价格、投标方案等实质性内容进行谈判。

第四十四条　评标委员会成员应当客观、公正地履行职务，遵守职业道德，对所提出的评审意见承担个人责任。

评标委员会成员不得私下接触投标人，不得收受投标人的财物或者其他好处。

评标委员会成员和参与评标的有关工作人员不得透露对投标文件的评审和比较、中标候选人的推荐情况以及与评标有关的其他情况。

第四十五条　中标人确定后，招标人应当向中标人发出中标通知书，并同时将中标结果通知所有未中标的投标人。

中标通知书对招标人和中标人具有法律效力。中标通知书发出后，招标人改变中标结果的，或者中标人放弃中标项目的，应当依法承担法律责任。

第四十六条　招标人和中标人应当自中标通知书发出之日起三十日内，按照招标文件和中标人的投标文件订立书面合同。招标人和中标人不得再行订立背离合同实质性内容的其他协议。

招标文件要求中标人提交履约保证金的，中标人应当提交。

第四十七条　依法必须进行招标的项目，招标人应当自确定中标人之日起十五日内，向有关行政监督部门提交招标投标情况的书面报告。

第四十八条　中标人应当按照合同约定履行义务，完成中标项目。中标人不得向他人转让中标项目，也不得将中标项目肢解后分别向他人转让。

中标人按照合同约定或者经招标人同意，可以将中标项目的部分非主体、非关键性工作分包给他人完成。接受分包的人应当具备相应的资格条件，并不得再次分包。

中标人应当就分包项目向招标人负责，接受分包的人就分包项目承担连带责任。

第五章　法律责任

第四十九条　违反本法规定，必须进行招标的项目而不招标的，将必须进行招标的项目化整为零或者以其他任何方式规避招标的，责令限期改正，可以处项目合同金额千分之五以上千分之十以下的罚款；对全部或者部分使用国有资金的项目，可以暂停项目执行或者暂停资金拨付；对单位直接负责的主管人员和其他直接责任人员依法给予处分。

第五十条　招标代理机构违反本法规定，泄露应当保密的与招标投标活动有关的情况和资料的，或者与招标人、投标人串通损害国家利益、社会公共利益或者他人合法权益的，处五万元以上二十五万元以下的罚款，对单位直接负责的主管人员和其他直接责任人员处单位罚款数额百分之五以上百分之十以下的罚款；有违法所得的，并处没收违法所得；情节严重的，暂停直至取消招标代理资格；构成犯罪的，依法追究刑事责任。给他人造成损

失的，依法承担赔偿责任。

前款所列行为影响中标结果的，中标无效。

第五十一条　招标人以不合理的条件限制或者排斥潜在投标人的，对潜在投标人实行歧视待遇的，强制要求投标人组成联合体共同投标的，或者限制投标人之间竞争的，责令改正，可以处一万元以上五万元以下的罚款。

第五十二条　依法必须进行招标的项目的招标人向他人透露已获取招标文件的潜在投标人的名称、数量或者可能影响公平竞争的有关招标投标的其他情况的，或者泄露标底的，给予警告，可以并处一万元以上十万元以下的罚款；对单位直接负责的主管人员和其他直接责任人员依法给予处分；构成犯罪的，依法追究刑事责任。

前款所列行为影响中标结果的，中标无效。

第五十三条　投标人相互串通投标或者与招标人串通投标的，投标人以向招标人或者评标委员会成员行贿的手段谋取中标的，中标无效，处中标项目金额千分之五以上千分之十以下的罚款，对单位直接负责的主管人员和其他直接责任人员处单位罚款数额百分之五以上百分之十以下的罚款；有违法所得的，并处没收违法所得；情节严重的，取消其一年至二年内参加依法必须进行招标的项目的投标资格并予以公告，直至由工商行政管理机关吊销营业执照；构成犯罪的，依法追究刑事责任。给他人造成损失的，依法承担赔偿责任。

第五十四条　投标人以他人名义投标或者以其他方式弄虚作假，骗取中标的，中标无效，给招标人造成损失的，依法承担赔偿责任；构成犯罪的，依法追究刑事责任。

依法必须进行招标的项目的投标人有前款所列行为尚未构成犯罪的，处中标项目金额千分之五以上千分之十以下的罚款，对单位直接负责的主管人员和其他直接责任人员处单位罚款数额百分之五以上百分之十以下的罚款；有违法所得的，并处没收违法所得；情节严重的，取消其一年至三年内参加依法必须进行招标的项目的投标资格并予以公告，直至由工商行政管理机关吊销营业执照。

第五十五条　依法必须进行招标的项目，招标人违反本法规定，与投标人就投标价格、投标方案等实质性内容进行谈判的，给予警告，对单位直接负责的主管人员和其他直接责任人员依法给予处分。

前款所列行为影响中标结果的，中标无效。

第五十六条　评标委员会成员收受投标人的财物或者其他好处的，评标委员会成员或者参加评标的有关工作人员向他人透露对投标文件的评审和比较、中标候选人的推荐以及与评标有关的其他情况的，给予警告，没收收受的财物，可以并处三千元以上五万元以下的罚款，对有所列违法行为的评标委员会成员取消担任评标委员会成员的资格，不得再参加任何依法必须进行招标的项目的评标；构成犯罪的，依法追究刑事责任。

第五十七条　招标人在评标委员会依法推荐的中标候选人以外确定中标人的，依法必须进行招标的项目在所有投标被评标委员会否决后自行确定中标人的，中标无效。责令改正，可以处中标项目金额千分之五以上千分之十以下的罚款；对单位直接负责的主管人员和其他直接责任人员依法给予处分。

第五十八条　中标人将中标项目转让给他人的，将中标项目肢解后分别转让给他人的，违反本法规定将中标项目的部分主体、关键性工作分包给他人的，或者分包人再次分包的，转让、分包无效，处转让、分包项目金额千分之五以上千分之十以下的罚款；有违法所得的，并处没收违法所得；可以责令停业整顿；情节严重的，由工商行政管理机关吊销营业执照。

第五十九条　招标人与中标人不按照招标文件和中标人的投标文件订立合同的，或者招标人、中标人订立背离合同实质性内容的协议的，责令改正；可以处中标项目金额千分之五以上千分之十以下的罚款。

第六十条　中标人不履行与招标人订立的合同的，履约保证金不予退还，给招标人造成的损失超过履约保证金数额的，还应当对超过部分予以赔偿；没有提交履约保证金的，应当对招标人的损失承担赔偿责任。

中标人不按照与招标人订立的合同履行义务，情节严重的，取消其二年至五年内参加依法必须进行招标的项目的投标资格并予以公告，直至由工商行政管理机关吊销营业执照。

因不可抗力不能履行合同的，不适用前两款规定。

第六十一条　本章规定的行政处罚，由国务院规定的有关行政监督部门决定。本法已对实施行政处罚的机关作出规定的除外。

第六十二条　任何单位违反本法规定，限制或者排斥本地区、本系统以外的法人或者其他组织参加投标的，为招标人指定招标代理机构的，强制招标人委托招标代理机构办理招标事宜的，或者以其他方式干涉招标投标活动的，责令改正；对单位直接负责的主管人员和其他直接责任人员依法给予警告、记过、记大过的处分，情节较重的，依法给予降级、撤职、开除的处分。

个人利用职权进行前款违法行为的，依照前款规定追究责任。

第六十三条　对招标投标活动依法负有行政监督职责的国家机关工作人员徇私舞弊、滥用职权或者玩忽职守，构成犯罪的，依法追究刑事责任；不构成犯罪的，依法给予行政处分。

第六十四条　依法必须进行招标的项目违反本法规定，中标无效的，应当依照本法规定的中标条件，从其余投标人中重新确定中标人或者依照本法重新进行招标。

第六章　附　则

第六十五条　投标人和其他利害关系人认为招标投标活动不符合本法有关规定的，有权向招标人提出异议或者依法向有关行政监督部门投诉。

第六十六条　涉及国家安全、国家秘密、抢险救灾或者属于利用扶贫资金实行以工代赈、需要使用农民工等特殊情况，不适宜进行招标的项目，按照国家有关规定可以不进行招标。

第六十七条　使用国际组织或者外国政府贷款、援助资金的项目进行招标，贷款方、资金提供方对招标投标的具体条件和程序有不同规定的，可以适用其规定，但违背中华人民共和国的社会公共利益的除外。

第六十八条　本法自 2000 年 1 月 1 日起施行。

附录 B　中华人民共和国招标投标法实施条例

(2011 年 11 月 30 日国务院第 183 次常务会议通过，2011 年 12 月 20 日国务院令第 613 号公布，自 2012 年 2 月 1 日起施行)

补充说明：2017 年 3 月 1 日，国务院总理李克强签署第 676 号国务院令，公布《国务院关于修改和废止部分行政法规的决定》，对 36 部行政法规的部分条款予以修改，对 3 部行政法规予以废止。关于对《中华人民共和国招标投标法实施条例》的条款有两处修改：(1)第十二条修改“招标代理机构应当拥有一定数量的具备编制招标文件、组织评标等相应能力的专业人员。”(2)删去第七十八条。

第一章　总　则

第一条　为了规范招标投标活动，根据《中华人民共和国招标投标法》(以下简称《招标投标法》)，制定本条例。

第二条　招标投标法第三条所称工程建设项目，是指工程以及与工程建设有关的货物、服务。

前款所称工程，是指建设工程，包括建筑物和构筑物的新建、改建、扩建及其相关的装修、拆除、修缮等；所称与工程建设有关的货物，是指构成工程不可分割的组成部分，且为实现工程基本功能所必需的设备、材料等；所称与工程建设有关的服务，是指为完成工程所需的勘察、设计、监理等服务。

第三条　依法必须进行招标的工程建设项目的具体范围和规模标准，由国务院发展改革部门会同国务院有关部门制订，报国务院批准后公布施行。

第四条　国务院发展改革部门指导和协调全国招标投标工作，对国家重大建设项目的工程招标投标活动实施监督检查。国务院工业和信息化、住房城乡建设、交通运输、铁道、水利、商务等部门，按照规定的职责分工对有关招标投标活动实施监督。

县级以上地方人民政府发展改革部门指导和协调本行政区域的招标投标工作。县级以上地方人民政府有关部门按照规定的职责分工，对招标投标活动实施监督，依法查处招标投标活动中的违法行为。县级以上地方人民政府对其所属部门有关招标投标活动的监督职责分工另有规定的，从其规定。

财政部门依法对实行招标投标的政府采购工程建设项目的预算执行情况和政府采购政策执行情况实施监督。

监察机关依法对与招标投标活动有关的监察对象实施监察。

第五条　设区的市级以上地方人民政府可以根据实际需要，建立统一规范的招标投标交易场所，为招标投标活动提供服务。招标投标交易场所不得与行政监督部门存在隶属关系，不得以盈利为目的。

国家鼓励利用信息网络进行电子招标投标。

第六条　禁止国家工作人员以任何方式非法干涉招标投标活动。

第二章　招　标

第七条　按照国家有关规定需要履行项目审批、核准手续的依法必须进行招标的项目，其招标范围、招标方式、招标组织形式应当报项目审批、核准部门审批、核准。项目审批、核准部门应当及时将审批、核准确定的招标范围、招标方式、招标组织形式通报有关行政监督部门。

第八条　国有资金占控股或者主导地位的依法必须进行招标的项目，应当公开招标；但有下列情形之一的，可以邀请招标：

（一）技术复杂、有特殊要求或者受自然环境限制，只有少量潜在投标人可供选择。

（二）采用公开招标方式的费用占项目合同金额的比例过大。

有前款第二项所列情形，属于本条例第七条规定的项目，由项目审批、核准部门在审批、核准项目时作出认定；其他项目由招标人申请有关行政监督部门作出认定。

第九条　除招标投标法第六十六条规定的可以不进行招标的特殊情况外，有下列情形之一的，可以不进行招标：

（一）需要采用不可替代的专利或者专有技术。

（二）采购人依法能够自行建设、生产或者提供。

（三）已通过招标方式选定的特许经营项目投资人依法能够自行建设、生产或者提供。

（四）需要向原中标人采购工程、货物或者服务，否则将影响施工或者功能配套要求。

（五）国家规定的其他特殊情形。

招标人为适用前款规定弄虚作假的，属于招标投标法第四条规定的规避招标。

第十条　招标投标法第十二条第二款规定的招标人具有编制招标文件和组织评标能力，是指招标人具有与招标项目规模和复杂程度相适应的技术、经济等方面的专业人员。

第十一条　招标代理机构的资格依照法律和国务院的规定由有关部门认定。

国务院住房城乡建设、商务、发展改革、工业和信息化等部门，按照规定的职责分工对招标代理机构依法实施监督管理。

第十二条 招标代理机构应当拥有一定数量的取得招标职业资格的专业人员。取得招标职业资格的具体办法由国务院人力资源社会保障部门会同国务院发展改革部门制定。

第十三条　招标代理机构在其资格许可和招标人委托的范围内开展招标代理业务，任何单位和个人不得非法干涉。

招标代理机构代理招标业务，应当遵守招标投标法和本条例关于招标人的规定。招标代理机构不得在所代理的招标项目中投标或者代理投标，也不得为所代理的招标项目的投标人提供咨询。

招标代理机构不得涂改、出租、出借、转让资格证书。

第十四条　招标人应当与被委托的招标代理机构签订书面委托合同，合同约定的收费标准应当符合国家有关规定。

第十五条　公开招标的项目，应当依照招标投标法和本条例的规定发布招标公告、编制招标文件。

招标人采用资格预审办法对潜在投标人进行资格审查的，应当发布资格预审公告、编制资格预审文件。

依法必须进行招标的项目的资格预审公告和招标公告，应当在国务院发展改革部门依法指定的媒介发布。在不同媒介发布的同一招标项目的资格预审公告或者招标公告的内容

应当一致。指定媒介发布依法必须进行招标的项目的境内资格预审公告、招标公告，不得收取费用。

编制依法必须进行招标的项目的资格预审文件和招标文件，应当使用国务院发展改革部门会同有关行政监督部门制定的标准文本。

第十六条　招标人应当按照资格预审公告、招标公告或者投标邀请书规定的时间、地点发售资格预审文件或者招标文件。资格预审文件或者招标文件的发售期不得少于5日。

招标人发售资格预审文件、招标文件收取的费用应当限于补偿印刷、邮寄的成本支出，不得以营利为目的。

第十七条　招标人应当合理确定提交资格预审申请文件的时间。依法必须进行招标的项目提交资格预审申请文件的时间，自资格预审文件停止发售之日起不得少于5日。

第十八条　资格预审应当按照资格预审文件载明的标准和方法进行。

国有资金占控股或者主导地位的依法必须进行招标的项目，招标人应当组建资格审查委员会审查资格预审申请文件。资格审查委员会及其成员应当遵守招标投标法和本条例有关评标委员会及其成员的规定。

第十九条　资格预审结束后，招标人应当及时向资格预审申请人发出资格预审结果通知书。未通过资格预审的申请人不具有投标资格。

通过资格预审的申请人少于3个的，应当重新招标。

第二十条　招标人采用资格后审办法对投标人进行资格审查的，应当在开标后由评标委员会按照招标文件规定的标准和方法对投标人的资格进行审查。

第二十一条　招标人可以对已发出的资格预审文件或者招标文件进行必要的澄清或者修改。澄清或者修改的内容可能影响资格预审申请文件或者投标文件编制的，招标人应当在提交资格预审申请文件截止时间至少3日前，或者投标截止时间至少15日前，以书面形式通知所有获取资格预审文件或者招标文件的潜在投标人；不足3日或者15日的，招标人应当顺延提交资格预审申请文件或者投标文件的截止时间。

第二十二条　潜在投标人或者其他利害关系人对资格预审文件有异议的，应当在提交资格预审申请文件截止时间2日前提出；对招标文件有异议的，应当在投标截止时间10日前提出。招标人应当自收到异议之日起3日内作出答复；作出答复前，应当暂停招标投标活动。

第二十三条　招标人编制的资格预审文件、招标文件的内容违反法律、行政法规的强制性规定，违反公开、公平、公正和诚实信用原则，影响资格预审结果或者潜在投标人投标的，依法必须进行招标的项目的招标人应当在修改资格预审文件或者招标文件后重新招标。

第二十四条　招标人对招标项目划分标段的，应当遵守招标投标法的有关规定，不得利用划分标段限制或者排斥潜在投标人。依法必须进行招标的项目的招标人不得利用划分标段规避招标。

第二十五条　招标人应当在招标文件中载明投标有效期。投标有效期从提交投标文件的截止之日起算。

第二十六条　招标人在招标文件中要求投标人提交投标保证金的，投标保证金不得超过招标项目估算价的2%。投标保证金有效期应当与投标有效期一致。

依法必须进行招标的项目的境内投标单位，以现金或者支票形式提交的投标保证金应当从其基本账户转出。

招标人不得挪用投标保证金。

第二十七条　招标人可以自行决定是否编制标底。一个招标项目只能有一个标底。标底必须保密。

接受委托编制标底的中介机构不得参加受托编制标底项目的投标，也不得为该项目的投标人编制投标文件或者提供咨询。

招标人设有最高投标限价的，应当在招标文件中明确最高投标限价或者最高投标限价的计算方法。招标人不得规定最低投标限价。

第二十八条　招标人不得组织单个或者部分潜在投标人踏勘项目现场。

第二十九条　招标人可以依法对工程以及与工程建设有关的货物、服务全部或者部分实行总承包招标。以暂估价形式包括在总承包范围内的工程、货物、服务属于依法必须进行招标的项目范围且达到国家规定规模标准的，应当依法进行招标。

前款所称暂估价，是指总承包招标时不能确定价格而由招标人在招标文件中暂时估定的工程、货物、服务的金额。

第三十条　对技术复杂或者无法精确拟定技术规格的项目，招标人可以分两阶段进行招标。

第一阶段，投标人按照招标公告或者投标邀请书的要求提交不带报价的技术建议，招标人根据投标人提交的技术建议确定技术标准和要求，编制招标文件。

第二阶段，招标人向在第一阶段提交技术建议的投标人提供招标文件，投标人按照招标文件的要求提交包括最终技术方案和投标报价的投标文件。

招标人要求投标人提交投标保证金的，应当在第二阶段提出。

第三十一条　招标人终止招标的，应当及时发布公告，或者以书面形式通知被邀请的或者已经获取资格预审文件、招标文件的潜在投标人。已经发售资格预审文件、招标文件或者已经收取投标保证金的，招标人应当及时退还所收取的资格预审文件、招标文件的费用，以及所收取的投标保证金及银行同期存款利息。

第三十二条　招标人不得以不合理的条件限制、排斥潜在投标人或者投标人。招标人有下列行为之一的，属于以不合理条件限制、排斥潜在投标人或者投标人：

（一）就同一招标项目向潜在投标人或者投标人提供有差别的项目信息。

（二）设定的资格、技术、商务条件与招标项目的具体特点和实际需要不相适应或者与合同履行无关。

（三）依法必须进行招标的项目以特定行政区域或者特定行业的业绩、奖项作为加分条件或者中标条件。

（四）对潜在投标人或者投标人采取不同的资格审查或者评标标准。

（五）限定或者指定特定的专利、商标、品牌、原产地或者供应商。

（六）依法必须进行招标的项目非法限定潜在投标人或者投标人的所有制形式或者组织形式。

（七）以其他不合理条件限制、排斥潜在投标人或者投标人。

第三章　投　标

第三十三条　投标人参加依法必须进行招标的项目的投标，不受地区或者部门的限制，任何单位和个人不得非法干涉。

第三十四条　与招标人存在利害关系可能影响招标公正性的法人、其他组织或者个人，

不得参加投标。

单位负责人为同一人或者存在控股、管理关系的不同单位，不得参加同一标段投标或者未划分标段的同一招标项目投标。

违反前两款规定的，相关投标均无效。

第三十五条　投标人撤回已提交的投标文件，应当在投标截止时间前书面通知招标人。招标人已收取投标保证金的，应当自收到投标人书面撤回通知之日起5日内退还。

投标截止后投标人撤销投标文件的，招标人可以不退还投标保证金。

第三十六条　未通过资格预审的申请人提交的投标文件，以及逾期送达或者不按照招标文件要求密封的投标文件，招标人应当拒收。

招标人应当如实记载投标文件的送达时间和密封情况，并存档备查。

第三十七条　招标人应当在资格预审公告、招标公告或者投标邀请书中载明是否接受联合体投标。

招标人接受联合体投标并进行资格预审的，联合体应当在提交资格预审申请文件前组成。资格预审后联合体增减、更换成员的，其投标无效。

联合体各方在同一招标项目中以自己名义单独投标或者参加其他联合体投标的，相关投标均无效。

第三十八条　投标人发生合并、分立、破产等重大变化的，应当及时书面告知招标人。投标人不再具备资格预审文件、招标文件规定的资格条件或者其投标影响招标公正性的，其投标无效。

第三十九条　禁止投标人相互串通投标。有下列情形之一的，属于投标人相互串通投标：

(一)投标人之间协商投标报价等投标文件的实质性内容。

(二)投标人之间约定中标人。

(三)投标人之间约定部分投标人放弃投标或者中标。

(四)属于同一集团、协会、商会等组织成员的投标人按照该组织要求协同投标。

(五)投标人之间为谋取中标或者排斥特定投标人而采取的其他联合行动。

第四十条　有下列情形之一的，视为投标人相互串通投标：

(一)不同投标人的投标文件由同一单位或者个人编制。

(二)不同投标人委托同一单位或者个人办理投标事宜。

(三)不同投标人的投标文件载明的项目管理成员为同一人。

(四)不同投标人的投标文件异常一致或者投标报价呈规律性差异。

(五)不同投标人的投标文件相互混装。

(六)不同投标人的投标保证金从同一单位或者个人的账户转出。

第四十一条　禁止招标人与投标人串通投标。

有下列情形之一的，属于招标人与投标人串通投标：

(一)招标人在开标前开启投标文件并将有关信息泄露给其他投标人。

(二)招标人直接或者间接向投标人泄露标底、评标委员会成员等信息。

(三)招标人明示或者暗示投标人压低或者抬高投标报价。

(四)招标人授意投标人撤换、修改投标文件。

(五)招标人明示或者暗示投标人为特定投标人中标提供方便。

（六）招标人与投标人为谋求特定投标人中标而采取的其他串通行为。

第四十二条　使用通过受让或者租借等方式获取的资格、资质证书投标的，属于招标投标法第三十三条规定的以他人名义投标。

投标人有下列情形之一的，属于招标投标法第三十三条规定的以其他方式弄虚作假的行为：

（一）使用伪造、变造的许可证件。

（二）提供虚假的财务状况或者业绩。

（三）提供虚假的项目负责人或者主要技术人员简历、劳动关系证明。

（四）提供虚假的信用状况。

（五）其他弄虚作假的行为。

第四十三条　提交资格预审申请文件的申请人应当遵守招标投标法和本条例有关投标人的规定。

第四章　开标、评标和中标

第四十四条　招标人应当按照招标文件规定的时间、地点开标。

投标人少于3个的，不得开标；招标人应当重新招标。

投标人对开标有异议的，应当在开标现场提出，招标人应当当场作出答复，并制作记录。

第四十五条　国家实行统一的评标专家专业分类标准和管理办法。具体标准和办法由国务院发展改革部门会同国务院有关部门制定。

省级人民政府和国务院有关部门应当组建综合评标专家库。

第四十六条　除招标投标法第三十七条第三款规定的特殊招标项目外，依法必须进行招标的项目，其评标委员会的专家成员应当从评标专家库内相关专业的专家名单中以随机抽取方式确定。任何单位和个人不得以明示、暗示等任何方式指定或者变相指定参加评标委员会的专家成员。

依法必须进行招标的项目的招标人非因招标投标法和本条例规定的事由，不得更换依法确定的评标委员会成员。更换评标委员会的专家成员应当依照前款规定进行。

评标委员会成员与投标人有利害关系的，应当主动回避。

有关行政监督部门应当按照规定的职责分工，对评标委员会成员的确定方式、评标专家的抽取和评标活动进行监督。行政监督部门的工作人员不得担任本部门负责监督项目的评标委员会成员。

第四十七条　招标投标法第三十七条第三款所称特殊招标项目，是指技术复杂、专业性强或者国家有特殊要求，采取随机抽取方式确定的专家难以保证胜任评标工作的项目。

第四十八条　招标人应当向评标委员会提供评标所必需的信息，但不得明示或者暗示其倾向或者排斥特定投标人。

招标人应当根据项目规模和技术复杂程度等因素合理确定评标时间。超过三分之一的评标委员会成员认为评标时间不够的，招标人应当适当延长。

评标过程中，评标委员会成员有回避事由、擅离职守或者因健康等原因不能继续评标的，应当及时更换。被更换的评标委员会成员作出的评审结论无效，由更换后的评标委员会成员重新进行评审。

第四十九条　评标委员会成员应当依照招标投标法和本条例的规定，按照招标文件规定的评标标准和方法，客观、公正地对投标文件提出评审意见。招标文件没有规定的评标标准和方法不得作为评标的依据。

评标委员会成员不得私下接触投标人，不得收受投标人给予的财物或者其他好处，不得向招标人征询确定中标人的意向，不得接受任何单位或者个人明示或者暗示提出的倾向或者排斥特定投标人的要求，不得有其他不客观、不公正履行职务的行为。

第五十条　招标项目设有标底的，招标人应当在开标时公布。标底只能作为评标的参考，不得以投标报价是否接近标底作为中标条件，也不得以投标报价超过标底上下浮动范围作为否决投标的条件。

第五十一条　有下列情形之一的，评标委员会应当否决其投标：

(一)投标文件未经投标单位盖章和单位负责人签字。

(二)投标联合体没有提交共同投标协议。

(三)投标人不符合国家或者招标文件规定的资格条件。

(四)同一投标人提交两个以上不同的投标文件或者投标报价，但招标文件要求提交备选投标的除外。

(五)投标报价低于成本或者高于招标文件设定的最高投标限价。

(六)投标文件没有对招标文件的实质性要求和条件作出响应。

(七)投标人有串通投标、弄虚作假、行贿等违法行为。

第五十二条　投标文件中有含义不明确的内容、明显文字或者计算错误，评标委员会认为需要投标人作出必要澄清、说明的，应当书面通知该投标人。投标人的澄清、说明应当采用书面形式，并不得超出投标文件的范围或者改变投标文件的实质性内容。

评标委员会不得暗示或者诱导投标人作出澄清、说明，不得接受投标人主动提出的澄清、说明。

第五十三条　评标完成后，评标委员会应当向招标人提交书面评标报告和中标候选人名单。中标候选人应当不超过 3 个，并标明排序。

评标报告应当由评标委员会全体成员签字。对评标结果有不同意见的评标委员会成员应当以书面形式说明其不同意见和理由，评标报告应当注明该不同意见。评标委员会成员拒绝在评标报告上签字又不书面说明其不同意见和理由的，视为同意评标结果。

第五十四条　依法必须进行招标的项目，招标人应当自收到评标报告之日起 3 日内公示中标候选人，公示期不得少于 3 日。

投标人或者其他利害关系人对依法必须进行招标的项目的评标结果有异议的，应当在中标候选人公示期间提出。招标人应当自收到异议之日起 3 日内作出答复；作出答复前，应当暂停招标投标活动。

第五十五条　国有资金占控股或者主导地位的依法必须进行招标的项目，招标人应当确定排名第一的中标候选人为中标人。排名第一的中标候选人放弃中标、因不可抗力不能履行合同、不按照招标文件要求提交履约保证金，或者被查实存在影响中标结果的违法行为等情形，不符合中标条件的，招标人可以按照评标委员会提出的中标候选人名单排序依次确定其他中标候选人为中标人，也可以重新招标。

第五十六条　中标候选人的经营、财务状况发生较大变化或者存在违法行为，招标人认为可能影响其履约能力的，应当在发出中标通知书前由原评标委员会按照招标文件规定

的标准和方法审查确认。

第五十七条　招标人和中标人应当依照招标投标法和本条例的规定签订书面合同，合同的标的、价款、质量、履行期限等主要条款应当与招标文件和中标人的投标文件的内容一致。招标人和中标人不得再行订立背离合同实质性内容的其他协议。

招标人最迟应当在书面合同签订后5日内向中标人和未中标的投标人退还投标保证金及银行同期存款利息。

第五十八条　招标文件要求中标人提交履约保证金的，中标人应当按照招标文件的要求提交。履约保证金不得超过中标合同金额的10%。

第五十九条　中标人应当按照合同约定履行义务，完成中标项目。中标人不得向他人转让中标项目，也不得将中标项目肢解后分别向他人转让。

中标人按照合同约定或者经招标人同意，可以将中标项目的部分非主体、非关键性工作分包给他人完成。接受分包的人应当具备相应的资格条件，并不得再次分包。

中标人应当就分包项目向招标人负责，接受分包的人就分包项目承担连带责任。

第五章　投诉与处理

第六十条　投标人或者其他利害关系人认为招标投标活动不符合法律、行政法规规定的，可以自知道或者应当知道之日起10日内向有关行政监督部门投诉。投诉应当有明确的请求和必要的证明材料。

就本条例第二十二条、第四十四条、第五十四条规定事项投诉的，应当先向招标人提出异议，异议答复期间不计算在前款规定的期限内。

第六十一条　投诉人就同一事项向两个以上有权受理的行政监督部门投诉的，由最先收到投诉的行政监督部门负责处理。

行政监督部门应当自收到投诉之日起3个工作日内决定是否受理投诉，并自受理投诉之日起30个工作日内作出书面处理决定；需要检验、检测、鉴定、专家评审的，所需时间不计算在内。

投诉人捏造事实、伪造材料或者以非法手段取得证明材料进行投诉的，行政监督部门应当予以驳回。

第六十二条　行政监督部门处理投诉，有权查阅、复制有关文件、资料，调查有关情况，相关单位和人员应当予以配合。必要时，行政监督部门可以责令暂停招标投标活动。

行政监督部门的工作人员对监督检查过程中知悉的国家秘密、商业秘密，应当依法予以保密。

第六章　法律责任

第六十三条　招标人有下列限制或者排斥潜在投标人行为之一的，由有关行政监督部门依照招标投标法第五十一条的规定处罚：

（一）依法应当公开招标的项目不按照规定在指定媒介发布资格预审公告或者招标公告。

（二）在不同媒介发布的同一招标项目的资格预审公告或者招标公告的内容不一致，影响潜在投标人申请资格预审或者投标。

依法必须进行招标的项目的招标人不按照规定发布资格预审公告或者招标公告，构成规避招标的，依照招标投标法第四十九条的规定处罚。

第六十四条　招标人有下列情形之一的，由有关行政监督部门责令改正，可以处 10 万元以下的罚款：

（一）依法应当公开招标而采用邀请招标。

（二）招标文件、资格预审文件的发售、澄清、修改的时限，或者确定的提交资格预审申请文件、投标文件的时限不符合招标投标法和本条例规定。

（三）接受未通过资格预审的单位或者个人参加投标。

（四）接受应当拒收的投标文件。

招标人有前款第一项、第三项、第四项所列行为之一的，对单位直接负责的主管人员和其他直接责任人员依法给予处分。

第六十五条　招标代理机构在所代理的招标项目中投标、代理投标或者向该项目投标人提供咨询的，接受委托编制标底的中介机构参加受托编制标底项目的投标或者为该项目的投标人编制投标文件、提供咨询的，依照招标投标法第五十条的规定追究法律责任。

第六十六条　招标人超过本条例规定的比例收取投标保证金、履约保证金或者不按照规定退还投标保证金及银行同期存款利息的，由有关行政监督部门责令改正，可以处 5 万元以下的罚款；给他人造成损失的，依法承担赔偿责任。

第六十七条　投标人相互串通投标或者与招标人串通投标的，投标人向招标人或者评标委员会成员行贿谋取中标的，中标无效；构成犯罪的，依法追究刑事责任；尚不构成犯罪的，依照招标投标法第五十三条的规定处罚。投标人未中标的，对单位的罚款金额按照招标项目合同金额依照招标投标法规定的比例计算。

投标人有下列行为之一的，属于招标投标法第五十三条规定的情节严重行为，由有关行政监督部门取消其 1 年至 2 年内参加依法必须进行招标的项目的投标资格：

（一）以行贿谋取中标。

（二）3 年内 2 次以上串通投标。

（三）串通投标行为损害招标人、其他投标人或者国家、集体、公民的合法利益，造成直接经济损失 30 万元以上。

（四）其他串通投标情节严重的行为。

投标人自本条第二款规定的处罚执行期限届满之日起 3 年内又有该款所列违法行为之一的，或者串通投标、以行贿谋取中标情节特别严重的，由工商行政管理机关吊销营业执照。

法律、行政法规对串通投标报价行为的处罚另有规定的，从其规定。

第六十八条　投标人以他人名义投标或者以其他方式弄虚作假骗取中标的，中标无效；构成犯罪的，依法追究刑事责任；尚不构成犯罪的，依照招标投标法第五十四条的规定处罚。依法必须进行招标的项目的投标人未中标的，对单位的罚款金额按照招标项目合同金额依照招标投标法规定的比例计算。

投标人有下列行为之一的，属于招标投标法第五十四条规定的情节严重行为，由有关行政监督部门取消其 1 年至 3 年内参加依法必须进行招标的项目的投标资格：

（一）伪造、变造资格、资质证书或者其他许可证件骗取中标。

（二）3 年内 2 次以上使用他人名义投标。

（三）弄虚作假骗取中标给招标人造成直接经济损失 30 万元以上。

（四）其他弄虚作假骗取中标情节严重的行为。

投标人自本条第二款规定的处罚执行期限届满之日起3年内又有该款所列违法行为之一的，或者弄虚作假骗取中标情节特别严重的，由工商行政管理机关吊销营业执照。

第六十九条　出让或者出租资格、资质证书供他人投标的，依照法律、行政法规的规定给予行政处罚；构成犯罪的，依法追究刑事责任。

第七十条　依法必须进行招标的项目的招标人不按照规定组建评标委员会，或者确定、更换评标委员会成员违反招标投标法和本条例规定的，由有关行政监督部门责令改正，可以处10万元以下的罚款，对单位直接负责的主管人员和其他直接责任人员依法给予处分；违法确定或者更换的评标委员会成员作出的评审结论无效，依法重新进行评审。

国家工作人员以任何方式非法干涉选取评标委员会成员的，依照本条例第八十一条的规定追究法律责任。

第七十一条　评标委员会成员有下列行为之一的，由有关行政监督部门责令改正；情节严重的，禁止其在一定期限内参加依法必须进行招标的项目的评标；情节特别严重的，取消其担任评标委员会成员的资格：

(一)应当回避而不回避。

(二)擅离职守。

(三)不按照招标文件规定的评标标准和方法评标。

(四)私下接触投标人。

(五)向招标人征询确定中标人的意向或者接受任何单位或者个人明示或者暗示提出的倾向或者排斥特定投标人的要求。

(六)对依法应当否决的投标不提出否决意见。

(七)暗示或者诱导投标人作出澄清、说明或者接受投标人主动提出的澄清、说明。

(八)其他不客观、不公正履行职务的行为。

第七十二条　评标委员会成员收受投标人的财物或者其他好处的，没收收受的财物，处3 000元以上5万元以下的罚款，取消担任评标委员会成员的资格，不得再参加依法必须进行招标的项目的评标；构成犯罪的，依法追究刑事责任。

第七十三条　依法必须进行招标的项目的招标人有下列情形之一的，由有关行政监督部门责令改正，可以处中标项目金额10‰以下的罚款；给他人造成损失的，依法承担赔偿责任；对单位直接负责的主管人员和其他直接责任人员依法给予处分：

(一)无正当理由不发出中标通知书。

(二)不按照规定确定中标人。

(三)中标通知书发出后无正当理由改变中标结果。

(四)无正当理由不与中标人订立合同。

(五)在订立合同时向中标人提出附加条件。

第七十四条　中标人无正当理由不与招标人订立合同，在签订合同时向招标人提出附加条件，或者不按照招标文件要求提交履约保证金的，取消其中标资格，投标保证金不予退还。对依法必须进行招标的项目的中标人，由有关行政监督部门责令改正，可以处中标项目金额10‰以下的罚款。

第七十五条　招标人和中标人不按照招标文件和中标人的投标文件订立合同，合同的主要条款与招标文件、中标人的投标文件的内容不一致，或者招标人、中标人订立背离合同实质性内容的协议的，由有关行政监督部门责令改正，可以处中标项目金额5‰以上

10‰以下的罚款。

第七十六条　中标人将中标项目转让给他人的，将中标项目肢解后分别转让给他人的，违反招标投标法和本条例规定将中标项目的部分主体、关键性工作分包给他人的，或者分包人再次分包的，转让、分包无效，处转让、分包项目金额5‰以上10‰以下的罚款；有违法所得的，并处没收违法所得；可以责令停业整顿；情节严重的，由工商行政管理机关吊销营业执照。

第七十七条　投标人或者其他利害关系人捏造事实、伪造材料或者以非法手段取得证明材料进行投诉，给他人造成损失的，依法承担赔偿责任。

招标人不按照规定对异议作出答复，继续进行招标投标活动的，由有关行政监督部门责令改正，拒不改正或者不能改正并影响中标结果的，依照本条例第八十二条的规定处理。

第七十八条　取得招标职业资格的专业人员违反国家有关规定办理招标业务的，责令改正，给予警告；情节严重的，暂停一定期限内从事招标业务；情节特别严重的，取消招标职业资格。

第七十九条　国家建立招标投标信用制度。有关行政监督部门应当依法公告对招标人、招标代理机构、投标人、评标委员会成员等当事人违法行为的行政处理决定。

第八十条　项目审批、核准部门不依法审批、核准项目招标范围、招标方式、招标组织形式的，对单位直接负责的主管人员和其他直接责任人员依法给予处分。

有关行政监督部门不依法履行职责，对违反招标投标法和本条例规定的行为不依法查处，或者不按照规定处理投诉、不依法公告对招标投标当事人违法行为的行政处理决定的，对直接负责的主管人员和其他直接责任人员依法给予处分。

项目审批、核准部门和有关行政监督部门的工作人员徇私舞弊、滥用职权、玩忽职守，构成犯罪的，依法追究刑事责任。

第八十一条　国家工作人员利用职务便利，以直接或者间接、明示或者暗示等任何方式非法干涉招标投标活动，有下列情形之一的，依法给予记过或者记大过处分；情节严重的，依法给予降级或者撤职处分；情节特别严重的，依法给予开除处分；构成犯罪的，依法追究刑事责任：

(一)要求对依法必须进行招标的项目不招标，或者要求对依法应当公开招标的项目不公开招标。

(二)要求评标委员会成员或者招标人以其指定的投标人作为中标候选人或者中标人，或者以其他方式非法干涉评标活动，影响中标结果。

(三)以其他方式非法干涉招标投标活动。

第八十二条　依法必须进行招标的项目的招标投标活动违反招标投标法和本条例的规定，对中标结果造成实质性影响，且不能采取补救措施予以纠正的，招标、投标、中标无效，应当依法重新招标或者评标。

第七章　附　则

第八十三条　招标投标协会按照依法制定的章程开展活动，加强行业自律和服务。

第八十四条　政府采购的法律、行政法规对政府采购货物、服务的招标投标另有规定的，从其规定。

第八十五条　本条例自2012年2月1日起施行。

参考文献

[1] 全国招标师职业水平考试辅导教材指导委员会．招标采购专业实务[M]．北京：中国计划出版社，2009.
[2] 全国招标师职业水平考试辅导教材指导委员会．招标采购案例分析[M]．北京：中国计划出版社，2009.
[3] 李翠红，张珂峰．招投标与合同管理[M]．西安：西安交通大学出版社，2011.
[4] 郑大勇．工程项目招投标与合同管理便携手册[M]．北京：地震出版社，2005.
[5] 张志勇．工程招投标与合同管理[M]．北京：高等教育出版社，2015.